公害・環境訴訟講義

吉村良一

JN189312

法律文化社

　本書は、公害・環境訴訟を中心にして、環境法の展開と現在を描いたものである。わが国の環境法の生成・発展においては、第2講で詳述するように、訴訟が大きな役割を果たした。公害の被害を受けた被害者や、環境の保全を求める住民らが訴訟を提起し、訴訟の中で様々な議論がなされ、重要な判決が言い渡され、そのことを通じて公害・環境政策と法が発展してきたのである。訴訟の形態は、民事訴訟、行政訴訟等多岐にわたるが、そこでの主要な論点を解説することを通じて、環境法のこれまでと今の姿を読者に理解してもらい、将来のあるべき姿を、一緒に考えたい。環境法においては、このように、現在の法を固定的に見るのではなく、それが生成発展し変化していくものとして見る視点（「時間軸を通して把握する」「通時間的視点」（北村33頁））が重要である。本書でも、その点を重視した。また、環境法の学習においては、現実に生じている環境問題についてリアルな認識を持つことが求められるが、本書は、第Ⅲ部において、現実の訴訟（その中の多くにおいて、筆者は、研究者としての立場からではあるが、弁護団との共同作業を行ったり、意見書を作成した経験があり、そのような経験を生かした叙述となるようにしたつもりである）取り上げることによって、リアルな理解が可能となるようにした。

　筆者はこれまで、いくつかの大学で環境法の講義を担当してきた。特に、2004年にスタートした法科大学院では、環境法が司法試験の選択科目になったことから、本務校である立命館大学法科大学院のほか、京都大学と大阪大学の法科大学院でも講義を担当した。本書は、これらの講義の内容をまとめたものである。したがって、読者としては、まず第1に、法科大学院生で環境法に関心を有する諸君（選択科目として環境法を選ぶ諸君だけではなく）を念頭に置いている。しかし同時に、実務家として活動を開始し、その中で、公害・環境訴訟に取り組むことになったり、公害・環境問題に関心を持つようになった若手の実務家にも、本書を紐解いてほしいと考えている。さらに、環境問題に関心がありさえすれば、民法や行政法についての学習を一通り終えた学部生にも十分

に理解してもらえるような記述とすることを心がけた。本書の補講は、若い法律実務家や法律実務家を目指す諸君への、筆者からのメッセージのつもりである（なお、この部分は、日本弁護士連合会公害対策・環境保全委員会編『公害・環境訴訟と弁護士の挑戦』（法律文化社、2010年）によせた論稿を元にしている）。

　本書の成立については、多くの方の協力を得ているが、まず、本書の元になった講義を受講してくれた学生・院生に感謝したい。また、各種の訴訟において様々な共同作業や議論を通じて、公害・環境訴訟の実際について学び考える機会を作ってくれた各訴訟の弁護団諸氏にも感謝したい。

　最後に、本書の出版を引受けていただいた法律文化社と、編集に携わっていただいた、小西英央氏に感謝したい。特に、小西氏は、筆者の論文集である『公害・環境私法の展開と今日的課題』（法律文化社、2002年）と、水野武夫弁護士や藤原猛爾弁護士らとの共編著による『環境法入門』（法律文化社、初版は1999年）でもお世話になった。筆者の環境法研究において欠くことのできない共同作業者である。

　　2018年3月　東日本大震災・福島第一原発事故7年目の日に

吉村　良一

目　次

第 I 部　序　論

第1講　総　説 ————————————————— 2

1　環境法とは何か　*2*

2　環境法の全体像　*5*

3　環境法の特徴・学び方　*7*

4　環境法の理念　*8*
はじめに／環境法の基本理念としての環境権／
環境法の理念（めざすべき社会像）としての Sustainable Development

5　環境法の諸原則　*12*
汚染者（原因者）負担原則／予防原則

第2講　公害・環境訴訟の展開と環境法の発展 ——————— *17*

1　はじめに　*17*

2　前史——戦前〜戦後復興期　*18*

3　公害法制の成立と発展　*21*
公害法制の成立——1950年代後半〜60年代半ば／
環境政策の前進と法整備——1960年代後半〜70年代前半／
四大公害訴訟の意義／公害差止訴訟と環境権の提唱

4　環境政策と環境法の停滞ないし後退　*33*
1970年代半ば以降の公害・環境問題／
環境政策の停滞ないし後退／訴訟の動向

5　環境法の新たな発展——1990年代以降における変化　*37*
環境問題の「国際化」／わが国における新たな動き

6　原発事故と環境法　*42*

第Ⅱ部　公害・環境訴訟の理論

第3講　損害賠償（1）——過失・違法性（受忍限度）———— 46

1　公害・環境訴訟の種類　*46*
公害・環境訴訟の特質／公害・環境訴訟の種類

2　公害・環境民事損害賠償訴訟　*49*
はじめに／公害・環境民事損害賠償訴訟の根拠規定／
権利・法益侵害（違法性ないし受忍限度）／故意・過失

第4講　損害賠償（2）——因果関係・共同不法行為———— 68

1　因果関係論　*68*
はじめに／公害法制確立期前における因果関係論／
1960年代後半以降の展開

2　共同不法行為　*78*
はじめに／公害訴訟における共同不法行為論

第5講　損害賠償（3）——損害論・請求権の期間制限———— 86

1　損害論　*86*
はじめに／公害訴訟における損害論

2　損害賠償請求権の期間制限　*91*
はじめに／継続的被害の起算点／水俣病訴訟における期間制限

補論1　和解による解決　*95*

補論2　公害健康被害補償法　*99*

第6講　民事差止訴訟———— *102*

1　差止めの法的構成　*102*
権利説／不法行為説（ないし受忍限度論）／複合構造説／裁判例

2　差止めの具体的要件　*110*

3　差止めの「2つの壁」　*113*
行政権との関係での「壁」／抽象的不作為請求に対する「壁」／

差止請求「2つの壁」の打破

　　4　複数汚染源の差止め　*115*

第7講　国家賠償訴訟 ——————————————— *117*

　　1　国家賠償法の概要　*117*
　　　　はじめに／国家賠償法1条の責任／国家賠償法2条の責任

　　2　公害と国家賠償　*121*
　　　　はじめに／規制権限不行使による国家賠償法1条責任／
　　　　国の施設の設置・管理の瑕疵による国家賠償法2条責任

第8講　行政訴訟 ————————————————— *131*

　　1　はじめに　*131*

　　2　取消訴訟　*132*
　　　　はじめに／取消訴訟の「訴訟要件」

　　3　無効確認訴訟　*144*

　　4　義務づけ訴訟　*145*

　　5　差止訴訟　*146*

　　6　住民訴訟　*149*

第Ⅲ部　事例研究

第9講　水質汚染 —— 水俣病 ———————————— *154*

　　1　はじめに　*154*
　　　　公害規制の仕組み／水質汚染規制の仕組み

　　2　水俣病事件　*156*
　　　　水俣病事件の概要／第1次訴訟／認定問題／
　　　　国家賠償訴訟の提起とその結果／おわりに

第10講　騒音公害 —————————————— 171

  1　はじめに　*171*

  2　航空機騒音公害訴訟　*171*
    はじめに／大阪空港事件

  3　基地騒音（爆音）訴訟　*173*
    基地騒音（爆音）訴訟とは／厚木基地公害訴訟／
    基地騒音（爆音）被害の性質

  4　基地騒音（爆音）差止請求の適法性　*178*
    自衛隊機の場合／米軍機の場合

第11講　アスベスト被害 —————————————— 185

  1　アスベスト疾患とは　*185*

  2　アスベスト被害救済の仕組み　*186*

  3　アスベスト被害救済をめぐる訴訟　*187*
    はじめに／泉南アスベスト訴訟について／建設アスベスト訴訟

  4　新たな救済制度に向けて　*199*

第12講　廃棄物処分場紛争・土壌汚染 —————————— 201

  1　はじめに　*201*

  2　廃棄物処理に関する法制度　*202*

  3　廃棄物処分場の操業差止め　*205*

  4　土壌汚染　*210*
    土壌汚染に対する法的規律／有害物質で汚染された土地の取引

  補論　豊島事件―公害紛争処理法による解決　*215*

第13講　眺望・景観保護 —————————————— 219

  1　はじめに　*219*

  2　景観保護をめぐる法制　*219*

  3　眺望・景観をめぐる裁判　*221*
    眺望利益と景観利益／眺望をめぐる裁判／景観保護をめぐる裁判

　　4　国立景観訴訟　*224*
　　　　事実の概要／第1審および控訴審判決／最高裁判決／
　　　　最高裁判決の影響

第14講　自然保護 ————————————————— *234*

　　1　はじめに　*234*

　　2　自然保護の法的仕組み　*236*
　　　　全体像／自然公園法／自然環境保全法／野生動物の保護

　　3　自然保護をめぐる訴訟　*240*
　　　　はじめに／奄美自然保護訴訟／泡瀬干潟訴訟／まとめ

第15講　原発訴訟 ————————————————— *249*

　　1　はじめに　*249*

　　2　福島原発事故損害賠償訴訟　*249*
　　　　はじめに／被害の救済と訴訟の動向

　　3　差止訴訟　*268*
　　　　福島第一原発事故前／事故後

補講　公害・環境問題における法律家（弁護士）の役割 ——————— *276*
　　　　～若い法律家へのメッセージ～

　　1　はじめに　*276*

　　2　運動を通じての理論形成——「汚悪水論」を中心に　*277*

　　3　新しい権利の主張——環境権・自然享有権・自然の権利　*279*

　　4　おわりに　*280*

　　　判例索引

　　　事項索引

【文献略記】

淡路剛久他編『環境法判例百選（第2版）』別冊ジュリスト206号（有斐閣、2011年）

　→百選

大塚直『環境法 BASIC（第2版）』（有斐閣、2016年）

　→大塚

大塚直・北村喜宣編『環境法ケースブック（第2版）』（有斐閣、2009年）

　→ケースブック

北村喜宣『環境法（第4版）』（弘文堂、2017年）

　→北村

窪田充見編『新注釈民法第15巻』（有斐閣、2017年）

　→注民

日本弁護士連合会編『ケースメソッド環境法（第3版）』（日本評論社、2011年）

　→ケースメソッド

日本弁護士連合会公害対策・環境保全委員会編『公害・環境訴訟と弁護士の挑戦』
（法律文化社、2010年）

　→挑戦

宮本憲一『戦後日本公害史論』（岩波書店、2014年）

　→宮本

吉村良一『公害・環境私法の展開と今日的課題』（法律文化社、2002年）

　→吉村①

吉村良一『不法行為法（第5版）』（有斐閣、2017年）

　→吉村②

第Ⅰ部　序　論

第 1 講　総　説

1　環境法とは何か

　環境法とは、環境保全上の支障（公害や地域的な規模あるいは地球的な規模の環境の破壊・悪化）を防止し、良好な環境の確保をはかることを目的とした法制度の総称である。

　　＊環境とは、我々を取り巻く自然的あるいは人工的な外部世界のことであり、多様なものを含んでいる。このうち、大気・水・土壌等の自然を構成する要素や、森林・河川・海浜・野生動植物等の自然物が、環境法の保全すべき環境に属することに争いはない。景観・都市空間・歴史的文化的遺産等を含むかどうかには争いがあるが、我々の生活のアメニティに欠くことができないこれらの要素も、含むと考えるべきである。

　かつては、人間の活動が環境に負荷を与えても、自然の復元力等によって解消され、格別問題となることはなかった。しかし、工業等の発展によって、人間の活動による影響が環境の容量を超え、それに対する深刻な影響を与えるようになり、環境の悪化を防止し良好な環境を維持し環境被害の回復と救済を図る法制が必要となった。当初、これらの課題は、既存の（したがって環境保護を直接の目的として作られたものではない）法によって対応がなされた（例えば、民法による公害被害の救済）。しかし、それだけでは不十分であり、固有の環境法が制定され、しかも、対症療法的であったものが、徐々に体系的な立法もなされるようになっていった（環境法の歴史的展開については、第2講で詳述する）。

　それでは、環境法が対象とする環境問題とは何か。環境基本法2条は、次のような定義を置いている。

　　「環境への負荷」：人の活動により環境に加えられる影響であって、環境の保全上の支障の原因となるおそれのあるもの（同条1項）

　　「公害」：環境の保全上の支障のうち、事業活動その他の人の活動に伴って生ずる相当範囲にわたる大気の汚染、水質の汚濁、土壌の汚染、騒音、振動、地盤の沈下お

よび悪臭によって、人の健康又は生活環境に係る被害が発生すること（同条3項）

　すなわち、環境問題（「環境への負荷」）が、環境の保全の障害となる事象一般を指し、そのうち、人の健康や生活に関する被害が発生する場合が、公害問題となるわけである。

　この定義には、例えば、公害を大気汚染以下の7つに限定している点や「相当範囲」のものに限定している点など、不十分点があることも指摘されているが、我々が問題を考える上での出発点になりうる。この定義に関して留意すべき点は、環境法が対象とする環境問題や公害問題は、人の活動によるものとされていることである。つまり、環境悪化のすべてが、環境法の対象とする環境問題ではなく、人の活動による環境悪化こそが問題とされているのである。環境は自然現象によっても悪化することがありうるが、自然現象そのものをコントロールする力は法にはない。この意味で、法的な環境問題の定義は、例えば自然科学における定義よりも狭いかもしれない。しかし、法は人の活動を規律するルール（人にある行為を命じたり禁じたりする）であり、環境問題や公害問題を人の活動によるものだと考えてはじめて、そのような人の活動を適切にコントロールして環境問題を解決するという法の役割が明確になる。人の活動が原因である以上、それには直接間接の原因者とその行為が存在することになり、そこに、法が機能しうる場がある。

　ただし、ここでの原因とは間接的なものをも含み、したがって、一見したところ自然現象と見えるものであっても、間接的に人間の活動が関与しておれば法的対応は可能である。例えば、大雨が降って洪水が起り環境が悪化した場合、洪水の原因が森林の乱伐にあったとすれば、大雨をコントロールすることは法にはできないが、乱伐を禁止したり植林による森林の回復を命ずることは可能であり、そのことは環境法の課題となりうる。また、自然由来による土壌汚染のように、直接の原因が人の活動でなくとも、それが環境や生活・健康に悪影響を及ぼし、かつ、人の行動によってコントロール可能な場合には、それも環境法の対象となりうると考えるべきであろう。

　＊自然由来汚染　土壌汚染対策法について、以前は、自然由来の物質は対象としないという行政解釈がとられていた（環境省環境管理局水環境部長平成15年通知）。自然由来汚染についても対策を取らせることは土地の所有者に対する加重負担になると

いう理由によるが、その後、2009年改正の際、新たな通知により自然由来物質をも対象とするという行政解釈が示され、さらに、2011年改正では、施行規則によって、明確にされた（この点については、北村426頁以下参照）。

ところで、公害・環境問題には、その他の法が扱う問題とは異なる特色がある。それは、公害・環境問題の多くは、まず、環境に対する負荷（＝環境利益の侵害）が生じ、そこから様々な問題が発生するという構造をとることである。例えば、大気汚染公害や水質汚濁公害は、大気・水といった環境的利益に対する影響がまずあって、それを媒介にして人の生活や社会に対する影響が広がる。そのため、原因結果が明確にしにくいことが少なくない。しかし、原因がなお必ずしも十分に解明されていない段階での対応が必要なこともある（いわゆる「予防原則（ないし事前警戒原則）」の重要性。予防原則については、14頁以下参照）。公害訴訟において、法的責任の要件としての因果関係証明が困難だという問題もある（この点については第4講参照）。

加えて、多くの環境利益（大気、水等）は、個人の権利の対象になっているものではない（公共的利益としての環境利益）。また、環境の基礎となる土地・河川・湖沼等は、個人もしくは国や公共団体の所有に属するが、それらによって支えられる環境そのものは、特定の法主体に排他的に帰属するものではない。そのため、何らかの環境汚染が生じても、そのことが直接誰か特定の人の利益を害するとは言えない場合がある。例えば、森林を伐採する開発行為が森林の野生動物の生態系に悪影響を与えたとする。しかし、そのような野生動物について、他の誰かが何らかの権利を有しているのではない限り、そのような汚染の防止を主張する（例えば裁判により）人がいないことになる。このように、環境問題においては、自己の権利を自由に処分できる者が同様の立場の者との間で法的関係を取り結ぶという、近代の法原則だけでは対応できない面がある。むしろ、森林を所有する者がその森林を伐採しようとしたときに、貴重な生物種の保護を理由にその開発にストップをかけるといったように、環境保全のためには、一定の法的規制をかけ、土地所有者の所有権行使を制限しなければならない場合がある。

さらに、空気や水といった、私的所有の対象とならない環境利益については、その利益を主張する権利者がいないために、汚染してもそれに対するコス

トを汚染者が負担するという仕組みがないので、汚染を公共利益（環境保全）の視点からコントロールするような法的仕組みを作らないと公害や環境汚染を防げない。このような環境利益の特質から、その保全のためには、国や自治体といった公共団体が（公共の利益である環境利益の保護者として）重要な役割を果たすべきである。それでは、公共団体が、このような役割を十全に果たさない場合、あるいは、むしろ環境利益を害する行為をした場合にどうするか。ここにおいて、国等の行為をやめさせたり、その違法性を主張したり、国等に環境を保全するための一定の行為を求めるといった行政訴訟（第8講）や、国等の行為が公害や環境汚染をもたらした場合に、その責任を追及する国家賠償訴訟（第7講）といった訴訟形態が重要な役割を果たす。環境保護団体などが環境利益の担い手として登場する場合もある。ヨーロッパでは、環境保護団体に団体訴権を認めている国もあるが、わが国でも、消費者契約法が消費者団体に消費者利益を害する業者に対する差止め請求を認められており、環境保護についても、このような制度が考えられて良い（環境団体訴訟については、第14講248頁参照）。個々の市民に帰属するものではない公共的性格を有する環境利益が害されようとする場合に、公益の担い手としての環境保護団体にその保護のイニシァティブを認めることは有用である。さらに、公共的利益についても、それが同時に市民の利益にも重なる場合（公私の交錯領域）については、民事訴訟の対象となりうる余地がある（例えば、景観保護がこれにあたる。この問題については第13講参照）。

2 環境法の全体像

今日の環境法は、①環境に関連した既存の法、②個別の環境問題に対処するために作られた多種多様な法、③環境問題に関する基本原則を定めた法（環境基本法など）の諸法の総体からなる。

＊憲法と環境法　各国の憲法には環境権や国家の環境保護義務を定めた規定が置かれていることも少なくないが、日本国憲法には直接環境保護をうたった規定はない。しかし、環境保護に関連する（あるいはそう解釈すべき）規定は存在する。例えば、憲法13条や25条から環境権という新しい人権を導き出すことは可能である。

13条：すべて国民は、個人として尊重される。生命、自由及び幸福追求に対する国民

の権利については、公共の福祉に反しない限り、立法その他国政の上で、最大の尊重を必要とする。

25条1項：すべて国民は、健康で文化的な最低限度の生活を営む権利を有する。

これらの権利（幸福追求権、生存権）は、良好な環境が幸福な生活や生存の基礎であることから、国民の良好な環境に対する権利（環境権）を含むものと解される。

まず、環境基本法は環境の保全をはかるための基本理念を定めた法律であり、他の様々の環境法令はそれを具体化するものとして位置づけられる。従来のわが国の環境法制は、公害の規制に関する公害対策基本法とその系列の法令、自然保護に関する自然環境保全法とその系列の法令、廃棄物の規制に関する廃棄物処理法等、地球環境保全に関する法令など、統一性を欠いていた。しかし、1993年制定の環境基本法によって環境保全に関する法律が同法のもとで体系化され、体系的で総合的な施策を推進していく上での基礎が置かれた。ただし、実質的には環境法であっても、環境基本法の体系に属さなかったものがある。その最大のものは、原子力および放射性物質に関するものであり、これらは原子力基本法とその下の法令によるとされていた（環境基本法13条）。しかし、放射性物質による大気や土壌、水質の汚染は環境問題であり、本来は、環境法体系のもとに組み込むべきものであった。2011年3月の東京電力福島第一原発事故が、そのことを端的に示した。そこで、原子力及び放射性物質に関する問題を除外していた13条は、2012年6月に削除された（原子力問題については第15講参照）。さらに、都市の環境に関しては、都市開発関連法や建築基準法といった、やはり、環境基本法体系の外にある法律が重要な役割を果たしている。これらは、形式的には環境法でないと言えるかもしれないが、実質的には環境法であり、したがって、その解釈運用にあたっては、環境基本法等における理念や原則を盛り込んで行くべきである。

各種法令は、その機能に応じて分類すれば、第1に、環境を管理し保全するための法令がある。これは、さらに3つに分けることができる。

1　環境アセスメントに関する法令：環境アセスメント法、条例

2　環境を保全するための各種の規制法

3　環境保全事業法

第2は、公害・環境被害の救済に関する法律である。救済の手段としては、

行政上の救済と司法上の救済があり、後者は、私法上の（民事上の）救済（損害賠償や差止めを求める被害者の請求によって行われる手続）と、行政に対し、住民が、環境保全の立場から行う行政訴訟がある。

　第3は、環境を汚染する行為や公害を起こした者に刑罰を課して、そのことによって環境保全をはかろうとする処罰法である。これには、各種の環境法（とりわけ規制法に多い）の中にある罰則規定と、一定の環境汚染行為を処罰する法（人の健康に係る公害犯罪の処罰に関する法律（いわゆる公害罪法））がある。

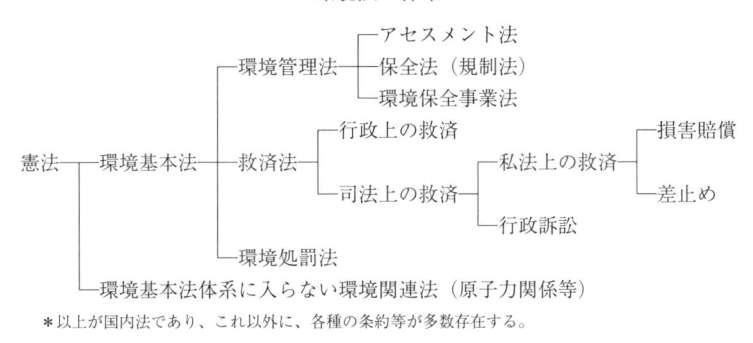

環境法の体系

＊以上が国内法であり、これ以外に、各種の条約等が多数存在する。

3　環境法の特徴・学び方

　環境法学は、以下のような特色を持つと言われている。

> 「法律の構造を全体的・『機能的』に捉え、それが環境保全・改善との関係でどのような意味をもつか、どの点で環境以外の考慮のために調整を図っているか、法律の要点が歴史的にどのような変遷を遂げてきたか、などを考察することに重点がおかれることが多い。すなわち、環境法学は環境政策と密接に結びついており、法律を通じて政策についての理解が求められることが少なくない。」（大塚はしがき）

　前述したように、環境法は、様々の法領域の複合領域である。したがって、その理解に当たっては、それぞれの法領域の基礎知識が不可欠である。しかし同時に、それに加えて、環境法を環境法たらしめている基本理念や基本原則をしっかり理解することが重要である。また、環境法は、比較的短い期間に、様々なファクターが複雑に絡み合って急速に発展したものであり、今日なお流動的な法分野である。政策との距離も近く、環境政策を直截に反映した立法が

なされる。その結果、時には、理論的整合性よりも政策的適合性が優位を占めることもないではないが、現実や政策の動きの中で、どのようにして法や法理論が形成されてきたか、逆に、法や法理論は現実に対しどのような作用をもたらしたかを考えることが必要である。そして、このダイナミズムについての理解の中から、環境法の特質、その理念の持つ意味、今後に向けた課題も明らかとなっていく。現在の法を固定的に見るのではなく、生成発展し変化していくものとして見る視点（「時間軸を通して把握する」「通時間的視点」（北村33頁））が重要である。さらに、環境法の学習に当たっては、環境問題の現実や実態への理解と関心が必要なことは言うまでもない。環境問題が今日重要な問題である以上、環境法学習の前提として、環境問題への鋭敏な感受性と基礎的理解を持ってほしい（そのためには、環境白書などが参照されてよい。また、藤倉良・藤倉まなみ『文系のための環境科学入門（第2版）』も参考になる）。

4　環境法の理念

　(1)　はじめに　　環境法の基本理念として、①持続（維持）可能な発展（Sustainable Development）、②未然防止原則・予防原則、③環境権、④汚染者負担原則ないし原因者負担原則などがあげられることが多い（大塚30頁）。本書では、公害・環境訴訟を考える前提として、以下、環境法の達成すべき目標という意味での基本理念として、環境権と維持可能な発展（後者が社会の目指すべき方向という意味での基本理念、前者は、環境保護を主体の観点からとらえたもの）、それを実現する手段に関わる原則として、予防原則と汚染者負担原則を説明する。

　(2)　環境法の基本理念としての環境権　　環境法は、「現在及び将来の世代の人間が健全で恵み豊かな環境を享受する」（この文言は環境基本法3条による。ただし、同法は、これを単なる理念にとどめ、権利としては規定していない。環境権と同法3条については後述）権利（＝環境権）を保障するものでなければならない。

　わが国の環境問題は、次講で詳述するように、公害問題として（しかも人身被害をともなう問題として）登場した。そこでは、生命・健康といった人格的利益に対する権利である人格権が問題となった。その後、より広い環境利益に関心が広がり、また、人身被害についても、それを防ぐ上では、それが生ずる前の環境汚染の段階で対処しなければならないことが明らかになり、良好な環境

を享受する権利としての環境権が登場した。その嚆矢は、1970年に東京で開催された国際シンポジウムにおいて採択された「東京宣言」であり、そこでは、「全ての人間は、健康や福祉を侵す要因に災いされない環境を享受する権利と、将来の世代への現在の世代が残すべき遺産である自然美を含めた自然資源を享受する権利を、基本的人権の一種として有するという原則を、法体系の中に確立するよう要請する」として、環境を享受する権利の確立の必要性がうたわれている（このシンポジウムについては、宮本 205頁以下参照）。

　このような考え方を発展させて、環境を享受する権利を憲法上の基本的人権から基礎づけ、その権利が侵害された場合、差止めを請求することができるとしたのが、大阪弁護士会環境権研究会の主張であった。同研究会に属する弁護士は、我々には環境を支配し良き環境を享受しうる権利（＝環境権）があり、みだりに環境を汚染し、我々の快適な生活を妨げ、あるいは妨げようとする者に対しては、この権利に基づいて、その妨害の排除または予防を請求できると主張したのである（同研究会『環境権』）。この考え方は、当時有力であった受忍限度論（それによれば、被害者にも一定の被害を受忍すべき義務があり、差止めはそれを超える被害があった場合に限られるとされ、受忍限度を超えるかどうかについては、広範な事情を考慮した利益衡量が必要とされた）を克服する目的で（受忍限度論による「無限定な利益衡量」を批判し、歯止めをかけることを狙いとしていた）、差止めの根拠として、しかも、環境共有の法理（所有権的に構成。住民が環境を共有していると考える）を媒介に支配権として構想されていた。しかし、同時に、環境権は憲法13条の幸福追求権や25条の生存権に基礎づけられる（良好な環境の享受は、人間が生存し、幸福を追求するために必要不可欠な基盤である）ことにより、私法上の差止めの根拠を超える広がりをも有していた。

　環境権論は、環境保全の重要性を明確にするものであること、しかも、その場合、生命健康といった人格的利益を超えて広く環境利益を把握しうる点、さらに、環境破壊やそのおそれがある場合に、生命・身体に被害が生ずる前にそれを食い止めることを可能にすること、自然保護と公害問題という、従来、わが国の環境法では2つは別のものとして扱われてきた（公害対策基本法と自然環境保全法の2本立て）2つの問題を架橋しうるものである点に意義がある。

　環境権は、環境法の基本理念として定着した。憲法上の権利としての環境権

も（明文の規定はないが）認められるようになっている。裁判においても、例えば、差止めの判断にあたって当該原告の被害だけではなく地域の環境への影響をも考慮する判決や、同じく差止めの判断において事前の環境影響評価をどのように行なったかを考慮する判決が現れるなど、一定の影響を持っている。いくつかの自治体の環境基本条例には環境権を明記しているものもある。環境法の理念としての環境権については、今日、それを正面から否定する者はおらず、住民が良き環境を享受する権利を有することを踏まえて環境法の立法、解釈運用を行なうべきである。

　＊環境基本法における基本理念と環境権　　環境基本法は、以下の3つの基本理念をかかげる。
　　1　環境の恵沢の享受と継承（3条）
　　2　環境への負荷の少ない持続的な発展が可能な社会の構築（4条）
　　3　国際的協調による地球環境保全の積極的推進（5条）
　このうち、2は、Sustainable Development の理念を規定したものであり、環境権に関係するのは1だが、同法3条は、以下のように規定している。
　　①　環境を健全で恵み豊かなものとして維持することが国民の健康で文化的な生活に不可欠である。
　　②　生態系は微妙な均衡を保つことにより成り立っている。
　　③　人類の存続の基盤である限りある環境が人間の活動による負荷によって損なわれるおそれが生じてきている。
　　④　以上のような認識に立って、現在および将来の世代の人間が健全で恵み豊かな環境の恵沢を享受するとともに、人類の存続の基盤である環境が将来にわたって維持されなければならない。
　生態系の重要性、現在だけではなく将来世代にも配慮するなど、環境保護において極めて重要な理念を明記したものである。しかし、環境利益享受主体の権利という点では明確さにかける。同法の制定過程で、環境保護団体等からは環境権を明記すべきであるとの主張がなされたが、環境権はその内容がなお不明確との理由で明文化されなかった。しかしこの3条の理念は、実質的には環境権の理念を定めたものと解することは可能であり、また、そう解すべきである。

　＊＊自然享有権　　自然享有権とは、国民が生命あるいは人間らしい生活を維持するために不可欠な自然の恵沢を享受する権利であり、1986年の日弁連人権擁護大会で提唱されたものである。このような権利が提唱された背景は、1980年代になって、人間

の健康や生活には直接の影響はないが極めて大きな価値を有する自然環境そのものの保全が課題となり、さらに、現在の世代だけではなく、将来世代のためにも環境を保全する必要があることが明らかになってきたことがあげられる。

　従来の環境権論との違いは、自然を公共財と見て、環境共有法理のような環境利益に対する支配権を想定せず　自然からの恵みを受ける権利として構成している点と、人は自然の一員として自然の生態系のバランスの中で生活しているという理解に立って、人間は、そのような自然を享受する権利を有するとともに、そのような自然を保全し次世代に引き継いでいく義務を負っているという考え方が表れていることである。そこには、現在の人間の良好な生活を維持するためだけではなく、より広い範囲で自然が保全されなければならないという考え方が含まれている。このような理解は適切であり、したがって、環境法の理念としての環境権は、このような自然享有権をも含み込んだものとして理解される必要がある。環境権とは、自然の一員としての人間（しかも将来世代を含む）が良好な環境を保持し享受する権利を言うものと解すべきである。

(3)　環境法の理念（めざすべき社会像）としての Sustainable Development

Sustainable Development（以下、SD）とは、1980年代に「環境と開発に関する世界委員会」報告 "Our Common Future" などで、開発と発展に共通の理念として提唱され、1992年にリオデジャネイロ開催された「環境と開発に関する国連会議」（いわゆる「地球サミット」）に引き継がれた考え方である。元来、地球環境を保全しながら開発途上国の貧困問題をも解決しようして提唱されたものだが、今日では、環境保護と調和した社会のあり方、環境と調和しつつ維持可能な社会のあり方をめざす理念とされている。

SD は、国際的には、以下の3つの内容を含むとされる。

①　自然の利用、環境の利用は、生態系の保全など、自然のキャパシティ内で行われなければならない。

②　世代間の衡平：リオ宣言の第3原則は、発展の権利は、現在および将来の世代の発展及び環境上の必要性を公平に満たすことができるように行使されなければならない」とする。現在世代が環境にそのキャパシティを超える負荷をかける活動を行った場合、将来世代は良き環境を享受することができない。したがって、将来世代にも良き環境を享受できるようにすることは、世代間の衡平を確保することにつながる。

③　南北間の衡平や貧困の克服のような世界的に見た公正：リオ宣言の第5原則は、生活水準の格差是正や貧困撲滅の為の SD の権利をすべての国及び国民が持つことを明記している。

　以上のうち、③はむしろ経済成長・発展と南北格差の是正に関するものであり、環境保護の理念としては、①と②が重要である。わが国の環境基本法は、①と②を重視し、まず、3条が、生態系の重要性や将来の世代を含む人々の環境の恵沢の享受と継承を規定した上で、4条で、環境への負荷の少ない持続的な発展が可能な社会の構築を旨として環境の保全を行うべきことを規定し、今日の環境問題の状況に鑑み、社会全体を環境保護に適するものに変えていかなければならないとの認識が示されている。

5　環境法の諸原則

　(1)　汚染者（原因者）負担原則　　　前述した環境法の理念（環境権の享受、SD 社会の実現）を達成するために、環境法には、いくつかの原則が存在する。ここでは、その中でも重要な、汚染者（ないし原因者）負担原則と予防原則について説明する（環境法の原則については、ケースブック5頁以下参照）。

　汚染者負担原則とは、環境保護の費用を誰が負担すべきかに関する考え方で、環境を汚染した（する）ものが、それを回復し防止するための費用を負担すべきとする原則である（Polluter-Pays-Principle：PPP）。これは元来、1972年に OECD（経済協力開発機構）が、環境政策が国際経済に与える影響に関して示したものである。それによれば、①環境汚染という外部不経済にともなう社会的費用を内部化するための原則（ある製品を製造する際に大気や水を汚染するという環境汚染を発生させてもそれが製品のコストに反映されなければ社会的コストの外部化が生じ、適切で効率的な資源配分を妨げることになる。そこで、PPP により製品を製造し環境を汚染するものが費用を負担すれば、それが製品の価格に上乗せされ、費用が内部化され、市場を通じて汚染者の行動を抑制し資源の効率的な利用が可能になる）であり、②国際的な取引において公正な競争が行われるためには、本来、環境を汚染する企業がコストとして負担すべき費用を国や公共団体が負担することは望ましくないとの考え方（もしある国で、企業による環境汚染の対策がすべて国の費用で行われたら、その国の企業は汚染防止費用をコストとして負担しなくて良いの

で、汚染対策費用を負担しなければならない国の企業よりも国際競争で強い立場に立つが、そのような状況は、各国間での経済競争に不公正をもたらし、結果として、資源やエネルギーの浪費、さらなる環境悪化を招く。そこで、そのような事態を防ぐためにPPP が必要）である。

　この OECD の PPP は、汚染にともなうコストを汚染者に負担させることにより公正な競争が行われ、その結果、市場を通じた汚染の抑制（環境保護）がはかられるという考え方に基づいているが、汚染防止に関する費用しか視野になく、原状回復のような汚染された環境の復元費用や損害賠償のような被害者救済費用は含まれていないことや、目標が、最適汚染水準（汚染による損害（費用）と汚染防止費用の合計が最小になる汚染の水準）であり、汚染をゼロにすることははじめから目的に入っていない（汚染の完全な除去という目標は経済的効率性の観点からは、必ずしも合理的ではないとされる）点で、健康被害のような深刻な被害において適切な考え方かどうかについては批判もある。

　これに対し、1970年代の日本では、これとやや異なる PPP が確立した。この時期、**第 2 講**で述べるように、公害裁判において汚染企業が公害被害の救済について責任を有することが確認された。そして、そのことが、（法的）責任としての PPP という考え方につながったのである（大塚53頁は、わが国では、公害問題とそれへの対策の経験から、効率性の原則というよりも、「公害対策の正義と公平の原則」としてとらえられたとする）。OECD の PPP との違いは、OECD のPPP は経済学的な視点から、主として、資源の効率的な利用や公正な競争を目指して主張されたものだが、日本の PPP は、正義や公平の視点から、公害対策についての汚染者の責任論を踏まえて（例えば、公害健康被害補償法では、認定患者に対する給付の財源は汚染者に対する賦課金が主要なものとされ（被害救済における PPP）ているが、それは「民事責任を踏まえた」ものとされる）主張されていること、OECD のそれは、汚染の完全な除去を目標としておらず、フローの汚染対策（汚染物質の排出防止対策）の費用負担であるのに対し、わが国のそれでは被害者の救済やストック汚染（蓄積された汚染）の対策費用や原状回復費用も視野に入っていることなどである。

　＊拡大生産者責任（Extended Producer Responsibility）　廃棄物法制において、拡大生産者責任（EPR）という考え方がとられている。拡大生産者責任とは、製造者に

廃棄物の処理やリサイクルに関する費用を負担させることによって、製品の設計製造段階で製品のライフサイクル全体での環境への負荷を最小化させようとする考え方であり、製造者が製品をそのライフサイクル全体を通じて環境への負荷の少ないものにすることができる情報や能力を持っているとの認識が前提になっている。リサイクル等の費用を生産者に負わせればその費用は製品価格に上乗せされるが、そうすると、リサイクルしやすい製品を作った生産者はより低廉な製品を市場に提供でき、結果として、市場を媒介にして環境適合的な製品が普及するというわけである。OECD のPPP と同じ発想であり、PPP にいう汚染者概念が間接的な原因者にまで拡大されていると見ることができる。

　わが国の廃棄物・リサイクル法制においても、この拡大生産者責任の考え方は採用されている。例えば、廃棄物・リサイクル関係の基本法として2000年に制定された循環型社会形成推進基本法（循環型社会とは、「廃棄物の発生抑制」「循環資源の循環的な利用」「適正な処分」の３つが実現されることによって、資源の消費が抑制され、環境への負荷ができる限り低減される社会を言う）では、国・地方公共団体・事業者・国民の役割を明記しているが、事業者について、「拡大生産者責任」の考え方を採用（同法11条は、事業者に、適正な循環的利用と適正な処理の責務を規定）している。また、容器包装リサイクル法が、事業者に再商品化義務（廃棄された容器等を引き取って再商品化（リサイクル）する義務）を課しているのも同じ考え方による。ただし、そこでは、分別収集を行うのが事業者ではなく自治体であったり、費用のかなりの部分が地方自治体や消費者に負担させられているなどの不十分点がある。

⑵　予防原則　　環境・公害被害には、いったん発生すると元には戻らない不可逆的なものが多い。そこで、環境政策においては、環境の事後的な回復や侵害結果の除去よりも、侵害の回避・予防が優先されるべきである。これが（広義の）予防原則であるが、これには２つのものが含まれている。第１は、環境侵害を発生以前に食い止めるための施策を事後的救済に優先させるべきという未然防止原則（preventive principle）の考え方である。環境という利益の不可逆的性格からすれば当然の原則であり、1972年にストックホルムで開催された人間環境会議で採択された人間環境宣言でも、「各国は……環境に損害を与えないように確保する責任を負う」として、この原則がすでにうたわれている。コストという面から見ても、事後的に被害を回復するよりも事前に防止する方が優位な場合が少なくない。

　以上とは異なる意味での予防原則が国際的に認められてきている。ここで言

う（狭義の）予防原則（precautionary principle（事前警戒原則））とは、例えば、オゾン層の破壊や地球温暖化のような問題は、将来の損害の発生について科学的になお不確実なところがある（この点が、被害発生についての科学的知見が確立している場合の未然防止原則との違いである）が、問題が深刻になってから取り組んでも遅い（損害が発生してからでは回復が困難であり、問題が深刻化すればするほど対策は困難になる）ので、危険の予測になお不確実なところがあっても、予防的な立場から出来るだけ早期に対策に取り組むべきという考え方である。狭義の予防原則を明示的に承認したのは1992年のリオの会議であり、そこで採択されたリオ宣言は、その第15原則で、「深刻な、あるいは不可逆的な被害の恐れがある場合には、十分な科学的確実性がないことをもって、環境悪化を防止するための費用対効果の大きな対策を延期する理由としてはならない」と述べている。ここでは、起こりうる被害が深刻、あるいは不可逆的なものに限定がなされており、狭義の予防原則をこのような場合に限るべきかどうかついては議論があるが、この考え方は、国際的な環境問題に関する重要な条約にも採用され、例えば、2000年に採択された、バイオセイフティに関するカルタヘナ議定書では、遺伝子組み換え生物の取り扱いに関して、以下のように規定している。

> 「潜在的な悪影響の程度に関する科学的な情報及び知識が不十分であることによる科学的な確かさの欠如は、締約国が、そのような潜在的悪影響を回避又は最小化するための決定を行うことを妨げるものではない」

　国内法では、環境基本法が４条で、「環境の保全上の支障が未然に防がれることを旨として」環境の保全が行われなければならないと規定しており、政府の答弁や環境省の解説書では、これがリオ宣言第15原則のような狭義の予防原則を定めたものとしているが、同法４条は、以上の未然防止を、「科学的知見の充実の下に」行うと規定していることから、このような理解には疑問もある。もちろん、狭義の予防原則においても科学的知見の充実は求められるので、この文言がただちに狭義の予防原則と矛盾するわけではないが、やはり、十分な科学的知見がない場合でも、そのことを理由に対策を延期してはならないというリオ宣言の考え方とは相当に距離があり、むしろ、未然防止の原則を規定したにとどまると解すべきであろう（大塚37頁は、わが国の環境基本法が予防

原則を採用しているといえるかは必ずしも明らかでないとする）。

　しかし、2006年に閣議決定された第三次環境基本計画では、「科学的知見は常に深化するものである一方、常に一定の不確実性を有することは否定できません。しかしながら、不確実性を有することを理由として対策をとらない場合に、問題が発生した段階で生じる被害や対策コストが非常に大きくなる問題や、地球温暖化問題のように、一度生じると、将来世代に及ぶ取り返しのつかない影響をもたらす可能性がある問題についても取組が求められています。このような問題については、完全な科学的知見が欠如していることをもって対策を延期する理由とはせず、科学的知見の充実に努めながら対策を講ずるという、予防的な取組方法の考え方を必要に応じて講じます」として、狭義の予防原則が明記されており、また、生物多様性基本法３条３項では「予防的な取組」が明記されているが、これは、狭義の予防原則（事前警戒原則）を定めたものである（大塚37頁）。

第 2 講　公害・環境訴訟の展開と環境法の発展

1　はじめに

　わが国における公害・環境問題の発生は、明治時代の殖産興業政策による近代的鉱工業の勃興期にさかのぼる。しかし、それに対する法が整備されてくるのは第二次世界大戦後、それも、高度経済成長政策の進展により問題が深刻化した1960年代半ば以降である。それ以後、この法分野は発展を遂げ、今日では、環境法という独自の法領域を形成するにいたっている。このように、環境法は比較的歴史の浅い、しかも、その生成・発展に、政治・経済・行政・住民運動等の様々のファクターが複雑に絡み合っている法分野である。このような法分野を学ぶにあたっては、**第1講**で述べたように、現在の法状況を学ぶだけではなく、それがどのような歴史的経過の中で生成・発展してきたのか、今日における到達点はどのように形成されてきたのかを、法の社会的背景を含めて歴史的に見る視点が重要である。そこで、以下では、やや概括的ではあるが、環境法が全体としてどのように生成・発展してきたのかを見てみたい（わが国の公害・環境法の歴史については、吉村①3頁以下参照）。

　わが国の環境法の歴史は、以下の4ないし5つの時期に区分できる。

　①　戦前～戦後復興期（1950年代半ばまで）　環境法生成の前史とも言うべき時期である。すでに、様々の公害・環境問題とそれによる深刻な被害は発生していたが、それにもかかわらず、まとまった形での法的対応はなされなかった。そのため、民法等の（環境問題を扱うために作られたのではない）既存の法律を使った対応が一部で見られたのみである。

　②　高度成長期（1950年代後半～70年代前半期）　環境法のうち、公害問題に対処する公害法体系が成立し発展する時期である。問題の深刻化の中で様々の法が制定され、それが、独自の法体系へと展開していく、わが国の環境法の発展の中で重要な時期だが、さらに2つに区分することができる。

　a　前期（1960年代半ば頃まで）：公害問題が深刻化する中で、それに対する

法の整備がなされ始める時期。しかし、高度経済成長のさなかであり、なお、対症療法的な対応を脱しきれなかった。

　　b　後期（1970年代前半まで）：公害問題の一層の深刻化と、それに対する住民運動（公害反対運動）の高まり、地方自治体での取り組みの前進等を背景に、公害対策が前進し法整備が行われる時期。

　③　1970年代半ば～80年代　　公害問題に対する様々な対策が一定の効果をおさめる一方で、自然環境の保全や生活アメニティの向上といった問題の広がりが見られるようになる。同時に、オイルショックを契機とする経済成長の鈍化の中で、再び経済成長重視の考え方が強まり、環境政策が停滞ないし後退する。

　④　1990年代以降　　地球温暖化のような環境問題の国際化の中で、環境法の新たな広がりと発展が始まった時期。国内的にも、環境基本法の制定や、アセスメント法の制定、廃棄物リサイクル法の整備などの新しい動きが見られる。

　⑤　2011年（東京電力福島第一原発事故）以後　　未曾有の原子力災害を経験し、それまでの原子力法制や環境法制のあり方が問われている時期。

2　前史——戦前～戦後復興期

　わが国では、明治期にすでに深刻な公害・環境問題が発生している。明治政府は富国強兵・殖産興業政策により近代的な産業の育成に努めるが、そのような近代的鉱工業に不可避的にともなう環境に対する負荷への配慮は皆無に近かった。そのため、わが国の近代産業は、その揺籃期から深刻な公害・環境問題を引き起こすことになる。最も早い段階で重大な問題となったのは、鉱山の操業にともなう、いわゆる鉱毒事件である。この時期に開発された鉱山は、そこから排出される有害物質による水質汚濁や精錬過程で生ずる大気汚染などによる深刻な被害を、周辺地域に引き起こしていった。代表的な事件として、後掲の足尾鉱毒事件がある。さらに、わが国の産業が発展するにつれて、戦前の公害・環境問題もその広がりと深刻さを増し、特に、日露戦争以降の重化学工業の発展にともない、工業地域における大気汚染や水質汚濁などによる多様な被害を発生させていく。大阪市の煤煙問題や、セメント製造にともなう降灰被

害である東京・深川の浅野セメント事件（1885年ころから問題となり、地元の強い反対運動で一時は工場移転を約束。新しい集塵機を設置してようやく解決）などが著名である。

＊足尾鉱毒事件　　明治初期に民間に払い下げられた足尾銅山は、殖産興業政策の中、採鉱や精錬に近代的な技術を導入し、生産量を飛躍的に増加させていく。しかしその反面において、精錬所の排煙による大気汚染や鉱毒による水質汚濁を通じて、周辺に農業被害や健康被害、さらには山林の枯死による洪水などの深刻な被害を発生させた。これに対し、被害地域の住民らは鉱害反対運動に立ち上がり、また、衆議院議員田中正造も議会で鉱毒事件につき政府を追及するなど問題解決に努力した（田中は後に天皇への「直訴」を試みている）。しかし、鉱山側は, 有効な対策をとらないまま、被害農民との間で、わずかの示談金と引き換えに子々孫々にいたるまで一切補償請求をしないといういわゆる「永久示談契約」を結んで紛争を「解決」しようとし、政府も、被害者らの集団請願行動を官憲により弾圧、さらに、汚染の中心であった谷中村を廃村にし、遊水池にするという措置をとった。その結果、問題は隠されたものとなり、鉱山側が責任を認めて住民らに補償するのは戦後の1974年になってからである（城山三郎の小説『辛酸』が、田中正造と足尾鉱毒事件を描いている）。

このような深刻な問題の発生に対し、法はどのように対応したのか。残念ながらこの時期、産業活動に規制を加えて環境破壊を防止するための法制度や、発生した被害を救済する法制度において見るべきものは存在せず、わずかに、大阪府の煤煙防止規則（1932年）などの地方レベルでの法令や、鉱業法における無過失責任規定の導入（1939年）が目につくのみであり、むしろ、足尾鉱毒事件に典型的なように、政府や警察が公害反対の住民運動を弾圧し、あるいは、被害者の補償要求に介入してわずかな金銭と引き換えに将来の権利主張を放棄させるという形の「解決」を強要するのが現実であった。

ただし、戦前においても、民法上の不法行為規定に基づいて被害の救済を求め、裁判所がそれに積極的に応えた先駆的事例も存在する。その代表的なものが大阪アルカリ事件である。この事件は、1906、1907年度に、大阪アルカリ会社の工場周辺（工場から 2 町（約220m）ほど離れた地区）の農地の稲と麦に大きな被害が生じたことから、農民とその農地の地主らが、原因は工場から排出された亜硫酸ガスだとして、大阪アルカリ会社に損害賠償を求める訴訟を起こしたものである。

　この事件で大阪控訴院は、農作物の被害を克明に明らかにした鑑定結果、被告工場と被害地の地理的関係、測候所等の風位調査、亜硫酸ガスの植物に及ぼす作用に関する知見等々の詳細な検討に立って被告の排煙と被害の因果関係を認定した上で、被告には排出するガスが農作物等に害を及ぼすことは認識していたはずであり、もし認識していなければ調査研究を不当に怠ったものであり、過失があるとして会社の責任を認めた（大阪控判大4・7・29法律新聞1047・25）。大阪控訴院は、被害結果の予測可能性を過失の中核とし、さらに調査研究義務を措定することによって過失を認めている。大阪アルカリ側はこの判決を不服として上告したが、大審院は、「事業ノ性質ニ従ヒ相当ナル設備ヲ施シタル以上ハ偶々他人ニ損害ヲ被ラシメタルモ之ヲ以テ不法行為者トシテ其損害賠償ノ責ニ任セシムルコトヲ得サルモノトス」と述べて、事件を大阪控訴審に差し戻した（大判大5・12・22民録22・2474百選 NO. 1）。

　大審院が示した、被害の発生が予測できたとしても「相当ナル設備」を施しておれば（結果回避義務をつくしており）過失はないとする考え方は、理論の枠組みとしては、過失の認定において、被害発生の予見可能性の有無判断に加えて、「相当ナル設備」を欠いていたかどうかという、別個の判断（そこでは、当該企業のとった措置の相当性という措置のコストやその効果といった判断が必要とされる）を求める点で、過失の成立を狭め、企業活動の自由を拡大する考え方だと言える。具体的に、どの程度の設備をすれば責任を免れるかについて大審院は明示していないが、もし、当該企業や同種の産業分野における経済性・採算性をも考慮して「相当ナル設備」の水準が決まるということにでもなれば、企業は採算のとれないような安全対策はしなくてもよいということになり、その産業保護的性格は一層顕著になろう。ただし、差し戻された大阪控訴院は、当時の防止技術水準等をも考慮した上で、被告は相当の設備をなしていないとして、あらためて被告の責任を肯定した（本件については、百選 NO. 1 のほか、川井健『民法判例と時代思潮』第5章、大村敦志『不法行為判例に学ぶ』第5章参照）。

　第二次世界大戦によって壊滅的な打撃を受けたわが国の産業は、戦後、早い時期に急速な復興を示す。しかし、それは同時に、公害・環境問題の再発生と拡大をも意味した。この時期、一方では、戦前から継続した問題が未解決のまま（あるいは被害を拡大させつつ）存在し（例えば、後に四大公害事件の1つとして

知られるようになった水俣湾の水質汚濁は戦前からのものであり、1943年には漁業被害について、チッソの前身であった会社がわずかの金額ではあるが、補償を行っているが、戦後になって、その生産の拡大にともなって汚染被害の規模が拡大し、ついには、水俣病という人身被害に及んでいる）、他方で、コンビナートや石油化学工場による大気汚染のような、新しい問題も発生している。この事実は、産業優先の思想と、有効な環境対策の不在という状態が、戦後になっても基本的な変化を示さなかったことを意味している。

　もちろん、だからといって戦後改革や日本国憲法が公害・環境法の発展にとって意味を持たなかったというわけではない。それらは、戦後の公害・環境法の展開にとっても重要な意義を有した。まず、地方自治原則の確立によって、住民にとってより身近な行政である地方自治体が条例の制定等による対策を進めることが可能となり、いくつかの先駆的な事例が見られるようになった。地方自治の確立は、1960年代のわが国の公害・環境政策において、後に述べるように、地方自治体が先進的な取り組みを行い、それが国の政策にも影響を与えるという展開の基盤となった。また、日本国憲法に掲げられた人間の尊厳や基本的人権の保障、さらには、憲法13条の幸福追求権や25条の生存権規定は、人の生命・健康・生活を侵害する公害・環境汚染に対する住民の権利（人格権や環境権）確立の手がかりとなった。加えて、戦後改革で認められるようになった言論の自由や様々な政治的権利は、後述のような公害被害者や住民の運動が、わが国の公害・環境政策の転換の原動力となる上で何よりも重要なものであった（日本国憲法の公害・環境政策や法に対する意義については、宮本27頁以下参照）。しかし、残念ながら、これらの点は、環境法発展のいわば基盤・土台を作ったにとどまり、具体的な発展は、この基盤の上で住民運動や公害裁判等が展開される1960年代を待たなければならず、戦後しばらくの間、国レベルでの公害・環境問題に関する法律や対策には見るべきものは存在しない状態が続いていた（明治期からこの時期までの公害・環境法理論の歴史については、吉村①103頁以下参照）。

3　公害法制の成立と発展

　(1)　公害法制の成立——1950年代後半〜60年代半ば　　わが国の公害問題が、

被害の悲惨さにおいてもその広がりにおいても、「公害先進国」と呼ばれるほど深刻化するのは、1950年代半ば以降に始まる高度経済成長期であった。この時期の汚染は、例えば大気汚染を例にとるならば、多数の呼吸器系患者を発生させた大阪市西淀川区の観測点では、1966年に、亜硫酸ガスの１日の平均濃度0.189 ppm、最高で 0.321 ppm を記録している。現在の亜硫酸ガスの環境基準である１日平均0.04 ppm と比較するならば、この数値がいかに深刻な汚染を示しているかは容易に理解できよう。状況は石油コンビナートなどの大規模な汚染源が立地する地域ではより深刻であり、四大公害事件の１つである四日市コンビナートについて見れば、コンビナートと川一つ隔てた磯津地区（次頁の写真参照）では、しばしば1 ppm を超えるという高濃度の亜硫酸ガスによる汚染が存在した。水質汚濁では、多数の死者を含む悲惨な被害を発生させた熊本・水俣地域の水質汚染（水俣病）が最も深刻な事例だが、都市部においても、工場の排水と下水道の不備による生活排水により河川の汚染が進み、都市を流れる河川はドブと化した。

　高度成長期におけるこのような深刻な公害問題発生の原因は、次の点にあるとされる（宮本憲一『日本の環境政策』25頁以下）。第１は、この時期、企業が生産力を拡大するための高度の資本蓄積を行う一方で、環境保全のための設備投資や安全対策の費用を節約したことにある。加えて、公共投資も、下水道の整備や公園・緑地帯の整備といった環境保全に役立つものよりも、道路建設などの、むしろ汚染源を増やすものに集中した。第２は、この時期に形作られたわが国の産業構造が、重化学工業を中心とする資源浪費型・環境破壊型の構造をしていたことである。第３の原因は大都市化にある。高度成長期に企業は、道路や港湾などの産業基盤を共有できるというメリット（いわゆる「集積の利益」）を求めて大都市圏に工場や事業所の集中立地を行った。その結果、人口や工場施設、交通量は大都市圏に集中し、結果として、この地域における汚染を深刻なものとした。第４に、大量消費生活様式が無計画かつ急速に普及したことも重要である。このことは、例えばマイカーによる自動車公害の深刻化や、ごみ問題などの環境問題を発生させた。

　それでは、この時期の公害問題に対する法はどのようなものであったろうか。高度成長前期における公害問題への法的対応の特徴は、対症療法的であ

り、同時に、経済発展と融和
的であり、その意味で、戦前
以来の産業活動優先の思想を
克服しきれていなかったこと
である。その典型を、わが国
における最初の、国の法律レ
ベルでの本格的な公害規制法
ともいうべき水質二法（（「水
質保全法」と「工場排水規制
法」。1958年制定）に見ること
ができる。この法律制定の
きっかけとなったのは、1958

大気汚染が深刻であった頃の四日市コンビナート。中央に見える
川をはさんだ対岸が、四日市公害訴訟の原告らが居住する磯津地区
である（『四日市公害記録写真集』四日市公害記録写真編集委員会、
1992年）より）。

年6月に江戸川上流の本州製紙工場からの排水により漁業被害を受けた下流の
漁民が抗議のために工場に乱入した事件（「浦安事件」。この事件については、宮本
44頁以下参照）であるが、この二法による水質汚濁防止は、まず水質を保全す
べき水域を指定し、その水域へ排出される排水の水質基準を定めたうえで指定
水域へ排水する特定施設に規制を行うという仕組み（「指定水域制」。ここでは、
排水は原則的に自由であり、指定された水域においてのみ、例外的に規制が行われるこ
とになる）であった。しかし、本法は水質汚濁の有効な防止のためには多くの
欠陥を有するものであった。それは、まず本法が「浦安事件」という漁業被害
をめぐる紛争をきっかけに制定されたことから、その目的の1つとして「産業
の相互協和」への寄与をあげ、公害を防止するという立場に立ち切っていな
かったことである。さらに、「指定水域制」のため様々の利害対立の中で指定
が進まず、その結果、規制が行われないといった欠陥が存在した。

　1962年には、深刻となった大気汚染に対処するために、煤煙規制法が制定さ
れたが、この法律も、法律の目的として「生活環境と産業の健全な発展との調
和」を掲げ、環境保全・公害の規制を第一義的な目的とする立場はとっておら
ず、その意味で、戦前の産業優先思想を半分引きずっていたことや、指定地域
制という、水質二法と共通の機能的問題点を有していた。また、本法は、大気
汚染の重要な原因となりつつあった自動車排ガスを規制の対象に含んでいな

い。

　深刻な公害被害の発生とそれにもかかわらず遅々として進まない対策の中で、公害に苦しむ被害者や良好な環境を維持したいと考える地域住民は、公害被害の救済、公害の防止を目指して住民運動を展開することになる。そして、このいわゆる公害反対運動が、自治体を動かし、裁判所を動かし、やがて、国のレベルでの政策転換と公害法生成の原動力になるのである。特に大きな転機となったのが、全国的なコンビナート建設とその操業にともなう大気汚染が問題となってくる中で、コンビナート誘致の阻止に成功した、1963〜64年の三島・沼津・清水二市一町の住民運動である。

　1963年、静岡県は三島、沼津両市と清水町に石油化学コンビナートを誘致する計画を発表したが、これに対し、四日市コンビナート等での深刻な公害の発生が知られるようになっていたことから、住民の反対運動が起こった。住民運動の側は、政府の調査団に対抗して調査団を組織し、鯉のぼりを使って風向きを測定するなどのユニークな方法も使った調査活動を行い、公害発生の危険性を明らかにしていった。反対運動の盛り上がりの中、各自治体は1964年の秋に誘致断念の立場を明らかにし、計画は中止された。この運動の最大の意義は、政府や自治体が進める企業誘致に対し、地元住民が、環境に与える影響の調査（一種の環境アセスメント）に基づいてノーの声を上げ、しかも、その要求が地元自治体を動かして、コンビナート建設の阻止に成功したことである。この運動の成果は、全国各地における公害反対運動に引き継がれていき、この結果に大きな衝撃を受けた政府は、公害対策を本格的に進める必要を痛感し、そのことが、1967年の公害対策基本法の制定へとつながっていく（以上については、宮本167頁以下参照）。

　公害対策基本法では、公害対策の基本方針が定められた。同法は、公害を大気汚染、水質汚濁、騒音、振動、地盤沈下、悪臭の6つの典型公害（1970年に土壌汚染が加えられた）として定義し（2条）、これに対する、事業者、国、地方公共団体、住民の責務を明らかにし（3条〜6条）、さらに、人の健康を保護し生活環境を保全するうえで維持されることが「望ましい」基準として環境基準を導入する（9条）という、わが国の公害対策の基本構造を形作る重要なものであった。そして、これを受けて、翌1968年には大気汚染防止法と騒音規制法

が定められ、水質二法とあわせて、大気汚染・水質汚濁・騒音という代表的な公害に対する規制法が、一通り出そろうことになる。しかし、この段階ではなお規制基準そのものが緩やかであることや、規制が対症療法的でそれぞれの汚染物質についてバラバラの規制がなされていたため複合的な汚染に有効に対応できないなどの問題点を有していた。また、規制方法が濃度規制中心であり、工場の増設などで汚染源の規模が増大することによる汚染の悪化には無力であった。

　このような不十分さの原因として、産業優先、経済成長第一主義がなお完全には克服されていなかったことを指摘しなければならない。公害対策基本法は、その目的に関する条文の中に、「生活環境の保全については経済の健全な発展との調和が図られるようにする」（1条2項）という、いわゆる経済との調和条項を持っていた。これは、本法の制定にあたり、「経済の健全な発展との調和」を公害対策全般の原則にすべきであるという経済界の主張と、このような条項は不適切とする主張が対立し、結果として、国民の健康と生活環境を区別し、調和条項は生活環境に関してのみであり、人の健康の保護は対象とならないという限定を付する形での妥協がなされて設けられたものといわれている（公害対策基本法の制定過程における調和条項挿入の顚末については、橋本道夫『私史環境行政』111頁以下参照）が、たとえそのような限定つきではあっても、やはりそれは、1960年代前半までの経済成長優先思想のなごりであり、公害対策の基本を定める法律の理念としてはふさわしくないものであった。

　(2)　**環境政策の前進と法整備**——1960年代後半〜70年代前半　　以上のような問題点が克服され、わが国の公害法がまとまった法体系として形式的にも内容的にも整備されるのは、1960年代末から70年代初頭の時期である。特に重要なことは、1970年の臨時国会（いわゆる公害国会）で14にのぼる法制定・改正が行われ、わが国の公害法制が抜本的に改善されたことである。この国会においてはまず、公害対策基本法から経済発展との調和条項が削除され（あわせて大気汚染防止法などの関連法規の中の調和条項も削除された）、同法の中に、自然環境保護が政府の行うべき施策として加わった（17条の2）。調和条項の削除は、国民の健康と生活環境の保全という観点に立って公害対策を進めるべきことが明示された点で大きな意義を有した。また、水質二法が廃止され、代わって水質汚

濁防止法が制定されたが、そこでは指定水域制度が廃止され、すべての水域が規制の対象となった（大気汚染防止法でも指定地域制が廃止されている）。さらに、自然環境保全を盛り込んだ自然公園法の改正や廃棄物処理法の制定が行われ、公害犯罪に関する法も新設された。

　その後も1970年代中頃まで、公害対策のための多くの立法や法改正がなされているが、重要なものを挙げれば、まず、汚染の規制に、排出される汚染物質の総量を規制する手法が導入されていく（大気汚染につき1974年、水質汚濁につき1978年）。環境基準も、1973年には、より厳しいものに改定された。被害救済の面では、1972年に大気汚染防止法と水質汚濁防止法に無過失責任規定が導入され、さらに、公害健康被害補償法が1973年に制定された。これは、四日市コンビナートによる大気汚染公害の被害者に対する四日市市の市費による治療制度などの取り組みを先駆とし、1969年の医療費・医療手当・介護手当を支給する公害健康被害救済特別措置法を経て、1972年の四日市訴訟における原告勝訴判決によるインパクトを受けて、汚染企業による負担で公害被害者の迅速・簡易な救済をはかる目的で設けられたものである（この制度について詳しくは第5講参照）。

　また、自然環境の保全については、この時期まで有効な法律は存在せず、わずかに、1957年の自然公園法が国立公園などの自然保護を規定するにとどまっていたが、1970年の公害国会で、前述のように公害対策基本法に自然環境保護の規定（17条の2）が設けられるとともに自然公園法が改正され、さらに、1972年に自然環境保全法が制定された。同法は、自然環境が人間の健康で文化的な生活に欠くことができないものであることから、広く国民がそれの恵沢を享受するとともに、将来の国民に継承できるようにしなければならないとその理念を明記し（2条）、自然環境保全地域の指定などの措置を規定している。

　以上のような個別の法制度に加えて重要なことは、環境行政を扱う官庁として、環境庁が設置されたことである。従来、公害・環境問題を一元的に扱う省庁は存在せず、公害による健康被害については厚生省、産業政策にかかわっては通産省というように、既存の省庁が関連する分野について対応していたが、そこには、いわゆる縦割り行政による弊害が顕著であった。そこで、1971年に、公害規制と関係省庁の総合調整を行う官庁として環境庁が設置された（同

庁は2001年の省庁再編により環境省となった）。

　それでは、この時期のこのような変化の要因は何であったのだろうか。その主要な要因はやはり、1960年代半ば以降、公害問題の深刻化に対応して大きく盛り上がった公害反対運動と、それを支持した被害救済・公害防止・環境保全を望む広範な世論の形成に求めるべきであろう。わが国のこの時期の公害反対の世論と運動は２つの方向で、日本に独自な公害・環境政策を前進させていったといわれている（日本環境会議編『アジア環境白書1997/98』87頁）。第１は、公害反対の世論が多数派を占める地域で環境保全派のいわゆる革新首長を誕生させ（「革新自治体」）、地方自治体レベルで厳しい公害対策を進めていく方向であり、国の規制基準よりも厳しい規制内容を盛り込んだ1969年の東京都の公害防止条例や、自治体が企業と公害防止協定を締結し厳しい公害対策を行わせる手法などが重要である。そしてこれらの自治体レベルでの取り組みが、世論の支持の中で国の政策にも大きな影響を与えたのである。もう一つの方向は、公害反対の世論が相対的に弱く、公害被害者が孤立を余儀なくされているような地域において、公害訴訟の提起という道が選択されたことである。そして、このような方向での運動も、勝訴判決を勝ち取ることにより、国の政策に大きな影響を与えたのである。

　加えてこの時期、世界の各国でも先進工業国を中心に様々な環境問題が発生し、環境保全に対する国際的な関心の高まりがみられたことも、わが国の環境・公害政策に少なからぬ影響を及ぼした。国際的な取り組みとしては、1972年にストックホルムで開催された国連人間環境会議が重要であり、114カ国が参加したこの会議では、「人は、尊厳と福祉を保つに足る環境で、自由、平等および十分な生活水準を享受する基本的権利を有するとともに、現在および将来の世代のため環境を保護し改善する厳粛な責任を負う」という原則を述べた「人間環境宣言」が採択されている。なお、この会議には水俣病の被害者が参加し、公害の実態やその恐ろしさを世界にアピールし、さらに、わが国を代表して当時の大石環境庁長官が行った演説は、わが国の公害問題の実態とその原因、さらにはそれへの反省を率直に明らかにしたものとして、大きな共感を呼んだ。

　(3)　四大公害訴訟の意義　　公害・環境訴訟の視点から注目すべきは、前述

したように、この時期の公害反対運動が、革新自治体の創出とそこでの公害対策の推進とならんで、四大公害訴訟に代表される、公害訴訟という形態をとって展開したことである。

＊四大公害訴訟

①イタイイタイ病事件　　富山県神通川上流の三井金属神岡鉱山の排出したカドミウムによる中毒事件。1968年3月に提訴。1971年6月30日に富山地裁（第1審）が、1972年8月9日には名古屋高裁金沢支部（控訴審）が、損害賠償を認容。

②新潟水俣病事件　　新潟県阿賀野川流域に発生した有機水銀中毒事件。汚染源は阿賀野川上流の昭和電工鹿瀬工場。1967年6月に提訴。1971年9月29日に新潟地方裁判所が昭和電工の責任を認め、損害賠償の支払いを命じた。

③四日市事件　　三重県四日市市の石油コンビナートの操業によって発生した大気汚染により呼吸器系疾患に罹患した被害者らが1967年9月に提訴。1972年7月24日に津地裁四日市支部が、コンビナートを構成する企業の連帯責任を認めた。

④熊本水俣病事件　　熊本県水俣市のチッソ水俣工場が排出した廃液に含まれていた有機水銀により深刻な健康被害が発生。1969年6月に提訴。熊本地方裁判所は1973年3月20日にチッソの責任を認め、損害賠償の支払いを命じた。

　四大公害事件は、その被害の悲惨さや、裁判の過程を通して明らかになっていった被告側の対策の不備等からして、今日の目から見れば損害賠償責任が認められることに何の不思議もないように思われるかもしれないが、当時の状況において、被害の発生から裁判の提起までには、長い年月と被害者らの苦しい運動があった。例えば、提訴が1969年6月と、4つの事件の中で最も遅れた熊本水俣病事件の場合（水俣病事件については、**第9講参照**）、チッソ工場の操業にともなう水俣湾の汚染は戦前からのものであり、1956年の患者の公式発見（チッソ水俣工場附属病院長が保健所に「奇病」の発生を届け出た）からでも、提訴まで13年の期間が経過している。この間、被害者やその家族は，チッソの企業城下町といわれた水俣において、孤立させられ放置されてきた。特に、補償の問題について言えば、被害者らが1958年に互助会を結成し補償を求めて立ち上がった際にも、水俣病の原因が不明であることを前提に、死者への和解金がわずか30万円などという超低額の「見舞金」と引き換えに、「将来水俣病が水俣工場の工場排水に起因することが決定しても、新たな補償金の要求は一切行わない」（見舞金契約5条）ことを約束させられている（宮本79頁以下）。したがっ

て、被害者らの提訴は、ギリギリに追い詰められた段階での、いわば最後の手段だったのである。複雑な経過の後、提訴に踏み切った原告らの原告団結団式における、「今日ただいまより国家権力に立ち向かうことに相成りました」という代表の決意表明に、当時の原告らの置かれていた状況が率直に示されている。このような事情は、他の公害訴訟でも多かれ少なかれ共通しており、このような被害者の請求に裁判所が適切に答えられるかどうかは、裁判所ないし裁判制度にとって、その鼎の軽重が問われるものであった（熊本水俣病事件の提訴にいたる経過は、弁護団長であった千場茂勝弁護士の著書『沈黙の海』に詳しい）。

　それでは、被害者の「最後の手段」として選んだ民事損害賠償訴訟において、裁判所はその期待に応えたのか、どのような理論を発展させたのか。詳しくは、**第3講**以下に譲るが、以下、各判決の意義を簡単に確認しておこう。

① イタイイタイ病事件（富山地判昭46・6・30判時635・17、名古屋高金沢支判昭47・8・9判時674・25百選 NO. 19）　公害訴訟において、通常は、過失の有無が大きな争点になる。しかし、本件では、無過失責任を規定した鉱業法109条が存在したことから、過失は争点とならず、そのことが、本件において、比較的早期に、しかも四大公害訴訟の最初のものとして判決が言い渡されたことの要因の一つとなっている。本件の主要な争点は因果関係であるが、公害訴訟における因果関係の立証は、原告にとって極めて困難だという事情が存在する。このため、公害訴訟において、当事者間の公平の観念や被害者救済の見地からしてその立証困難を克服するための何らかの方法が必要なことが、この時期、共通の認識となったが、本件判決が採用したのは、疫学による証明を活用する、疫学的因果関係論であった。公害による健康被害の場合に、病理学的メカニズムが明らかにされねばならないとの考え方が被告によって強く主張される中で、疫学的手法の導入が病理学的なメカニズムの解明に立ち入ることなく因果関係を認めることを可能にした点は重要である（疫学的因果関係論については**第4講**で詳述する）。

② 新潟水俣病事件（新潟地判昭46・9・29判時642・96百選 NO. 18）　判決は、化学企業に高度の安全管理義務を要求した上で、「最高技術の設備をもってしてもなお人の生命、身体に危害が及ぶおそれがあるような場合には……操業停止までが要請されることもある」として、操業の停止を含む防止義務を課している。本判決は、予見可能性（予見義務）と回避義務という大阪アルカリ以来の一般的な過失論の枠組みを形式的には維持しつつ、後者において操業停止をも要求することによ

り、事実上、予見可能ならば過失ありとする考え方に接近したものである（過失について、詳しくは**第3講参照**）。また、判決は、因果関係の証明には、「①被害疾患の特性とその原因（病因）物質、②原因物質が被害者に到達する経路（汚染経路）、③加害企業における原因物質の排出（生成・排出に至るまでのメカニズム）」が明らかにされることが必要だとした上で、化学公害事件において被害者に対し「自然科学的な解明」までを求めることは衡平の見地からして相当ではなく、前記のうち①と②が情況証拠の積み重ねにより証明され、汚染源の追求が「企業の門前」にまで到達したならば、③についてはむしろ、企業の側において自己の工場が汚染源になりえない所以を証明しないかぎりその存在を事実上推認されるとした。汚染源の追求が企業の門前にまで到達すればあとは企業の側で反証しなければならないとした点で「門前説」などと呼ばれるが、工場内の操業過程が企業秘密により容易にうかがいしれないことから見て、妥当な考え方と言うべきであろう（因果関係について、詳しくは**第4講参照**）。

③ 四日市事件（津地四日市支判昭47・7・24判時672・30百選 NO. 3）　判決の過失論で注目すべきは、「立地上の過失」という考え方である。判決は、「ばい煙の付近住民に対する影響の有無を調査研究し、右ばい煙によって住民の生命・身体が侵害されることのないように操業すべき注意義務」とならんで、「本件の場合のようにコンビナート群として相前後して集団的に立地しようとするときは、右汚染の結果が付近の住民の生命・身体に対する侵害という重大な結果をもたらすおそれがあるのであるから、そのようなことのないように事前に排出物質の性質と量、排出施設と居住地域との位置・距離関係、風向、風速等の気象条件等を総合的に調査研究し、付近住民の生命・身体に危害を及ぼすことのないように立地すべき注意義務がある」とした。因果関係については、疫学的因果関係論をとり、また、コンビナートを形成する企業群に共同不法行為規定の適用を認めた（共同不法行為について、詳しくは**第4講参照**）。

④ 熊本水俣病事件（熊本地判昭48・3・20判時696・15百選 NO. 20）　判決は、被害者らとチッソが結んだ見舞金契約について、公序良俗違反であり無効だとした。これは、足尾鉱毒事件以来の「伝統的」な処理方法（僅かの給付と引き換えに権利放棄させるという）の明確な否定である。また、過失については、新潟水俣病判決と同様に、操業停止を含む高度の義務を課し、加えて、発生する被害について水俣病という特定された病気の発生を問題にせず人体に対する何らかの被害の発生することをもって予見の対象として判断すべきとし、特定の原因物質という考え方を排した。熊本水俣病事件は、第二の水俣病であった新潟事件と異なり、特定の原因物質やそれに基づく水俣病という被害につき予見を問題にすれば、過失の認定に困難

　が生じうる事案であったが、判決は、特定の原因物質やその作用メカニズム、ある
　いは特定の症状の予見を求めることは、「住民をいわば人体実験に供することにも
　なる」としてこれを排した（過失について詳しくは、**第3講**参照）。

　以上のように、裁判所は、四大公害訴訟において、新しい理論の採用を含め
て積極的に対応し、裁判は、いずれも原告勝訴に終わった。日本の裁判所は、
全体として，原告の期待に応え、その権利実現の場として有効に機能したので
ある。なお、四大公害裁判における展開について、当時、最高裁事務総局人事
局長であった矢口洪一元最高裁長官は、後にオーラルヒストリーの中で、最高
裁が裁判官の協議会を開いてこれらの動きを主導したかのような発言を行って
いる。しかし、四大公害訴訟における各判決やそこでの法理論が最高裁主導で
進められたとすることには疑問がある。この時期の公害裁判と公害法論の展開
は、最後の手段として裁判を選びとった被害住民と弁護団そして研究者の協働
（苦闘）、そのような動きに共感を示したマスコミと国民世論の盛り上がりが
（最高裁を含む）司法部においてもそれらを受け止めなければならないという意
識（ないし危機感）をもたらし、それらを背景に、当該訴訟の裁判官が勇気あ
る判断をおこなった（このような判断を当該訴訟の裁判官が行う上で、矢口証言に見
られる最高裁の考え方が追い風になったかもしれないが）ことに基本的な要因があ
ると見るべきであろう（この点については、宮本241頁以下参照）。

　四大公害の結果は社会的にも大きなインパクトを与え、公害対策の前進につ
ながる。まず何より重要なことは、これまで放置され、あるいは熊本水俣病の
ようにわずかの見舞金で泣き寝入りを余儀なくされていた被害者に権利救済の
道が開かれたことである。第2に重要な点は、戦前の大阪アルカリ事件で大審
院が提示した、「相当ナル設備」をしていれば被害を予見できたとしても過失
はないという企業保護的な過失論が修正されたことである。第3に重要な点
は、四日市公害判決が、コンビナートは近隣住民の生命身体に危害を及ぼすこ
とがないように立地すべきであるとして、コンビナートの立地上の過失を認定
したことである。四日市石油コンビナートは、石炭から石油へのエネルギー転
換をはかる国の産業政策の一環として作られたものであることから、この裁判
所の指摘は、国の産業政策に対する厳しい批判にもなっている。その意味で、
本判決が国に与えた影響は大きく、判決直後に、当時の小山環境庁長官は談話

を発表し、その中で、①公害対策に全力をあげて取り組むこと、②被害者救済制度の検討を進めること、③事前のチェックのための制度の必要性を指摘している。そしてこれらの点は、③の事前チェックの制度化が大きく遅れた（事前チェックのための制度である環境影響評価法が制定されたのは1997年である）ことを除けば、1970年代前半における環境基準の改定や排出規制の強化、公害健康被害補償法の制定などにより実現していくのである。

　⑷　公害差止訴訟と環境権の提唱　　1970年代に入って、公害裁判において、発生した公害被害を損害賠償により事後的に救済するにとどまらず、継続して発生している公害被害を停止させることや発生を防止すること（いわゆる差止め）を求める訴訟が増加した。これは、四大公害訴訟において公害に対する企業の法的責任が明確化されたことをふまえて、より抜本的な対策である差止めへ公害裁判の重点が移行したことを意味する。その転機が大阪空港公害訴訟である。

　大阪空港は終戦により米軍が接収したが、1958年に米軍から返還され、1959年には国際空港に指定された。1964年にジェット機乗り入れが始まり、深刻な騒音被害が発生し、大きな反対運動が展開された。しかし、1970年には、従前の滑走路（1800ｍ）と並行して3000ｍの滑走路が新設され、騒音帯が広がり被害がさらに拡大した。そこで、住民らは、1969年12月15日に、夜9時〜朝7時までの離着陸禁止や過去の損害賠償、騒音被害が解決されるまでの将来の損害賠償を求めて提訴した。控訴審が認定した被害は、精神的被害（イライラ、他）、身体的被害（耳鳴り、難聴、頭痛、目まい、高血圧、排ガスによる呼吸器系疾患、胃腸障害）、睡眠妨害、生活妨害（会話の中断、電話の通話妨害、テレビやラジオの視聴障害、思考中断、読書妨害）などである。

　これに対し、第1審判決（大阪地判昭49・2・27判時729・3）は、過去の損害賠償を認容し、夜10時〜朝7時までの発着禁止も認めた（反対運動や世論の批判もあり1972年4月から、この時間帯はジェットの発着を禁止し、1974年には深夜の郵便飛行機も廃止していたので、この判決は現状を変えるものではなく、行政の後追いとの批判が強かった）。これに対し、第2審判決（大阪高判昭50・11・27判時797・36）は、前記のような被害（身体的被害を含む）を認定した上で、過去および将来の損害賠償を認容し、夜9時〜朝7時までの発着禁止を命じた（画期的な判決だ

が、この判決は後に、最高裁で破棄され、最高裁は、過去の損害賠償は認めたものの差止めについては請求を却下する判断を示した。この判決については、後に再度触れる）。

　大阪空港事件において注目すべきことの１つは、この訴訟の中で、差止めの法的根拠として、良好な環境を享受する住民の権利（環境権）という考え方が主張されたことである。憲法13条の幸福追求権と25条の生存権から基礎づけられる環境権（環境を享受する権利）に基づいて、みだりに環境を汚染し、われわれの快適な生活を妨げ、あるいは妨げようとする者に対して、その妨害の排除または予防（差止め）を請求することができるとする考え方が、大阪空港公害事件訴訟において、人格権とならぶ差止めの根拠として原告により主張されたのである。控訴審判決は、人格権により差止めが認められるので環境権については判断の必要なしとして、判断しなかったが、控訴審判決の認めた人格権は身体権に限定されたものではなく、快適な生活を送る利益を含めた広いものであることや、当該原告の個人的な被害だけではなく、地域の環境悪化をも考慮している点は、環境権の考え方に近いものがある（差止めの根拠としての環境権については、第 6 講で詳しく解説する）。

4　環境政策と環境法の停滞ないし後退

　(1)　1970年代半ば以降の公害・環境問題　　この時期までに成立した公害法制による対策の進展の結果、四大公害事件のような、激甚で企業の犯罪的ともいえるような汚染による被害は目立たなくなる。それに代わって、汚染源の種類や汚染の形態が多様なものに広がっていく。例えば大気汚染も、石油コンビナート等のいわゆる固定発生源からの汚染物に加えて、自動車排気ガスによる大気汚染が深刻な問題となっていく。自動車排ガスの場合、個々の汚染物質の発生源は市民が運転する自動車であることから、自動車メーカーの排ガス対策や国の交通政策とならんで、車に依存した市民生活のあり方も問題となってくる。さらに、鉄道・道路による公害や、公共事業による自然破壊等、国や公共団体の活動が環境汚染の原因となり、紛争が発生するケースも増えてきた。被害の面でも、大気汚染による呼吸器系疾患のような重大な健康被害が依然としてなくなったわけではないが、加えて、騒音・振動被害によるイライラ・ノイローゼなどの情緒的障害等の幅広い被害にまで問題が拡大していく。同時に重

要なことは、この時期、人身被害の防止や救済といった最低限の課題から、良好な環境の中で暮らす権利を確立し、人身被害が発生する以前の段階で環境悪化そのものを防止しようとする意識、生活のアメニティを求める動きが強まって来たことである。自然環境の保全を含むより広いものにわが国の環境問題の課題領域が広がっていったのである。

以上のような環境問題の変化は、当然のことながら、従来の、公害被害の防止と人身被害救済を中心とした公害法制だけでは十分には対応できないという事態をもたらす。例えば、汚染の事前防止や、大量消費型社会という人々の生活スタイルにともなう問題（「ゴミ問題」等）への対応等が重要な課題となり、さらには、地域開発と環境保全の要請が衝突する場合のように、当該地域における「環境利用」のあり方が問題となる事件も多く登場するようになってきたが、これらは、従来の公害法制（健康や生活への被害の防止と救済が中心）では対処が困難なものであった。

一方で、大気汚染に代表されるような深刻な健康被害の問題がなお未解決であり、同時に、以上のような新しい問題状況が登場してきた場合、本来とるべき道は、従来の問題の解決に努めつつ広がりを持った新しい問題にどのように対処していくかをさぐること、すなわち、公害法制の発展とその到達点を踏まえた上で、より広い環境法への新たな発展をはかることであったはずである。しかし残念ながら、わが国の環境政策や法の展開は、そのような方向ではなく、停滞ないし後退の時期を迎える。また、前述したような、激甚な被害の沈静化と問題の広がりの中で「公害は終わった」として、それまでの到達点を過去のものと見る動きも出てくる。

(2) 環境政策の停滞ないし後退　　この時期、日本と世界の先進工業国の経済は、1970年代半ばのいわゆるオイルショックを契機に、高度成長期から低成長時代に入る。その中で、公害規制が厳しすぎては低成長時代を乗り切れないという経済界の主張も強まり、国の政策は、公害・環境対策よりも経済の成長・安定化を重視する方向に変化する。このような動向を背景として、環境政策と法の上で、重大な停滞ないし後退現象が表れてくる。

第1の重要な変化は，二酸化窒素の環境基準の緩和である。すなわち、1973年に定められた1時間値の1日平均 0.02 ppm という世界的にみても厳しい環

境基準が、産業界からの批判もあって、わずか5年後の1978年に、0.04〜0.06ppm の間という幅のある、しかも大幅に緩和された基準にあらためられたのである（この結果、二酸化窒素による汚染濃度は横ばいなのに一挙に環境基準が達成され汚染が改善されたような外観が作り出されてしまった）。

　＊二酸化窒素環境基準告示取消訴訟（百選 NO. 10）　二酸化窒素の環境基準緩和に対し、その告示が違法であるとして取消を求めた訴訟。東京高判昭62・12・24（判タ668・140）は、「環境基準は政府が公害防止行政を推進していくうえでの政策上の達成目標ないし指針であるから、環境基準が設定されたことにより、その基準までの環境条件の確保が、国民に対して、法的に保障されたものと解することはできない」として、その訴えをしりぞけた。

　第2の後退現象は，公害健康被害補償法にかかわる問題であり、大気汚染によるぜん息などの疾病が多発するとしてなされていた第一種地域の指定が1988年に全面解除されている。この制度では、**第5講**で詳述するように、指定地域において汚染にさらされ慢性気管支炎やぜん息などの指定疾病に罹患したことが補償を受ける要件となっているので、指定地域が解除されたということは、今後、新たな大気汚染公害患者は認定しないことを意味する（すでに認定されている患者への補償は継続）。このような制度改定の理由として、本制度の地域指定は硫黄酸化物の濃度を基準にしてなされているが、その後の公害対策の進展の中で硫黄酸化物の濃度は改善され、その結果、指定地域が汚染の実情と合わなくなったことがあげられる。しかし、二酸化窒素や浮遊粒子状物質による汚染は、道路沿道を中心に、なお深刻であり、したがって、本制度を改定するとすれば、必要なことは、二酸化窒素などによる汚染を指標に地域指定を再検討することであったはずであり、指定地域の全面解除は行き過ぎではないかとの疑問が強く残る。

　さらに、この時期の停滞状況を象徴するものとして、環境アセスメント法案の流産がある。環境アセスメント（環境影響事前評価制度）とは、事業を行うに先立ってその事業が環境にどのような影響を与えるかを評価する制度であり、環境・公害問題の発生を事前に防止するという見地からは必要性の大きい制度である。環境庁は、1975年に法案を作成したが、オイルショック以降の変化の中で経済界から強い反対が出され、この法の成立は見送られ、1997年になって

ようやく制定された。

(3)　**訴訟の動向**　それではこの時期、訴訟はどのように推移していたのであろうか。前述したように、1975年には大阪高裁が差止請求を認める判決を下し、これに勇気づけられる形で差止請求訴訟が増加した。しかし、1970年代後半以降、前述の後退現象の中で公害裁判も住民側に厳しい状況に入る（「差止め冬の時代」）。そのターニングポイントとなったのが大阪空港公害最高裁大法廷判決（昭56・12・16民集35・10・1369百選 NO. 33, 34）である。最高裁は、高裁が認めた差止めを却下する（いわゆる門前払い）判決を下したのである。差止めを却下した最高裁多数意見の論理は、次のようなものであった。すなわち、大阪空港は国営空港であり、その利用の仕方についての判断は国の航空行政権（飛行機の安全な運航を確保するため行政が行使する各種の権限）と不可分一体のものであり、したがって、裁判により差止めを認めることは航空行政権への司法の介入となるので、被害者は、民事訴訟によりこのような請求を行うことはできないとしたのである。

このような最高裁多数意見の判断は、その他の公共的な活動による公害の差止めが問題となったケースに大きな影響を与え、これ以後、差止めを求める訴訟では、例えば、道路公害を問題とした国道43号線公害訴訟、新幹線による騒音振動の差止めが争われた名古屋新幹線公害訴訟、軍用機の騒音振動が問題となる横田や厚木の基地公害訴訟など、理由づけは異なるものの、そのすべてにおいて請求が棄却ないし却下されている。ただ、同時に注意すべきは、大阪空港公害最高裁判決は、騒音などによる被害に対する損害賠償については高裁判決を維持し、これを肯定していることである。それ以後の、差止請求をしりぞけたこれらの訴訟でも、その大半で、公害発生源（新幹線、空港、道路など）の違法性と損害賠償責任は引き続き認められている。また、大阪空港について言えば、世論や運動を背景に、判決後に、国は、夜9時以降の空港の使用を認めないという方針を示し、それが現在も維持されている。

この時期の訴訟の動向として最後に指摘しておかなければならないのは、1970年代後半以降、大気汚染の影響と思われる疾病に苦しむ住民らによる大規模な公害訴訟が、各地であいついで提訴されたことである。千葉（1975年提訴）、西淀川（1978年提訴）、川崎（1982年提訴）、倉敷（1983年提訴）などの訴訟

である。この時期に、このような多くの大気汚染公害訴訟が提起されたことの背景は、1970年代半ば以降、二酸化窒素や浮遊粒子状物質による汚染が改善されず、道路沿道を中心にかえって悪化の傾向すらみられること、それにもかかわらず前述のように、1978年の窒素酸化物の環境基準の大幅な緩和など、わが国の環境政策に重大な後退がみられたことである。原告らの提訴には、このような後退を批判し、公害・環境政策の新たな前進を実現したいとの願いが込められていたのである。

5　環境法の新たな発展——1990年代以降における変化

(1)　**環境問題の「国際化」**　　1970年代以降，とりわけ1980年代に入って、環境問題の「国際化」が顕著になってきた。ここでいう環境問題の「国際化」とは、環境汚染が一国レベルでは対応できないものになってきたことを意味するが、それには様々な種類の問題が存在する。まず第1に、汚染が国境を越えて広がっていった問題としては、例えば、1970年代以降、ドイツや北欧の森林湖沼に深刻な被害を出した酸性雨問題がある。ここでは、酸性雨の原因となった大気汚染は国境を越えて影響を及ぼしている。第2に、先進国と発展途上国の関係で様々な問題が生じている。例えば「公害輸出」と呼ばれる問題がある。先進国の環境規制が厳しくなるにともない、それを避けるために、規制の緩やかな発展途上国へ工場を移転し、現地で環境問題を引き起こす例が見られるのである。さらに、先進国の開発援助による大規模な開発事業が発展途上国の環境破壊につながるケースや、例えばわが国における紙の大量消費が東南アジア地域の森林の大規模な伐採をまねいているといったような、先進国における資源の大量消費が発展途上国の自然破壊の要因になるという問題もある。第3に、フロンガスによるオゾン層の破壊や地球温暖化のように、問題の発生とそれへの取り組みが地球規模（グローバル）の問題も、深刻になってきている。

　このような環境問題の「国際化」の中で、環境問題に対する国際的な取り組みが急速に進みつつある。1992年には、リオデジャネイロで「環境と開発に関する国連会議」（いわゆる「地球サミット」）が開催された。1972年のストックホルムの人間環境会議以来20年ぶりに開催された大規模な環境問題に関する国際会議であるこの会議では、今後の地球環境保全に向けた理念をうたった「リオ

デジャネイロ宣言」が採択され、その中に「持続可能な発展（Sustainable Development）」の理念が盛り込まれた。このような国際的な取り組みの進展において、環境保護のための各種の NGO が大きな役割を果たすようになってきている。例えば、地球サミットにおいても、地球環境の保全のためには世界各地で環境保護運動を続けている NGO の協力が不可欠であるとの考えに基づいて、多くの NGO が参加し、会議の成功に寄与した。

国際的な環境保護への関心やそのための取り組みの進展は、各種の条約とその国内法化という形で国の政策や法に対し直接影響を与えるだけでなく、市民の意識やさらには国際的に展開している企業の行動にも少なからぬ影響を及ぼした。以下で述べるわが国における環境政策と法の新しい展開の重要な背景の1つが、この国際的な環境問題とそれに対する取り組みの進展にあったことは否定できない。

⑵　わが国における新たな動き　　前述したように、わが国の環境政策と法は、オイルショックを契機にし、1970年代後半以降、停滞ないし後退傾向を示した。しかし、以上のような国際的状況の中で、わが国においても1990年代に入って、ようやく、新たな発展の動きが始まり、環境政策と法の発展は新しい段階に入る。

この時期になって新たに制定された法の中で最も重要なものとして、1993年に成立した環境基本法がある。この法律は、公害対策基本法を中心とする法体系と自然環境保全法を中心とする法体系の2つに分かれていた従来の日本の公害・環境法を統合し、さらには廃棄物問題や地球規模での環境問題をも含んだ総合的なものとして制定された。自然環境の悪化がやがては人々の生活環境の悪化につながり、あるいは、地域環境の汚染が国際的な影響を持つことが少なくないなど、各種の環境問題は相互に密接に関連していることから見て、環境基本法のこの特徴は重要な意味を有する。また、これまでの日本における環境保護の手法は、国や地方自治体による汚染物質の排出規制と、損害賠償や補償制度による被害者に対する補償が中心であったが、このような手法だけでは環境問題の複雑化、とりわけ汚染原因の多様化に対応できなくなってきており、その点で、本法が、環境基本計画の策定（15条）、経済的手法の導入（22条）などの多様な手段の必要性を指摘したことも意義が大きい。さらに、本法は、環

境への負荷が少ない持続的な発展が可能な社会の構築を目指す（4条）として、Sustainable Development の理念を取り入れている（この点については**第1講**で説明した）。

　しかし、環境基本法は環境保全のあり方（理念）を示すものであり、その理念の実現のためには、具体的な個別立法や行政上の措置が必要である。その点では、環境アセスメント法の制定がこの時期なされていることに注目する必要がある。すでに述べたように、アセスメント法の必要性は1970年代から認識されていたが、産業界の反対や与党の慎重な態度のため実現せず、自治体レベルでの条例や、主要な公共事業についてはアセスメントを実施することを確認した1984年の閣議決定で行われてきたにすぎなかった。このような状況に対し、1990年代に入って新たな動きがあり、環境基本法の制定を受けて、1997年になってようやく法制化が実現された。

　また、1990年代に入って、廃棄物に関する重要な法改正・制定が進められている。例えば、廃棄物を「適正に処理」するために1970年に制定された廃棄物処理法（廃掃法）が1991年に大幅に改正され、増大する廃棄物の減量化の必要が強調され、リサイクル・再資源化の必要性が打ち出された。さらに一連のリサイクル関連法も制定され（1995年の容器包装リサイクル法、1998年の家電リサイクル法、2000年の建設リサイクル法、食品リサイクル法など）、わが国の廃棄物法制の中に再生資源の利用による廃棄物発生の抑制や環境保全という考え方が採用されていった。2000年には、循環型社会に向けた基本原則を定める、循環型社会形成推進基本法が制定されている（廃棄物問題については**第12講**参照）。

　1990年代およびそれ以降の注目すべき動きとして、公害裁判をめぐる新たな展開が指摘できる。前述したように、1970年代後半以降、公害・環境対策の後退の中で、被害者・住民は、大気汚染公害を中心に再び大規模な民事訴訟を提起するようになったが、それらの事件において、1980年代末から1990年代に入って新しい動きが見られるのである。まず、千葉訴訟判決（千葉地判昭63・11・17判時（平成元年8月5日号）161頁）以降、企業の民事責任を認める判決が定着する。特に、西淀川公害第1次訴訟判決（大阪地判平3・3・29判時1383・22百選 NO. 13）や川崎公害第1次訴訟判決（横浜地川崎支判平6・1・25判時1481・19）において、コンビナートを形成していない複数の汚染源による複合的な大気汚

染公害で複数企業は連帯して責任を負うべきことが肯定されたことは大きな意味を持っている（この点については**第4講参照**）。さらに、1995年3月の西淀川事件における和解を皮切りに、一連の訴訟で被告企業と被害者の和解が成立し、その中で被害者の救済とならんで、汚染地域の環境の再生のための費用としての和解金が支払われたことは、今後の公害・環境問題解決の1つの方向として注目される（**第5講参照**）。また、自動車排気ガスによる大気汚染とそれに対する道路管理者（国や道路公団）の責任についても、道路を走行する自動車排気ガスと健康被害の因果関係を認めたうえで国や公団の責任を認める判決が、西淀川第2～4次訴訟（大阪地判平7・7・5判時1538・17百選 NO. 14）や川崎第2～4次訴訟（横浜地川崎支判平10・8・5判時1658・3）で言い渡され、2000年には、尼崎訴訟と名古屋南部訴訟で，ディーゼル車が排出する微粒子（DEP）と健康被害の因果関係を肯定し差止めを認容する判決（神戸地判平12・1・31判時1726・20、名古屋地判平12・11・27判時1746・3百選 NO. 15）が出ている。いずれも、大阪空港訴訟控訴審判決以来、絶えて久しかった大型公害訴訟における差止認容判決として、画期的な意義を有するものである。ただし、東京大気汚染訴訟判決（東京地判平14・10・29判時1885・23）は、差止請求を棄却している。

　＊**東京大気汚染公害訴訟**　　本訴訟は、東京都23区に居住する住民が、道路を通行する自動車排ガスが原因でぜん息等の呼吸器疾患に罹患したとして、道路管理者としての国、首都高速道路公団、大気汚染の原因となっている自動車を製造販売する自動車メーカー7社を被告として、損害賠償および差止めを請求したものである（1996年提訴）。メーカーを被告にしたのは、東京地域という広域の汚染を問題とし、原告も（特定の工場や道路の周辺にではなく）広範囲に居住している本件では、特定の工場や道路に汚染源を求めることは困難であるが、他方において、本件地域において大量に走行し排ガスにより大気汚染を発生させている自動車は、メーカーが製造販売しているものであり、そのことにより利益を得、しかも、排ガスの排出抑制により汚染に影響を与えうる立場にあるメーカーは、何らかの責任を負うべきではないかと考えられたこと、さらに、公健法が（指定地域の全面解除により）改悪された中で、多くの患者が困難を抱えており、あらた救済制度を作るべきとの主張との関係で、自動車メーカーの立場は極めて重要なこと、すなわち、新しい制度は移動発生源による汚染を中心に構想されるべきであるが、その場合、自動車メーカーが財政的な寄与をすることが不可欠になるが、その前提として、メーカーの責任を明確にしておく必要があ

ると考えられたことによる。

　東京地裁は、2002年10月29日に判決を言い渡した（判時1885・23）が、そこでは、幹線沿道から50m以内に住む7人について自動車排ガスと健康被害の因果関係が認められ、道路の設置管理者としての国・都・首都高速公団の賠償責任は認められたが、メーカーは、当該幹線道路への自動車の集中・集積による交通量増大に関して何らの適切な回避措置をとることはできなかったとして、その責任は否定された。しかし同時に、判決は、「被告メーカーらには、それぞれ、大量に製造、販売する自動車から排出される自動車排ガス中の有害物質について、最大限かつ普段の企業努力を尽くして、できる限り早期に、これを低減するための技術開発を行い、かつ、開発された新技術を取り入れた自動車を製造、販売すべき社会的責務がある」と述べた。その後、第1次訴訟は東京高裁に控訴され、さらに第2次以降の訴訟が東京地裁に係属されたが、東京高裁の和解勧告により、2007年の夏に和解が成立し、自動車メーカーによる原告に対する和解金の支払がなされ、また、未認定の患者について医療費補償を行う東京都の制度が作られた。そこでは、1審で責任を認められなかったメーカーも一定の負担（解決金（12億）と医療費補償制度への拠出（33億））をすることになったが、その要因として、1審判決がメーカーの「社会的責務」を指摘したことがあるのではないか（この点について詳しくは、挑戦第6章参照）。

　この時期には、環境問題の広がりに応じて訴訟の対象も広がっていく。例えば、高層マンションが地域の良好な景観を侵害するとして、高さ20mを超える部分の撤去と損害賠償の支払いを求めて住民らが提訴した訴訟において、20mを超える部分の撤去を認めた判決が登場している（東京地判平14・12・18判時1829・36）。本件控訴審は、住民が私法上の権利・利益として良好な景観を享受する地位を持つとはいえないとして原告の訴えを退けた（東京高判平16・10・27判時1877・40）が、環境問題が都市の生活環境におけるアメニティの問題にまで広がり、景観法の制定（2004年）にみられるような景観利益保護の重要性が高まる中で、その保護を正面から認める判決が登場したことは、環境法の新しい発展を示すものとして注目される。最高裁は、侵害行為の態様などを考慮して違法性を否定したが、景観利益が住民の法律上保護される利益にあたることは認めている（最判平18・3・30民集60・3・948百選 NO. 75）。広島県鞆の浦の歴史的景観について、景観利益を根拠に住民の原告適格を肯定し、公有水面埋立免許行政訴訟法上の差止請求を認めた判決（広島地判平21・10・1判時2060・3百選 NO. 78）も出ている（景観保護については**第14講**参照）。

　さらに、自然保護でも大きな変化が見られる。環境基本法３条は、生態系が微妙なバランスを保つことで成り立っていることから、人類の存続の基盤である環境が将来にわたって維持されなければならないと規定し、同法14条は、①自然環境は人の健康や生活環境とともに保全の対象となり、自然環境保全のためにも大気・水・土壌等の環境の自然的要素が良好な状態に保持されるべきこと、②生態系の多様性の確保、野生動物の種の保存その他の生物の多様性の確保が図られるとともに、森林・農地・水辺地等における多様な自然環境が地域の自然的社会的条件に応じて体系的に保全されるべきこと、③人と自然の豊かな触れ合いが保たれることを自然保護の目的としたが、これを受けて、従来の自然保護に関連する法律が改正されたり新たに立法されている（例えば、1992年の「絶滅のおそれのある希少野生動植物の保護に関する法律」の制定や、自然公園法に自然公園に生息・生育する動植物の生態系の重要性が（2002年改正で）明記されたこと、2008年の生物多様性基本法の制定等）。

　以上、90年代以降の新しい動き、積極的な動きについて略説したが、このように述べたからといって、公害・環境問題は克服されつつあるというわけではない。公害問題にしても、それがすでに過去のものとなったという理解は誤りであり、例えば、大気汚染について言えば、1992年に大都市地域における深刻な窒素酸化物汚染に対応するための自動車 NOx 法が制定されたにもかかわらず、自動車交通量の増加等により、大都市地域を中心とした大気汚染の改善は進んでおらず、あらたに策定された PM2.5 の環境基準も達成できていない。さらに、ストック型公害の典型とも言えるアスベスト問題が注目を浴びており、多くの訴訟が提起されている（第11講）。また、1950年代の事件である水俣病事件が、今日なお解決されていないという深刻な事態も存在する（水俣病の現状については第９講で述べる）。

6　原発事故と環境法

　2011年３月の東日本大震災の中で、東京電力福島第一原発で重大かつ深刻な事故が発生した。この事故は、環境法に対して大きな課題を突きつけている。原発問題は、①エネルギー問題でありエネルギー問題は重要な環境問題であること、②原発の廃棄物は極めて危険性の高い廃棄物でありその処理は直接的に

環境に関係すること、③原発事故は（深刻かつ重大な）大気汚染、水質汚染、土壌汚染をもたらすことの3つの意味で、重要な環境問題であり、したがって、本来、環境法の重要な一部を形成すべきものである。しかし、これまでのわが国の環境法制は、原子力法制を含まないものとしてきた。**第1講**で述べたように、環境基本法13条は放射性物質による大気や水質の汚染を扱わないことを明記し、個別法規においても、例えば、廃掃法2条1項は、放射性物質及びこれによって汚染されたものを、同法の廃棄物から除外している。その結果、わが国の原子力法制は、環境法におけるこれまで述べてきたような発展と無縁のままであり、例えば、環境法の基本原則として確立している予防原則（**第2講**参照）といった考え方が省みられないなどの重大な問題点を持っていた。

　今回の事故を受けて、以上の点が改められようとしている。2012年には、放射線物質を適用除外とする環境基本法13条を削除する改正が行われた。このような改正を実効あらしめるためには、原子力問題を環境法の中にどのよう位置づけていくかが問われている。同時に、原子力問題を受け止めることは、環境法の新たな発展をも求めることになる。例えば、エネルギー問題としての原子力問題という点で言えば、それは，温暖化対策のためのエネルギー政策と法をどうしていくかという課題を突きつけている。あるいはまた、これまで、原子力発電所の建設や稼働に対する差止訴訟（行政訴訟、民事訴訟）が多く提起されてきているが、今回の事故によって「安全神話」が崩壊した中で、差止訴訟についてどのような考え方をとっていくべきかも問われている。

　1960年代の深刻な公害問題に直面する中で生成したわが国の公害・環境法は、1970年代後半以降の停滞期を経て、1990年代に入って（とりわけ21世紀になって）新たな発展を遂げてきたが、今回の原発事故によって、新たな課題に直面しているのである（原発と環境法については**第15講**で詳述する）。

第Ⅱ部　公害・環境訴訟の理論

第 3 講　損害賠償（1）——過失・違法性（受忍限度）

1　公害・環境訴訟の種類

(1)　**公害・環境訴訟の特質**　　公害・環境問題は、人の活動が環境に悪影響を与え、そのことを媒介にして、自然破壊や人々の生命健康・生活に被害が発生するため、当該活動と発生した被害の因果関係の証明に困難がともなう。したがって、公害・環境訴訟においては、どのような訴訟形態によるにせよ、因果関係立証の困難さに対する何らかの対策が必要である。同時に、公害・環境被害は、人の生命健康・生活に生ずる場合であっても、自然が破壊される場合であっても、被害がなかった状態に戻すことは極めて困難（ないし不可能）である（不可逆性）。したがって、事前防止が極めて重要となる。さらに、公害・環境汚染は、広い範囲の多数の人間に影響を与えるため、公害・環境訴訟の多くは多数の原告からなる集団訴訟となり、しかも、事実上、一種の代表訴訟的性格（原告以外に被害者が多数存在するが、それらを視野に入れるか、入れるとしてどの様に考慮するのかが問題となる）を帯びることが多い。そのため、個人対個人という伝統的な訴訟になじみにくい面もある。

　このような特質を踏まえながら既存の訴訟の仕組みや理論でどこまで対応できるか、どこからは新しい考え方を導入しなければならないか、その場合の新しい考え方とは何か、これらが問われるのが公害・環境訴訟である。

(2)　**公害・環境訴訟の種類**

(i)　**民事損害賠償訴訟**　　損害賠償は、生じた被害の救済（賠償）が第 1 の目的なので、本来、公害・環境対策の最後に位置づくものである。様々の対策にもかかわらず生じた被害を損害賠償（通常は金銭）を給付することによって補償するのがこの訴訟であり、公害被害の発生防止を請求する差止訴訟や、行政の適切な対策を求める行政訴訟が本来先行すべきである。しかし、**第 2 講**で述べたように、わが国の現実においては、公害・環境対策が不十分な中で深刻な被害が発生し、しかも、そのような被害に対する他の救済が有効に機能しな

い中で、被害者が最後の手段として選んだのが（四大公害訴訟に代表される）この民事損害賠償訴訟であった。そして、そこで汚染者の責任が明確にされることが、その後の公害対策や被害者救済の出発点となったのである。この訴訟は法的には不法行為に基づく損害賠償請求の形をとるために、不法行為法上の要件・効果が問題となる。

　(ⅱ)　民事差止訴訟　　公害・環境被害の不可逆性から見て、事後的救済としての損害賠償ではなく、事前防止（ないし現に生じている被害については将来に向けて発生を終わらせる）ことの重要性はいうを待たない。四大公害訴訟などによって汚染企業の損害賠償責任が明確化されるようになり、それを土台に、裁判で公害防止を求めることが課題になったが、その際、最初に問題となったのが民事差止訴訟である（大阪空港訴訟、名古屋新幹線訴訟等）。この訴訟の場合、差止めを認める明文の規定が民法にも環境法にも存在しないために、どのような法的根拠に基づいて差止めを認めることができるかが問題となり、さらに、対象となる事業が空港や鉄道などの公共事業である場合には、その「公共性」をどう考慮するかといった点も問題となる。

　(ⅲ)　国家賠償訴訟　　公害防止・環境保全において国や公共団体（行政）が果たすべき役割は大きい。今日の社会において、我々の行動は何らかの意味で行政の影響下にあることから、行政が環境保全や公害防止において重要な役割を果たす。また、自然環境のような、特定の私人に帰属しない環境利益の場合、公的利益としての環境を保全する上での行政の役割は大である。しかし、行政が、環境に影響を与える活動を適切に規制しなかったので被害が発生ないし拡大した場合、その損害賠償責任が問われることになる。さらに、国や公共団体の活動・施設等自身が汚染源になったとして損害賠償請求されることもある。このうち、前者については国家賠償法1条の責任が、後者については国家賠償法2条に基づく責任が問題となる。

　(ⅳ)　行政訴訟　　第1講でも述べたように、公的利益としての環境利益を保全する上では、私人の権利や利益を保護することを目的とした民事訴訟には限界がある。また、たとえ私人に属する環境利益であっても、当該私人にだけまかせておいてはその保全に欠ける場合がありうる。さらに、国家賠償訴訟は、あくまで事後的救済であり（事実上の予防効果は大きいが）環境保全や公害防止

には限界がある。このような事情から、公害防止や環境保全を求める行政訴訟が増加している。その典型は、行政が行った許可や処分を環境保全の視点から取り消すように求める訴訟だが、行政事件訴訟法の改正もあり、異なる形態の訴訟（行政法上の差止訴訟、義務づけ訴訟等）も提起されている。この訴訟の特徴は、行政の行為の効力を否定する（場合によれば、その行使を求める）ことによって、（汚染行為を直接に攻撃する民事差止訴訟とは異なり）間接的に環境汚染を防止しようとするものであること、行政事件特有の様々の（民事訴訟とは異なる）制限があることである。

　(ⅴ)　刑事訴訟　　公害・環境汚染を行った者に刑事罰を課す刑事訴訟がある。この講義では詳しくは触れることができないので、ここでは、やや詳しく、見ておきたい。

　公害は人の生活や健康に悪影響を与えるものなのであるから、一定の場合には処罰の対象となりうる。そして、刑事訴訟が有効に機能すれば、公害防止にとって大きな意義を持つ。わが国の公害事例は、四大公害事件に典型的なように、汚染物質の事実上の垂れ流しによる生命健康被害が生じているので、当然に、刑事制裁の適用の可否が問題となった（例えば、業務上過失致死傷罪（刑法211条）の適用）。しかし、刑事訴訟には、様々の限界がある。例えば、過失や因果関係の立証（民事損害賠償訴訟では、後述するように、様々の立証軽減がはかられたが、刑事訴訟で同様のことを行うには限界がある）、刑法上の責任においては、法人等を処罰できない等。

　そこで、1970年の公害国会で、公害罪法が制定された。この規定の特徴は、直接の行為者だけではなく事業主である法人も処罰の対象にしたこと、因果関係の推定規定を置いていること（同法5条は、「ある有害物質によりある地域の住民に生命又は身体の危険が生じている場合、その有害物質を危険が生じる程度に排出している工場は加害者と推定される」と規定する。ただし、この法律は、環境汚染そのものではなく、それによる公衆の生命または身体の危険（抽象的な危険ではなく具体的な危険）が発生することが要件となる）である。

　しかし、その後、この法律の適用事例は極めて少ない。公害・環境汚染が処罰の対象となる事例の大部分は、行政的な規制をしている法規に規定されている処罰規定によるものである。これらは、規制法規に触れることが要件であ

り、公害罪法のように、具体的な危険の発生は要件とされていない。しかし、その有効性はもっぱら、行政法規の規制がどれだけ環境保全や公害防止に有効かにかかっている。他方で、公害罪法が機能しない原因の1つとして、最高裁の限定的な解釈がある。最判昭63・10・27（刑集42・8・1109百選 NO. 115）は、日本アエロジル四日市工場から大量の塩素ガスが流出し、周辺住民らが急性咽頭炎などの傷害を負った事件（原因は、作業員のバルブ操作ミス）において、公害罪法を適用して、会社に罰金200万円、作業員に禁錮4カ月執行猶予2年を科した1、2審と異なり、公害罪法の適用を否定し、作業員についてのみ（公害罪法ではなく、刑法上の）業務上過失傷害罪を適用した。判決は、公害罪法は、業務上過失致死傷害罪ではまかないきれない、通常の業務の遂行によって生じた汚染被害を処罰するためのものであり、条文にある「工場又は事業場における事業活動に伴って人の健康を害する物質を排出し」とは、工場等の事業活動の一環として行われる排出のことであり、本件のような作業ミスによる事故は含まれないと判示した。

　このような限定には批判もあるが、しかし他方において、罪刑法定主義が妥当する刑罰規定の解釈においては民事責任の場合とは異なる慎重さも必要である（公害・環境問題と刑罰については、大塚463頁以下参照）。

　＊スラップ訴訟　近時、アメリカでは、スラップ訴訟が議論されている。SLAP（Strategic Lawsuit Against public Participation）とは、公共的関心事について意見表明をする者に対し、そうした行動を抑圧するために戦略的に提起される訴訟であり、そうした（反対）行動の委縮効果を狙うものである。わが国でも、同様の問題が指摘されており、長野地伊那支判平27・10・28判時2291・84は、太陽光発電設備設置に関する住民説明会における住民の発言が業者の名誉及び信用を毀損する違法なものであるとして6000万円の損害賠償を求めた事案について、住民の言動に大きな問題はなかったとして業者の請求を棄却するとともに、本訴請求の訴え提起が違法な不当訴訟であるとして、住民側の損害賠償を求める反訴請求を認容した。

2　公害・環境民事損害賠償訴訟

　（1）　**はじめに**　前述したように、損害賠償は、生じた被害の救済が第1の目的であり、したがって、本来、公害・環境対策の最後に位置づくもの（様々の対策にもかかわらず生じた被害を損害賠償（通常は金銭）を給付することによって補

償するもの）である。しかし、他方において、四大公害事件のように被害者と加害者がいて、その両者の関係において被害者救済が問題となる事件は、その限りでは（原告＝被害者が被告＝汚染企業に対して権利実現を迫るという）伝統的な民事訴訟に適合的でもある。そして、わが国の現実においては、公害・環境対策が不十分な中で深刻な被害が発生し、まず、被害者が民事損害賠償訴訟を提起し、そこで被告企業の責任が明確にされることが、その後の公害対策や被害者救済の出発点となったのである。

(2)　公害・環境民事損害賠償訴訟の根拠規定　　公害・環境被害に対する損害賠償請求は、特別法があればそれによることになる。具体的には、大気汚染による健康被害については大気汚染防止法25条に、水質汚濁による健康被害については水質汚濁防止法19条に賠償責任規定があり、また、鉱山の操業による被害については鉱業法109条がある。いずれも無過失責任規定であり、被害者救済にとって重要な意味を持つ（これらについては、後述）。しかし、これらの特別法の適用がなければ民法上の不法行為規定によることになり、四大公害訴訟では、鉱業法が適用されたイタイイタイ病訴訟を除けば、被害発生当時まだ大気汚染防止法25条や水質汚濁防止法19条が制定されていなかったことから民法の不法行為規定が適用された。その場合、従業員（被用者）の犯した不法行為と考えて、使用者の責任を規定した民法715条を適用することも考えられる。しかし、そのためには、原因行為を行った被用者を特定し、その過失を立証しなければならないが、有毒ガスを機械の操作ミスによって放出させてしまったような場合ではなく、通常の操業プロセスで起こった公害について、具体的な行為者の特定は困難であり、また、むしろ問題は、そのような操業の仕方そのものにあるので、個々の従業員等の行為としてではなく、企業としての組織体の行為ととらえる方が実態にあっていることから、民法709条が適用される（複数による汚染の場合は719条が問題となる）。以下では、民法709条に基づく公害・環境民事損害賠償訴訟の主要な争点と、それに対する裁判例や学説の展開を見てみよう。

＊公害・環境民事損害賠償訴訟と民法717条　　工場の施設の欠陥が原因の場合（例えば、浄化装置の不備等）、土地の工作物の設置・保存の瑕疵ととらえて民法717条の責任を追及することも考えられる。現に、空港や道路については、民法717条に類似

した国家賠償法2条の「公の営造物の設置・管理の瑕疵」責任が追及されている。この規定は、過失の立証責任の転換（占有者）、無過失責任（所有者）という点で被害者にとって有利である。しかし、（「営造物」とした国家賠償法2条とは異なり）土地の工作物という限定があるため、土地の上に備えつけられていない装置や、操業方法の欠陥、管理体制の不備といった場合には適用困難である。

＊＊企業自体の民法709条責任　　企業は人間と各種施設の集合体であり、そのようなものに、民法709条の故意や過失を観念しうるかという批判もある。しかし、大部分の公害訴訟では、民法709条の不法行為責任は自然人でない企業にも成立しうるとしている。前述したようなその他の条文の適用における問題点に加えて、公害（特に事故型でない場合）においては、たまたまある部署にいた担当者の行為やある装置の機能に問題があったというよりも、組織としての仕組みや方針といった操業メカニズムそのものに問題があった（水俣病を例にとると、廃水を未処理のまま放出したこと（それは当該部署にいた従業員の問題でも処理施設の欠陥の問題でもなく、企業の操業方針であった）が問題）という場合、企業組織自体の過失を問題にするのが自然だという事情がある。過失が行為者の主観的な要素ではなく、注意義務違反として客観化されるようになっている（この点については、吉村②69頁以下参照）ことから見て、企業に民法709条の過失を認めることに問題はない。ちなみに、製造物責任法の責任主体としての製造者や、公害無過失責任法の責任義務者としての事業者は自然人に限られず、むしろ組織としての企業それ自体を指すと考えられている。したがって、組織それ自体に賠償責任を課すというのは、それほど珍しいことではない。

（3）　**権利・法益侵害（違法性ないし受忍限度）**　　2004年の現代語化改正前の民法709条では、「権利ノ侵害」が要件として規定されていた。しかし、この要件は、厳密な意味での「権利」が侵害された場合でなくても、「法律上保護セラルルーノ利益」（大判大14・11・28民集4・670）が侵害された場合に拡大されてきた。そのような判例・学説の展開を踏まえて、2004年改正では「権利または法律上保護される利益」とされた。このような保護法益の拡大にあたって、権利侵害を違法性に読み替える理論（末川博『権利侵害論』）や違法性を被侵害法益の種類と侵害行為の態様の相関において判断する説（我妻栄『事務管理・不当利得・不法行為』）が有力に主張されてきた（以上については、吉村②32頁以下参照）。公害・環境被害の場合、これは、被害の程度が「受忍限度」を超えるかという形で議論されることが多い。

　ところで、公害・環境訴訟で問題となる被害は、多岐にわたっている。ま

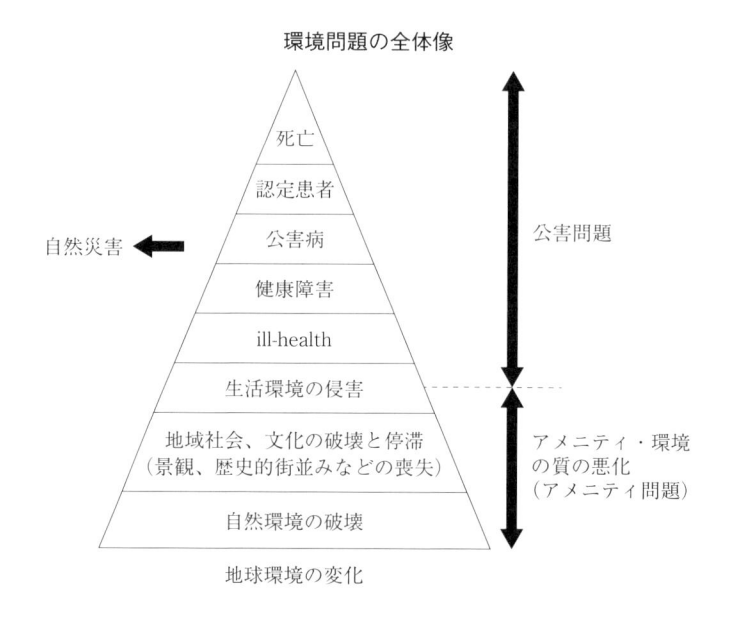

ず、最も深刻な問題として、「公害病」と呼ばれる健康被害がある。これは、時には生命侵害にも及ぶ。しかし、公害・環境被害はこれにとどまらない。騒音や日照妨害などにより、健康被害にまではいたらないにしても、様々な生活上の不都合が生じる場合もあり（これらも深刻な場合は健康に影響を与える）、また、自然環境の破壊もまた重大な公害・環境被害である。以下、その代表的な事例について、裁判例等で、どう扱われているかを概観するが、注意すべきは、これらの被害はそれぞれ別個のものではなく、密接に関連していることである。例えば、深刻な公害病も、突然に発生することはまれであり、まず、当該地域における自然環境や住環境の悪化が始まり、それがやがて、住民の生活に様々な支障を来し、ついには健康侵害にいたるということが少なくない。この点では、上記の図が示唆的である（この図は、宮本11頁による。宮本は、「地域・国土の環境が悪化し、コミュニティのアメニティの悪化が累積した結果として」公害問題が「環境問題の最終局面に現れてくる」とする）。この点に留意しつつ、公害・環境被害をいくつかの類型に分けて、それらが不法行為法上の「権利・法益侵害」としてどう扱われているかを概観してみよう（詳しくは、注民683頁以下参照）。

　（i）　大気汚染・水質汚濁　　四日市公害事件等の大気汚染、水俣病やイタイイタイ病事件のような水質汚濁においては、健康被害が中心であったため、侵害が認められれば違法性（受忍限度を超えること）が認められることに争いはない。そのため、これらの事件では、権利・法益侵害ないし受忍限度要件は、大きな争点となっていない。ただし、当該汚染によって健康被害が生じているかどうかは深刻な争いとなっており（被害者原告の発症ないし症状の増悪の原因が大気汚染であったのかどうか、あるいはまた、当該被害者原告の症状が有機水銀中毒によるものかどうか（水俣病の判断基準）等）、この点は、因果関係の問題として、**第4講**で検討する。

　（ii）　騒音被害　　騒音に関するトラブルは、ペットの鳴き声、クーラーの室外機の音といった近隣住民同士のものから、工場騒音や建設工事騒音、さらには、空港・鉄道・道路といった交通関連施設によるものまで多様である。被害としては、睡眠妨害、生活妨害（会話妨害、電話妨害、テレビ等の視聴妨害）、家族団欒や教育環境の破壊といった精神的・情緒的なものが中心だが、それらを理由とするストレスとそれからくる身体的不調、さらには、難聴や胃腸障害等にも及ぶ。被害が生活妨害にとどまる場合は、侵害行為の性質や態様（発生施設や活動の公共性等）、地域性（閑静な住宅地かどうか）などの様々な要素を総合的に考慮した受忍限度判断が行われるが、被害が健康被害に及ぶ場合には、特別な違法性阻却事由がなければ、違法（受忍限度を超える）と判断すべきである。ただし、健康被害と騒音との因果関係の証明は容易ではない。なぜなら、騒音被害の場合、騒音への暴露は、睡眠妨害や会話の妨害と言った様々な生活妨害をもたらすとともに、心身への負荷（ストレス）となり、そして、この負荷が様々な体調不良、ひいては健康被害をもたらすという、（個人差のある）心身の反応というプロセスを通じたメカニズムにより健康に影響を及ぼすからである。ただし、**第10講**で詳述するように、夜間の騒音は睡眠障害の原因となり、そのことが、直接、健康への影響を引き起こすことが知られている。

　騒音被害が訴訟になるケースは一般にそれほど多くないが、空港・道路・鉄道等の大型施設による被害については多くの裁判が提起されている。これらの訴訟においては、発生源が公共性のある施設や活動であるが、他面において、被害が「うるささ」やそれによる生活上の不利益のレベルを超えて、人の健康

にも影響しうる深刻な被害が問題となっている。例えば、那覇地沖縄支判平28・11・17（判時2341・3）は、沖縄・普天間基地の軍用機による騒音（爆音）被害に対し、普天間基地「飛行場の航空機騒音によって、入眠困難、覚醒や睡眠深度の変化、血圧・心拍数・指先脈波振幅の上昇、血管収縮、呼吸の変化、不整脈、体動の増加等の睡眠妨害を被っていることが認められ」、「原告らにつき、本件飛行場の航空機騒音によって血圧の上昇及び高血圧症状の発症のリスクが高まっていると評価することができる。血圧上昇及び高血圧発症のリスクの増大は当該地域で生活するにあたって決して軽微とはいえない」としている。軍用機騒音以外の空港騒音の例として、大阪空港最高裁判決（最大判昭56・12・16民集35・10・1369百選 NO 33,34）は、控訴審が「身体障害に連なる可能性を有するストレス等の生理的・心理的影響ないし被害」を認めた判断も是認することができないものではないとしており、さらに、道路騒音事例として、国道43号線控訴審判決（大阪高判平4・2・20判時1415・3）は、かなり高レベルの騒音は（排ガスとの複合的影響の下で）「不安感を醸成するというにとどまらず、深刻な心理的影響を受けて精神的苦痛を被り、疲労の蓄積、食欲不振、内臓の働きの変調を来たして、日常活動の阻害を招くなどの生活妨害を生ずる」とした上で、原告らは「健康被害にまではいたらないものの、それに近接した段階の生活妨害」を受けているとしている。そして、これらの判決では、騒音発生源の公共性等の理由から、差止請求を斥けているものの、損害賠償については、受忍限度を超える法益侵害があるとして、これを認容しているのである。

　空港等の公共性と騒音被害の受忍限度判断について言えば、施設（基地の空港）の公共性を重視して、損害賠償との関係でも受忍限度を超えないとした判決もあるが（東京高判昭61・4・9判時1192・1）、公共性を理由に損害賠償上も受忍限度を超えないとした点は、他の騒音公害訴訟判決と比較して「異色」であり、最高裁は、「原審は、本件飛行場の使用及び供用に基づく侵害行為の違法性を判断するに当たり、前記のような各判断要素を十分に比較検討して総合的に判断することなく、単に本件飛行場の使用及び供用が高度の公共性を有することから、上告人らの前記被害は受忍限度の範囲内にあるとしたものであって、右判断には不法行為における侵害行為の違法性に関する法理の解釈適用を誤った違法があるというべき」として、この控訴審の公共性の過度の重視に歯

止めをかけている（最判平5・2・25民集47・2・643百選 NO. 37）（騒音被害について、詳しくは、第10講参照）。

　(iii)　日照・通風妨害　　比較的古くから不法行為法上の保護が認められてきた生活環境上の利益として、日照や通風に関する利益がある。最高裁は昭和47・6・27判決（民集26・5・1067百選 NO. 71）において、「居宅の日照、通風は、快適で健康な生活に必要な生活利益であり、それが他人の土地の上方空間を横切ってもたらされるものであっても、法的な保護の対象にならないものではなく、加害者が権利の濫用にわたる行為により日照、通風を妨害したような場合には」損害賠償が認められるとした。隣地の所有者には建築の自由（権利）があり、その濫用といえる場合に初めて保護が与えられるとした点で、日照・通風利益の法的承認という点では限界もあるが、最高裁が日照・通風妨害を不法行為としたことの意味は大きく、このことが1977年の日影規制につながった。

　ただし、日影規制以後の裁判例では、日影規制はあくまで公法上の規制基準であるにもかかわらず、それに適合しているかどうかが私法上の受忍限度の判断基準として機能し、日影規制に適合している建築物は原則として適法（受忍限度を超えない）とされる傾向にある。日影規制という公法上の規制と私法上の受忍限度（違法）判断の関係については、なお検討が必要である。

　(iv)　眺望・景観侵害　　眺望や景観は都市における重要な生活環境利益である。このうち、眺望に関する利益の私法上の保護については、裁判所も比較的古くから、これを認めてきた。しかし、私法上の景観利益保護については、消極的であった。眺望と景観におけるこのような違いは、それらが、類似してはいるが異なるものと考えられてきたことによる。眺望利益とは、特定の地点からよい景色やながめを享受できる利益をさし、そこでは、享受主体が明確なため、個人の利益として私法上の保護の対象となりやすいが、景観利益とは自然的、歴史的、文化的要素から形成される地域の客観的状態ないし利益であり、個人も関係しないわけではなく、当該地域に居住している住民も、その利益を享受するとともに、その維持や形成に関わるが、特定の個人に排他的に帰属するものではなく、公共的性格をも有する利益であり、その保護を個人の利益保護を中心とした私法や民事訴訟がよくなしうるかについては、理論上も困難な

課題があるからである。

　このような状況を一変させたのが国立景観訴訟であり、景観利益を民法709条の「法律上保護される利益」として認めた同最高裁判決（最判平18・3・30民集60・3・948百選 NO. 75）である。眺望・景観侵害については第13講で詳説するが、最高裁は、景観利益は権利ではなく「法律上保護される利益」であるので、景観利益の侵害が違法となるかどうかの判断に当たっては、被侵害利益である景観利益の性質と内容、侵害行為の態様や程度等を総合的に判断すべきであるが、それが、生活妨害や健康被害を生じさせるものでないことや、景観利益保護のためには財産権の制限が必要なこと等から、その侵害行為が刑罰法規や行政法規の規制に違反するものであったり、公序良俗違反や権利の濫用に該当するものであるなど、侵害行為の態様や程度の面において社会的に容認された行為としての相当性を欠く場合にのみ違法と判断されるとしている。

　(v)　その他の生活利益の侵害

　(a)　葬儀場等をめぐる紛争　　葬儀場や火葬場の建設や使用に関して付近住民らが差止めや損害賠償等を請求する事件がある。水戸地判平2・7・31（判時1368・110）では、火葬場の建設に対し、その隣接地にある病院にリハビリのために入通院している患者らが、「疾病の悪化ないしは人間の尊厳にふさわしい医療環境において治療に専念する利益の阻害」を理由に、差止めを請求した。判決は、原告の被害は「不快感」という「心理的、情緒的被害」であって、このような被害が人格権の侵害として保護されることがありうるとしても、「直接的な身体被害が生じる場合に比してその保護の必要性が低いことは明らかであり」、そのことをも斟酌した場合、「原告らが精神的、心理的不快感を覚えることがあるとしても、それは、原告らにおいて受忍すべき限度内のものというべきである」とした。

　この事件類型で興味深いのは、葬儀場を営む業者に対し、その近隣に居宅を有し居住する原告が、居宅の2階から葬儀等（棺の出入り）が見えないよう既設のフェンスを高くすることや慰謝料を求めて提訴した事件である。この事件の第1審の京都地裁（平20・9・16 LEX/DB 28142141）と控訴審の大阪高裁（平21・6・30 LEX/DB 25483441）は、「人が、他者から自己の欲しない刺激によって心を乱されないで日常生活を送る利益、いわば平穏な生活を送る利益は、差

止請求権の根拠となる人格権ないし人格的利益の一内容として位置づけられる
べきである」、「人が最も安息と寛ぎを求める自宅において、日常的に縁のない
他人の葬儀に接することを余儀なくされることは、その者の精神の平安にとっ
て相当の悪影響を与えるものといわなければならない」、「心の静謐を乱され、
平穏な生活を送る人格権ないし人格的利益を侵害されているというべきであっ
て、この侵害が受忍限度を超えている場合には、人格権ないし人格的利益に基
づいて、その差止めを求めることができるというべきである」などとして、
フェンスを高くすることを被告に命じ、慰謝料をも認容した。最高裁は、「被
上告人が、被上告人建物２階の各居室等から、本件葬儀場に告別式等の参列者
が参集する様子、棺が本件葬儀場建物に搬入又は搬出される様子が見えること
により、強いストレスを感じているとしても、これは専ら被上告人の主観的な
不快感にとどまるというべきであり、本件葬儀場の営業が、社会生活上受忍す
べき程度を超えて被上告人の平穏に日常生活を送るという利益を侵害している
ということはできない」として原審を破棄した（最判平22・6・29判時2089・74）
が、第１審および原審と最高裁の受忍限度判断の分岐は、原告の精神的苦痛の
程度に関する評価と、被告が住民らへ配慮して設けた目隠しフェンスなどの措
置の評価の違いであり、必ずしも、最高裁がこのような利益が不法行為法によ
る救済の対象となり得ないとしたわけではない。

　(b)　圧迫感　　居住地の近隣に高層の大型施設が建設された場合でも、それ
が日照を遮らない方角であれば日照妨害の問題は発生しない。しかし、例え
ば、２階建ないし平屋の居宅の北隣りに高層ビルが建設された場合、そこから
受ける圧迫感は深刻である。このような事例において、名古屋高判平18・7・
5（判例集未登載）は、「隣接建物等から受ける圧迫感も住環境を構成する重要
な要素の１つであり、少なくとも圧迫感なく生活する利益は、それ自体を不法
行為における被侵害利益として観念できるというべきである」とした（ただし、
地域性や立地条件、建築基準法等の法規制の内容、周囲の状況等を総合的に判断し受忍
限度を超えないとして請求は棄却している）。

　(vi)　「環境損害」　　環境損害とは、広義には、「環境影響に起因する損害一
般」をさすが、ここで取り上げるのは、大気や水といった環境利益の侵害その
もの、あるいは希少動植物や生態系の侵害といった、「環境影響起因の損害の

うち、人格的利益や財産的利益に関する損害以外のもの（狭義の環境損害）」である（この定義は、大塚直「環境損害に対する責任」ジュリスト1372・42による）。この狭義の環境損害については、不法行為法のような私法によって扱うことに困難があるとされている。なぜなら、そこでは、個人に帰属しない（したがって私法上の法益としては把握が困難な）利益の侵害が問題となっているからである。そのため、狭義の環境損害の回復のための固有の法制度としては行政（国や地方公共団体）が前面に出る仕組みが中心となっている。

　しかし、そこには限界もある。まず、行政が措置をとるためには、法治主義から言って法律上の権限根拠が必要だが、そのような法規の制定は基本的には立法政策の問題とされるために、しばしば、穴があったりして、対応が後手に回ってしまう。また、環境損害は法的な規制を守っている事業活動等によっても生ずる可能性があるが、その場合、行政的な措置は取りにくい。加えて、行政裁量を理由とした不作為の可能性も否定しがたい。以上のような限界に加えて、立法や行政は社会的・経済的・政治的な力関係の影響を受けやすいが、原因である事業活動等に比して、環境利益（特に、私人の利益ではない環境利益）の場合、その保護や回復を求める声は社会において決して常に多数派ではないという事情や、「地方自治体が財政難等で環境に対する監視力をなくしている我が国の今日の状況」（大塚前掲52頁）がもたらす限界もある。

　そこで、一方では、環境団体訴訟のような新しい仕組みを作るべきことが主張されるとともに、狭義の環境損害で問題となっている被害（少なくともその一部）においては、公的利益と私的利益がオーバーラップしているとして、後者の側面から私法（とりわけ不法行為法）上の保護を志向する主張がなされている（例えば、大塚直「環境訴訟における保護法益の主観性と公共性・序説」法律時報82・11・121は、環境利益には、「環境関連の公私複合利益」と「純粋環境利益」の2種類のものがあり、後者は公益であるが、前者（例えば、入浜、森林浴によって良好な環境の恵沢を享受する利益）においては公私がオーバーラップし、それを享受する住民、それに関与あるいは関係性を有する住民や団体は訴権を有するとする。狭義の環境損害に関しては、大塚前掲のほか、吉村良一『環境法の現代的課題』6頁以下、小野寺倫子「人に帰属しない利益の侵害と民事責任」北大法学論集62・6〜63・1等参照）。

　＊公害・環境訴訟における権利・保護法益としての「平穏生活権」　公害・環境訴

訟において、損害賠償や差止めの根拠として、平穏生活権ないし平穏に生活する利益の侵害が原告によって主張されることがある。公害・環境訴訟以外でも、プライバシー侵害に関わる事例、暴力団事務所の使用禁止等を求めた事例（静岡地浜松支決昭62・10・9判時1254・45、他）等、多様なケースで、この権利ないし利益の侵害が問題となっているが、平穏生活権ないし利益が問題となる事例は、2つの場合に大別できる。

　まず、生命・身体等の利益が危険にさらされる結果侵害される平穏である。その典型は暴力団事務所事例である。暴力団事務所が近くにあることは、抗争事件の場合、その巻き添えになって生命や身体が侵害されることがありうることから、危険にさらされているのは付近住民の生命・身体であり、問題となっている平穏は、生命・身体に結びついたものである。公害・環境訴訟でも、騒音公害や廃棄物処分場ケースでは、激しい騒音に曝されることが健康被害につながったり、生活用水の水源が汚染されることは健康被害につながりうることから、同列において考えられる。これらの平穏生活権が侵害された場合、絶対権侵害の場合に準じて扱うべきとする学説も多い（淡路剛久「廃棄物処分場をめぐる裁判の動向」環境と公害31・2・10以下は、この種の平穏生活権の侵害の中核は「身体権侵害のおそれ・不安・危惧それ自体」であるが、「単なる不安感や危惧感ではなく、生命、身体に対する侵害の危険が、一般通常人を基準として深刻な危機感や不安感となって精神的平穏や平穏な生活を侵害していると評価される場合には、人格権の1つとしての平穏生活権の侵害として差止請求権が生じ」、その場合、侵害行為の公共性等は「身体権に直結した平穏生活権との比較ではそれほど重要な位置を与えられてはいない」とする）。これらの場合に、生命・身体侵害ではなく平穏生活権侵害を主張することには、被害立証の容易化をはかるという意図が込められている（因果関係の「前倒し」機能）。すなわち、平穏生活権侵害の場合には、身体権の侵害そのものが立証命題ではなく、生命・身体に対する侵害の危険が一般通常人を基準として危険感や不安感として精神的平穏や平穏な生活を侵害することが立証命題となるので、そこでは、身体被害や疾病ではなく、その発生のおそれの存在ないしそのようなおそれにさらされて生活することの証明でよく、個々の症状にまで因果関係の連鎖が証明されることは必要ないということになるのである（大塚前掲・法律時報82・11・118他）。

　これに対し、前述した葬儀場紛争事例のような場合の平穏生活権は、生命・身体に結びついたものではない。したがって、そのような種類の平穏生活権には絶対権類似の保護は認めにくいが、それとは別に、主観的な利益を不法行為や場合によれば差止めによる保護の対象としてすくい上げてくるという機能が存在する。主権的な利益の要保護性を訴訟における検討の俎上に載せるための受け皿ともいうべき機能（主観的

利益の客観化機能）である。例えば、葬儀場による精神的不快感等は、従来の考え方では人格権侵害として保護対象とはなってこなかったが、それが平穏生活権という受け皿によって、不法行為による保護法益たりうるかどうかの議論が可能になったのである。もちろん、このような種類の平穏生活権においては、身体に結びついている平穏生活権とは異なり、侵害行為の態様を含む利益衡量が不可欠である。例えば、居宅から葬儀場（そこへの棺の出入り）が見えることが平穏な生活に関する権利を侵害しているかどうかは、当該地域の地域性や葬儀場側と原告のこれまでの関係、葬儀場側の対応といった諸事情との総合衡量抜きには判断できないのである（平穏生活権について詳しくは、注民693頁以下、吉村良一『市民法と不法行為法の理論』273頁以下参照）。

(4)　故意・過失

(i)　公害・環境被害に対する汚染原因者の責任を民法709条で問う場合、多くの訴訟で原告は故意を主張している。これは、被告の行為の悪質性を追及するという意図に出るものだが、故意責任が認められることは稀であり（安中鉱害訴訟１審判決（前橋地判昭57・3・30判時1034・3百選 NO. 6）は、「深刻な被害を与えることを知りながら、あえて操業に伴う排煙、排水を継続してきた」として故意を認める判断を示している。反対運動や行政機関の被害調査を無視して増設したといった事情から故意を認めたものだが、珍しい事例に属する）、通常は過失責任が問題となる。

　不法行為法における判例や最近の有力説は、過失を内心の意思の緊張の欠如ではなく、行為者が遵守すべき義務（注意義務）の違反だととらえる。その場合、その中心に置かれるのは損害の発生を防止・回避すべき義務（損害回避義務）である。すなわち、行為者が当該状況において損害を回避すべき義務に反して損害を発生させたとき、その損害結果を行為者に帰せしめることができるのである。しかし同時に、過失が存在するためには、行為者が行為にあたって注意しておれば損害結果を予見できたこと（予見可能性）も必要となる。なぜなら、結果発生について予見可能でなければ、行為者には、当該状況において講ずべき回避義務の内容が分からないからである。その場合、予見可能性の前提として予見・調査義務が問題とされることが多い（過失の構造については、吉村②69頁以下参照）。

　過失の構造『予見可能性（前提としての予見・調査義務）＋結果回避義務』

　では、公害・環境民事損害賠償訴訟においては、何をどの程度において予見すべきか。この内容しだいでは、公害の場合、過失の立証責任を負う被害者に不可能とも思える負担を課すことになる。例えば、世界で初めての大規模な有機水銀の慢性中毒事件であった熊本水俣病において、被告工場からの有機水銀の生成・排出や特定の神経症状の発症の予見を要求すると、予見不可能であったとの答えが出てきてしまう。これにどう対処するか。また、結果回避義務としてどのような水準の義務を設定するかも大きな問題であり、**第2講**で紹介した大阪アルカリ事件大審院判決の「相当ナル設備」論をどう克服するかが問題になる。以下では、現実の公害訴訟でどのような学説が主張され、どのような裁判例が登場したかを見てみよう。

　(ii)　1960年代後半、深刻な公害被害を目の当たりにした法学者は、その救済のための理論を創造した。その1つが、新受忍限度論である。例えば、以下のような主張がなされた。「従来別々に論じられてきた故意・過失および違法性は、すくなくともニューサンス（公害のこと（吉村））に関する限り、これからは統一的に判断されるべきである。そして、それらの概念にとって代わって、受忍限度の概念が導入されるべきである」（野村好弘「故意・過失および違法性」加藤一郎編『公害法の生成と展開』。淡路剛久「公害における故意・過失と違法性」ジュリスト458号375頁も同旨）。この主張は、権利・法益侵害において問題となる受忍限度論と区別する意味で、新受忍限度論と呼ばれる。従来の違法性と故意・過失という二元的な要件を受忍限度というものに一元化し、様々の事情を総合的に考慮して、受忍の限度を超えていると判断できる場合に責任を認めようという考え方である。この新受忍限度論に対しては、責任の有無が結局のところ様々な要素の総合的な利益衡量にゆだねられてしまうことになるが、諸要素を総合的に判断して受忍限度内かどうかを判断する場合、その判定は判定する者の主観によって左右されて、「裁判所に対する白紙委任を認める理論」になってしまうのではないかとする批判があった。また、民法709条の解釈論として成り立つかについても疑問視され、後に、この説の主張者は、過失要件への一元化を主張する、いわゆる新過失論（平井宜雄『債権各論Ⅱ』27頁以下、同『損害賠償法の理論』398頁以下。この説については、吉村②85頁以下参照）を支持し、新受忍限度論は構造的には新過失論の公害事例への適用であったといってもよ

いとするようになる（淡路剛久『公害賠償の理論』98頁）。

　以上と異なり、予見可能性を中心に過失を構成し、予見可能性があれば過失があるという考え方を起点にして公害における過失論を展開する一連の学説が、この時期のもう1つの有力な潮流を形成していた。例えば、以下のような主張である（西原道雄「公害に対する私的救済の特質と機能」法律時報39・7、他）。この説によれば、本来、「過失とは、結果を認識することができたのに不注意で認識しなかったことを意味している」（予見可能性中心の過失論）。このような「不法行為の一般理論をそのままのかたちで抽象的にかつ素直に適用するかぎり、公害に対して損害賠償を請求するにさいして、故意・過失という要件が障害になるおそれはほとんどない」。しかし、実際には、相当な設備を施した場合には過失がないという考え方が大審院によって採用され、「加害者が社会的強者である企業とくに工業である場合には、損害の発生を知りながら営業すなわち加害行為を続けても……自己の利潤を犠牲にせずには適当な防止設備を施すことができなければ、過失がなく賠償責任がないとされている」。そこでは、「議論のすりかえが行われている」。「損害の発生が避けられないことを知っていても活動自体を止める必要はなく賠償を負わないという理論も、産業資本の勃興期に、私法の一般的基礎理論を離れて、とくに産業保護のためにこれを変容させたものである。したがって、公害の被害者たる一般住民を従来以上に保護し、企業の責任を強化するためには……なにもとくに新しい原理を作り出して企業にとくに重い責任を課し被害者をとくに厚く保護する必要はない。これまで古典的理論に企業保護のために加えられていた修正を廃止または縮小して、抽象的な一般理論を現状に即して具体化するだけでも、公害に対する救済はずいぶん進展するのではなかろうか」。この過失論のポイントは、予見可能性（ないし予見・調査義務）を過失の中心にすえていることにある。そして、そう考える前提が、予見できれば（必要ならば行為をやめることにより）常に回避が可能であるとの立場であった。

　予見可能性を基軸とすることについては、予見可能性を責任の必須の要件としない新受忍限度論からは、予見可能性が要件となることは被害者救済にとって障害になるとの批判がなされている。したがって、ここでも、何を予見の対象とするかが問題となる。この点で大きな困難に直面し、その克服を試みたの

が熊本水俣病訴訟原告弁護団であり、その成果が「汚悪水論」である（「熊本水俣病訴訟原告最終準備書面」法律時報臨時増刊『水俣病裁判』195頁以下）。この訴訟で被告側は、予見すべき対象は責任を負うべき対象と同一でなければならないとの立場から、工場排水による生命・身体侵害についての予見が必要であるが本件ではそのような予見は不可能であったと主張した。このような被告の主張に対し、原告側が主張したのが、「汚悪水論」であった。「汚悪水論」とは、「総体としての汚悪水を排出して、他人に被害を与えたことこそが、不法行為にほかならない」、「このような危険な汚悪水を排出しながら操業を継続させたならば、この排出行為自体に責任がある」という主張であり、そこでは、工場が危険な廃液を未処理のまま排出すること自体に責任の根拠が求められている。予見可能性を過失の中心にすえつつ、その予見の対象を抽象化すると「汚悪水論」に行きつくことになる（「汚悪水論」にいたる水俣病訴訟原告団の苦闘については、千場茂勝『沈黙の海──水俣病弁護団長のたたかい』参照）。

(iii)　裁判例における過失論

(a)　新潟水俣病判決（新潟地判昭46・9・29判時642・96百選 NO. 18）　本判決は過失の一般論として、化学工業を営む企業に、「有害物質を企業外に排出することがないよう、常にこれが製造工場を安全に管理する義務」を課している。その上で同判決は、以下のような注目すべき考え方を展開する。

　　「化学企業が製造工程から生ずる排水を一般の河川等に放出して処理しようとする場合においては、最高の分析検知の技術を用い、排水中の有害物質の有無、その性質、程度等を調査し、これが結果に基づいて、いやしくもこれがため、生物、人体に危害を加えることのないよう万全の措置をとるべきである。そして……最高技術の設備をもってしてもなお人の生命、身体に危害が及ぶおそれがあるような場合には、企業の操業短縮はもちろん操業停止までが要請されることもある」（下線は吉村。以下同じ）。

ここでのポイントは、化学企業に高度の安全管理義務を要求した上で、操業の停止を含む防止義務を課したことである。本判決は、予見可能性（予見義務）と回避義務という一般的な過失論の枠組みを形式的には維持しつつ、後者において操業停止をも要求することにより、事実上、予見可能ならば過失ありとする考え方に接近したものと言えよう。

（b）　熊本水俣病判決（熊本地判昭48・3・20判時696・15百選 NO. 20）　　本件において被告が、予見の対象として具体的な被害を要求し、これに対し原告が「汚悪水論」を主張したことはすでに述べたが、熊本地裁は、以下のような過失論を提示して、被告企業の過失責任を認めた。

> 「化学工場が廃水を工場外に放流するにあたっては、常に最高の知識と技術を用いて廃水中に危険物混入の有無および動植物や人体に対する影響の如何につき調査研究を尽してその安全性を確認するとともに、万一有害であることが判明し、あるいは又その安全性に疑念を生じた場合には、直ちに操業を中止するなどして必要最大限の防止措置を講じ、とくに地域住民の生命・健康に対する危害を未然に防止すべき高度の注意義務を有するものといわなければならない」。「被告は、予見の対象を特定の原因物質の生成のみに限定し、その不可予見性の観点に立って被告には何ら注意義務がなかった、と主張するもののようであるが、このような考え方をおしすすめると、環境が汚染破壊され、住民の生命・健康に危害が及んだ段階で初めてその危険性が実証されるわけであり、それまでは危険性のある廃水の放流も許容されざるを得ず、その必然的結果として、住民の生命・健康を侵害することもやむを得ないこととされ、住民をいわば人体実験に供することにもなるから、明らかに不当といわなければならない」。

判決は、水俣病という特定された病気の発生を問題にせず、人体に対する何らかの被害の発生することをもって予見の対象として判断すべきとし、また、特定の原因物質という考え方を排した。熊本水俣病事件は、第2の水俣病であった新潟水俣病事件と異なり、特定の原因物質やそれに基づく水俣病という被害につき予見を問題にすれば、過失の認定に困難が生じうる事案であった。そのことから、原告は、「汚悪水論」を主張したのであるが、これに対し裁判所は、「汚悪水論」を直接採用することはしなかったが、特定の原因物質やその作用メカニズム、あるいは特定の症状の予見を求めることは、「住民をいわば人体実験に供することにもなる」としてこれを排している。

　これらの判決の過失論は、予見可能性（その前提としての調査義務）と回避義務を問題にする点では、通説的な過失論の構造を維持しており、この時期新たに主張された理論を採用したものではない。しかし、化学工場による健康被害に限定してではあるが、判決が、操業停止を含む回避義務を措定したことは、予見可能性だけで過失を考える考え方への接近が見られる。また、熊本水俣病

判決が、予見の対象について、メカニズム論も特定物質の予見を求めるという態度もとらなかったことは、「汚悪水論」や（予見可能性を重視しない）新受忍限度論に、事実上接近していると評価することも可能である（公害訴訟における過失論について、詳しくは、注民695頁以下、吉村②195頁以下参照）。

　その後、後述する無過失責任立法などにより、過失が主要な争点となることは減少したが（例えば、大気汚染公害裁判でも、大気汚染防止法に無過失責任規定が導入されて以降に生じた被害は無過失責任として処理しているし、それ以前の被害でも、過失の有無はそれほど激しい争点にはなっていない）、これらの理論やそれに多かれ少なかれ影響を受けたと見られる判決の果たした意義は大きい。また、そこでの過失論は、他の同様の（現代型の企業活動がもたらす危険から発生する健康被害という）事故類型にも影響を与えた。例えば、薬害スモン訴訟やカネミ油症事件のような製造物責任事例でも、製造物責任法制定以前は過失責任が問われたが、そこでは、高度の注意義務（調査研究、回避措置）を課して過失を認め、被害者救済をはかるということが行われている。

　(iv)　無過失責任　　公害企業に責任を認め被害者を救済しようとする場合、過失責任をどのようにして認めていくかとは別に（それと密接に関連を有しつつ）、いわゆる無過失責任に関する議論がある。わが国の民法だけではなく、近代法は殆ど全て過失責任主義を採用している。しかし、過失責任主義は、公害のような事例では妥当な結果をもたらさないおそれがある。そもそも、過失責任主義が合理性を持つためには、2つの前提が必要である。第1は、注意をすれば被害の発生が防げる（少なくとも社会問題化するような深刻かつ大量の被害は発生しない）という前提である。過失責任主義は、過失があれば責任を負うことを意味するので、人々に注意深い行動を要求するものである。そして、日常生活における市民間の事故の多くは、人が注意深い行動をとれば防げるものであり、その意味で過失責任主義により人に注意深い行動を命じておけば足りる。第2は、加害者と被害者の立場が対等で、相互に互換的である（ある時には加害者の立場に置かれるかも知れないが、別の時には被害者の立場に置かれるかもしれないという関係）が存在するという前提である。過失がなければ責任を負わないという過失責任主義は、賠償義務を限定し活動の自由を保障するものであり、その意味で、加害者に有利な責任のあり方である。しかしこの互換性を前

提にすれば、それは、常に特定の人やグループにのみ有利に作用するものとは言えないことになる。

　しかし、公害事件では、これらの前提が欠けている。被害は広範かつ深刻であり、注意深い行動を求めるだけでは防止には限界がある。被害者と加害者の立場の平等性や相互互換性が欠けている。加えて、加害者の過失の立証が極めて困難という事情もある。そこから過失責任主義修正の必要性が出てくる。わが国の判例は、解釈による過失責任主義の修正には消極的であるため、裁判所は、（イタイイタイ病をのぞく四大公害判決に見るように）民法709条の過失責任の枠内で被害者救済をはからざるをえなかった。しかし、このような方法は、過失の存否をめぐって訴訟に時間と労力がかかるという問題点もある。わが国においても、無過失責任導入に関して立法機関の迅速な対応が望まれた。

　公害における（公害にも適用可能な）もっとも早い無過失責任は、鉱業法の規定である。鉱害に関する特別の賠償規定は、1905年に制定された当初の鉱業法には設けられていなかったが、1939年の改正によって鉱業権者の無過失責任を定めた規程（74条の2）が導入され、戦後の同法の改正（1950年）に受け継がれた（109条）。同条によれば、鉱物の採掘のための土地の掘さく、坑水もしくは廃水の放流、捨石もしくは鉱さいのたい積、鉱煙の排出による被害（人身損害に限らない）に対し、鉱業権者等が無過失で責任を負う（不可抗力等の免責事由は規定されていない）。規定の仕方から分かるように、本来この規定が念頭に置いていたのは、必ずしも公害による健康被害事例ではないが、公害を含まないという限定もないかなり包括的な規定である。イタイイタイ病では、因果関係の立証に加えて、過失の立証という大きな壁に直面した原告弁護団が、この規定の活用を考えついた。その結果、過失は争点とならず、そのことが、本件において、比較的早期にしかも四大公害訴訟の最初のものとして判決が言い渡されたことの要因の1つとなっている。

　＊鉱業法の無過失責任規定　　1939年に無過失責任規定が導入されたことの背景として、一つには、この時期、深刻な鉱山被害が発生していたこと、同時に、改正以前にすでに、鉱山側が住民に一定の補償を行うという慣行が存在したこと等が指摘されるが、それに加えて、鉱害激化にともなう紛争（鉱業と農業の争い）を緩和しようとする意図があったとされている（鉱業法の無過失責任規定の背景等については、吉村①

120頁以下参照）。

　さらに、四大公害事件の提訴後の1972年に、大気汚染防止法と水質汚濁防止法の中に、無過失責任規定が設けられた。具体的には、事業活動にともなう健康被害物質（政令により指定）の大気中への排出により健康被害を発生させた事業者は無過失責任を負うとした大気汚染防止法25条と、事業活動にともなう有害物質（政令で指定）の汚水または廃液に含まれた状態での排出または地下への浸透により健康被害を発生させた事業者は無過失責任を負うとした水質汚濁防止法19条である。いずれも、責任を負うのが事業者であること、排出や浸透といった行為が問題となっていること、原因物質が政令で指定されていること（政令で指定されて規制を受ける物質のみであり、原因物質が分かっていない段階では機能しない）、健康被害に限定されていることという特徴がある。

第 4 講　損害賠償（2）──因果関係・共同不法行為

1　因果関係論

　(1)　はじめに　　自分の引き起こした結果についてのみ責任を負うのが近代民事責任法の原則であり、不法行為責任が発生するためには加害行為と損害の間に因果関係が存在することが必要となる。従来、この因果関係について、判例や学説は、ドイツの法理論にならって、相当因果関係でなければならないとしてきた（加害行為と原因結果の関係がある全ての損害に対し加害者が賠償義務を負うのではなく、「相当性」という法的判断が必要）。しかし、「相当因果関係」には、いくつかのレベルの異なる問題が含まれていることが、後の学説により明らかにされた。まず、加害行為が損害発生の原因となっているのかどうか＝事実的因果関係が問題となり、次に、この事実的因果関係が存在することを前提として、生じた損害のうちどの範囲まで賠償させるべきかの法的判断をする必要がある。さらに、賠償範囲に入るとされた損害の金銭評価の問題がある（以上について、詳しくは吉村②99頁以下参照）。

　このうち、公害・環境訴訟で主として問題となるのは、事実的因果関係である。因果関係の証明に関して、判例は、「訴訟上の因果関係の立証は、一点の疑義も許されない自然科学的証明ではなく、経験則に照らして全証拠を総合検討し、特定の事実が特定の結果発生を招来した関係を是認しうる高度の蓋然性を証明することであり、その判定は、通常人が疑を差し挟まない程度に真実性の確信を持ちうるものであることを必要とし、かつ、それで足りる」（最判昭50・10・24民集29・9・1417）とする。ここでは、訴訟における（事実的）因果関係の証明が自然科学的証明と明確に区別されているが、同時に、高度の蓋然性（80～90％を超える蓋然性）が必要だとされている。

　損害賠償請求において、請求権発生要件としての因果関係の立証責任は、一般に、被害者たる原告にあるとされる。しかし、大気や水といった自然環境を媒介として汚染が広がり、しかも、汚染と被害発生の間に時間的空間的隔たり

があることが少なくない公害の場合、このことは被害者に多大な負担を与え、場合によれば、不可能を強いることにもなりかねない。加えて、次のような点が四大公害訴訟等を通じて確認された。

① 被害者は技術的知識が十分でなく資力にも乏しいため、個人の力では因果関係の存在を科学的に調査することは極めて困難であること。

② 莫大な資力と高度の科学的知識を備えている企業は原因調査に非協力的であること。

③ 行政機関による調査が不備であったり、政治的配慮から調査発表が妨げられることが少なくないこと。

④ 公害原因究明のための科学技術の開発は公害を発生させる生産技術の開発に比べて立ち遅れがちなこと。

⑤ 企業は何らかの化学物質やエネルギーを社会に放散している以上、自己の放出する物質やエネルギーの無害性を立証する社会的義務があること。

　以上の特質からして、公害訴訟では因果関係証明の緩和が必要であることが意識され、1960年代後半に、被害者の立証負担を軽減しその救済をはかるための理論が提唱されるようになった。

　(2)　**公害法制確立期前における因果関係論**　　わが国の公害（私）法が本格的な展開を見せるのは1960年代後半以降だが、それ以前においては、公害における因果関係の立証困難から被害者をどう救済するかという議論は、まったくといって良いほどなされてこなかった。このような状況であったことの要因の1つは、この時期までに裁判で取り上げられた事例は、近隣の汚染源からの汚染物質の流入や騒音被害のように、汚染源と被害が近接しており因果関係の立証が比較的容易なものが中心であったことにある。しかし、現実の紛争では、例えば、鉱害において、因果関係の困難を理由に訴えを取り下げる例があったことに端的に示されているように、因果関係立証が被害救済に対する大きな障壁だったことは間違いのないところである。

　しかし、この時期、それほど多くはないが、因果関係の存在を直接証明することが困難な大気汚染や水質汚濁が問題となった訴訟において、以下のように、因果関係の立証に関して興味ある判断を下している裁判例も存在する。

　(i)　大阪アルカリ事件　　**第2講**で述べたように大審院での過失判断が有名

なこの事件において、原審段階では因果関係も重要な争点となったが、大阪控訴院は、農作物の被害状況、被告工場と被害地の地理的関係、ガスの排出状況、風向き、亜硫酸ガスの植物に及ぼす作用に関する知見等の多数の間接的な事実から被告の排煙と被害の因果関係を認定した上で、さらに、他の原因（近隣の工場や船舶からの影響等）があるという被告の抗弁を、近隣の河川を走行する船舶からの汚染は極めて少量であるなどといった子細な検討によりこれを否定し因果関係を肯定した（大阪控判大4・7・29新聞1047・25）。大気汚染公害における因果関係において、多数の事実を積み上げて、その存在を証明するという手法は、公害訴訟における因果関係証明の一つのあるべき判断方法として注目される。

　(ⅱ)　パルプ製造業者の廃液による河川の汚染により養魚業者の鯉が死滅したとして損害賠償と廃水の流出禁止を求めた事件において甲府地裁は、流水経路、パルプ廃液の成分、廃液を混入しない流水との比較、被告は適切な浄化装置を設けずに廃液を流出させていたこと、以前に他の養鯉業者が被告から鯉の死滅による補償を受けたことがあったこと等の様々の事実から、「原告の鯉の死因は、被告等会社の排出するパルプの廃液中に含まれた繊維が、流水に乗って原告の養魚堀に流入し、沈下堆積したため次第に繊維が養鯉の鰓に付着し、呼吸作用を喪失させ遂に窒息死に致らせたものであるか、さもなくば、パルプ繊維が、堀底に沈下堆積のうえ醗酵して水中の酸素の欠乏を招き遂に斃死するに至らせたものであることを推認するに難くない」とした（甲府地判昭33・12・23下民集9・12・2532）。この判決の特徴は、最終的な鯉の斃死の機序を特定することなく（判決は2つの可能性を指摘している）因果関係を認定したことである。廃液が鯉に致命的な作用を及ぼしうることが明らかとなれば、最終的な死にいたる機序の解明は法的責任の前提としての因果関係の認定には不要であることを明らかにした点が、注目される。

　(3)　1960年代後半以降の展開

　(ⅰ)　蓋然性説　　1960年代後半以降、被害者の立証負担を軽減しその救済をはかるための理論が提唱された。その先駆は、いわゆる蓋然性説である。蓋然性説とは、原告の因果関係の立証は因果関係が存在することの「かなりの程度の蓋然性」を示すだけで十分であり、もし被告がそこには因果関係のないこと

を証明しえない場合には、それでもって因果関係の存在を認定しうるとする説である（徳本鎮『企業の不法行為責任の研究』130頁以下）。この説の核心は、公害において被害者に要求される因果関係立証の程度を蓋然性の証明でよいとして、その程度を引き下げる点にあるが、問題は、なぜ公害訴訟において証明程度の引き下げが認められるかである。

　この点の理論的根拠づけとしては2つの考え方があった。1つは、公害事件の場合には原告・被告どちらの主張する事実の方が確かといえるかが問題であり50％を越える蓋然性があればよいとして、英米法の証拠の優越の考え方を用いる説である（加藤一郎編『公害法の生成と展開』29頁（加藤筆））。しかしこの説に対しては、職業的裁判官が積極的に事件に働きかけて納得のいくまで審理することのできる大陸型事実審の構造のもとでは証拠の優越によって事実認定を行うことは許されるべきでないとの批判がなされた。別の考え方は、事実上の推定ないし一応の証明の理論によって蓋然性説を根拠づけようとするものである。すなわち、原告が因果関係の存在をかなりの程度の蓋然性でもって証明したときには、因果関係の一応の証明がなされたものとしてその存在が事実上推定され、被告の方でこの推定をくつがえすに足る反証をあげない限り因果関係は存在するものとして扱われるとの主張である。これに対しては、蓋然性の程度で一応の推定がなされるのなら、逆にその推定を破る被告の側の反証もまた容易であり結局被害者救済にならないのではないかとの批判（好美清光＝竹下守夫「イタイイタイ病第一次訴訟第一審判決の法的検討」判例評論154・111（竹下筆））があった。

　このように、蓋然性説には様々な点で批判も強いが、この理論が始めて正面から公害における被害者の因果関係立証負担の軽減に取り組んだこと、そして、従来、因果関係の認定に消極的であった裁判所にアピールしてその訴訟運営に1つの方向を与え、因果関係の存否判断にあたって科学的に厳密な証明は必要ないとして不必要な科学論争に裁判所が入り込む危険を防いだことは確認しておく必要があろう。

　＊**蓋然性説をとったと理解できる裁判例**　　早川メッキ事件判決（前橋地判昭46・3・23判時628・25）は、この蓋然性説を採用したものと理解できる。この事件では、被告が経営するメッキ工場の廃液が下流で養鯉業を営んでいた原告の鯉を斃死させた

として損害賠償責任が追及されたが、前橋地裁は、「いわゆる公害訴訟、とりわけ河川汚濁や大気汚染による損害の賠償を請求する訴訟においては……一般の不法行為訴訟と異なり、因果関係に関する立証責任を転換し、被告側に因果関係不存在の立証責任を負わせることも考え得るところであるが、一般に因果関係不存在の立証は極めて困難であるから、右の考え方は逆に被告に対して苛酷に過ぎるきらいがある。結局、最も妥当な解決方法は、原告としては侵害行為と損害の間に因果関係が存在する相当程度の可能性があることを立証することをもって足り、被告がこれに対する反証をあげえた場合にのみ因果関係を否定し得るとすることである」とした。

　この判決の特徴は、公害訴訟における因果関係証明の特質から原告の立証負担軽減の必要性を指摘した上で、しかし立証責任の転換は被告にも苛酷になるとして、そのいわば一歩手前での解決をはかったことである。証明の程度が「相当程度の可能性」の段階で被告に反証の責任を負わせている点で、蓋然性説を受容したものと評価できよう。

　蓋然性説の問題提起を受けて、この時期、公害訴訟における因果関係立証の問題を民事訴訟法の一般理論の中に位置づけようとする説が登場する。因果関係立証プロセスへの間接証明および間接反証論の適用である。この主張によれば（好美＝竹下前掲論文108頁以下）、被告企業の生産活動と原告の損害との間に因果関係が存在することの証明のためには、被告企業の生産活動における特定物質の発生、その外部への排出、媒体を通じての拡散、原告の身体・財産への到達、損害の発生という各事実およびその各前者から後者への過程という複合的な立証主題を対象としなければならない。しかしそのことはこれらの各事実、各過程につき常に各別に証拠を提出し、あるいは直接に証明しなければならないことを意味するわけではなく、間接事実の積み重ねにより経験則の助けを借りて主要事実を証明する間接証明の方法を使うことができる。そして、原告が間接事実の証明と経験則によりある主要事実の存在を証明した場合には、当該場合には特段の事情があるからその経験則は適用すべきでない、あるいはその主要事実の不存在を推認させる別の間接事実があるとの被告の主張はいずれも間接反証事実の主張であり、その立証責任は被告にある。この考え方は、間接証明、間接反証という民事訴訟法上一般に認められている手法を公害訴訟に適用することにより原告の立証困難の緩和を目指したものである。

＊新潟水俣病訴訟判決（新潟地判昭46・9・29判時642・96百選 NO. 18）の因果関係論

　本判決は、因果関係の証明には、「①被害疾患の特性とその原因（病因）物質、②原因物質が被害者に到達する経路（汚染経路）、③加害企業における原因物質の排出（生成・排出に至るまでのメカニズム）」が明らかにされることが必要だとして因果関係の各要素を整理した上で、公害における因果関係証明の困難さや被害者と加害者の立場の非交替性を指摘し、本件のような化学公害事件において被害者に対し「自然科学的な解明」までを求めることは衡平の見地からして相当ではなく、前記のうち、①と②が情況証拠の積み重ねにより証明され（この点も重要）、汚染源の追求が「企業の門前」にまで到達したならば、③についてはむしろ、企業の側において自己の工場が汚染源になりえない所以を証明しないかぎりその存在を事実上推認されるとした。

　以上の考え方は、汚染源の追求が企業の門前にまで到達すれば後は企業の側で反証しなければならないとした点で「門前説」などと呼ばれるが、要するに、①と②が証明されれば、経験則からして③の存在が推定され、企業の側で自分の工場が汚染源となりえないことを反証しない限り、因果関係の証明はなされたことになるという考え方であり、工場内の操業過程が企業秘密により容易にうかがいしれないことから見ても、妥当な考え方と言うべきであろう。理論的には、上記の間接反証説を実践したものとされる（淡路剛久『公害賠償の理論（増補版）』30頁）が、①と②は間接事実ではなく主要事実であり、①と②の証明により③の証明責任が転換されたとの理解もある（この判決の因果関係論については、百選 NO. 18の解説（川嶋四郎）参照）。

（ⅱ）　疫学的因果関係論　　この時期、因果関係立証の方法として有力に主張されたのが、疫学の手法を導入して公害における因果関係の立証を行おうとする、いわゆる疫学的因果関係論である。疫学とは、「集団現象として、傷病の発生、分布、消長およびこれに及ぼす自然的社会的諸要因の影響、あるいはまた逆に傷病の蔓延が社会に及ぼす影響を研究し、この知識に基づいて疾病の蔓延を防止制圧し、その社会生活に与える脅威を除去しようとする学問」（四大公害訴訟が争われていた時期に刊行された、曽田長宗「公害と疫学」戒能通孝編『公害法の研究』236頁の説明）であり、疫学的因果関係論とは、このような疫学によって被害と被告企業の排出する物質との間の因果関係が立証されれば法的に因果関係の証明があったものとして扱おうとする考え方のことである。

　この考え方は、公害訴訟判決において採用された。まずイタイイタイ病訴訟において、富山地判昭46・6・30（判時635・17）は、公害訴訟の場合、一般の損害賠償訴訟におけるよりも加害行為と損害発生の因果関係の存否が重大な争点となることが多いように思われるが、それは、「いわゆる公害事件において

カドミウム程度別地域区分(左)、イタイイタイ病患者有症率(右)

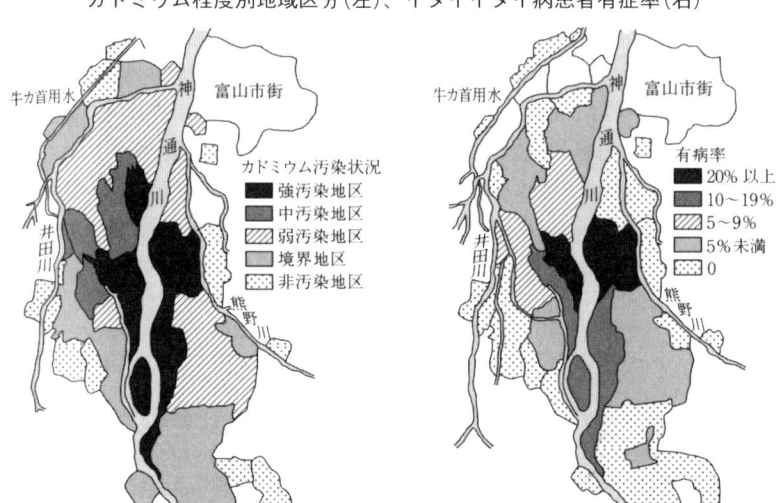

注）昭和42・43年調査、50歳以上女子。出典）河野俊一『北陸公衛誌』第23巻第２号。
イタイイタイ病については、上の図が示すように、カドミウムの汚染状況とイタイイタイ病の発生状況は、明確な関連性を示している（上図は、宮本245頁より）。

　1つには加害行為と損害の発生との間に時間的にも、また空間的にも長く、大きな隔たりがあるばかりでなく、発生したとされる人の生命、身体などの被害が不特定、多数の広範囲にわたることが多いためであろうと考えられる。したがって、いわゆる公害訴訟において加害行為と損害発生との間に自然的（事実的）因果関係の存否を判断し、確定するにあたっては、単に臨床学ないし病理学的見地からの考察のみによっては、右のような特異性の存する加害行為と損害の間の自然的（事実的）因果関係の解明に十分ではなく、ここにいわゆる疫学的見地よりする考察が避け難いことと考える」とし、控訴審判決（名古屋地金沢支判昭47・8・9判時674・25百選 NO. 19）も、「およそ、公害訴訟における因果関係の存否を判断するに当っては、企業活動に伴って発生する大気汚染、水質汚濁等による被害は空間的にも広く、時間的にも長く隔った不特定多数の広範囲に及ぶことが多いことに鑑み、臨床医学や病理学の側面からの検討のみによっては因果関係の解明が十分達せられない場合においても、疫学を活用して

いわゆる疫学的因果関係が証明された場合には、法的因果関係が存在するものと解するのが相当である」とした。

　さらに四日市訴訟においては、因果関係について、①被害者が居住している磯津地区の大気汚染は被告らの工場の排煙が原因となったものかどうか、②その大気汚染が原告らの疾病の原因となったかどうかが争いとなったが、①について判決は、被告工場の地理的状況・汚染と被告工場の稼働時期・磯津地区の硫黄酸化物濃度の経年変化と被告工場の排出した硫黄酸化物の経年変化の対応・風向きの変化と汚染濃度の変化等の事情から、被告工場から原告居住地域への汚染物質の到達を認定した。さらに、②について判決は、原告らの罹患と大気汚染との関係に関して、「いわゆる公害事件においては、その事件の持つ特殊な性格から疫学的見地からする病因の追究が重要な役割をになっているといわれている」とした上で、「数多くの疫学調査の結果や人体影響の機序の研究によれば、四日市市、とくに、磯津地区において、昭和36年ころから閉そく性肺疾患の患者が激増したことは紛れもない事実であり、その原因として、いおう酸化物を主とした大気汚染が、前記疫学四原則にも合致していると認められ、右事実および前記動物実験の結果や、いおう酸化物規制の現状ならびに証人……の各証言を総合すれば、右磯津地区における右疾患の激増は、いおう酸化物を主にして、これとばいじんなどとの共存による相乗効果をもつ大気汚染であると認められる」とした（津地四日市支判昭47・7・24判時672・30百選 NO. 3）。

　　＊四日市判決が示した疫学的因果関係が認められるための四条件　　①因子は発病の一定期間前に作用するものであること。②因子の作用する程度が著しいほどその疾病の罹患率が高まること。③因子の分布消長から結果の特性が矛盾なく説明されること。④因子と結果の関係が生物学的に矛盾なく説明できること。

　さらに、この事件では、被害がいわゆる非特異性疾患であったことから、疫学的な因果関係の証明の射程が問題となったが、判決は、「閉そく性は肺疾患の原因に関係ある因子は、大気汚染のほかにも多数あり、各因子の疾患に及ぼす影響も大小いろいろである。ところで問題は、大気汚染と原告らの罹患または症状増悪との間の法的因果関係の有無であるから、右大気汚染がなかったなら、原告らの罹患または症状増悪がなかったと認められるか否かを検討する必

要があり、かつそれで足りる。……そして、原告らが磯津地区に居住して、大気汚染に暴露されている等、磯津地区集団のもつ特性をそなえている以上、大気汚染以外の罹患等の因子の影響が強く、大気汚染の有無にかかわらず、罹患または症状増悪をみたであろうと認められるような特段の事情がない限り、大気汚染の影響を認めてよい」とした。

＊疫学的因果関係論と蓋然性説の関係　　両者の関係について、疫学的因果関係論は蓋然性説のあらわれであり、疫学的証明は蓋然性のレベルの証明にとどまるとの理解がある。しかし、疫学も医学の一分野であり、疫学的証明があれば高度の蓋然性が認められることはありうる。疫学的証明の程度（本来、疫学的証明は因果関係があるかないかではなく、どの程度あるか（寄与危険割合）という形で明らかになる）によっては、相当程度の蓋然性にとどまる場合もあるが、高度の蓋然性を持つ場合もあると考えるべきであろう。

ところで、疫学的因果関係論は、これまで多くの公害裁判で採用されてきた考え方だが、これに対して、大気汚染による呼吸器系疾患のように、他の原因も考えられるいわゆる非特異性疾患の場合に、疫学的手法による（原告ら住民集団における）呼吸器系疾患の発症（集団的因果関係）が証明されても、それが、個々の原告の発症（個別的因果関係）の証明に直結しないのではないかという指摘がなされている（新美育文「疫学的手法による因果関係の証明」ジュリスト871号90頁、他）。例えば、被汚染集団のぜん息有症率が非汚染集団の何倍にも及んでいるような場合には、当該原告の発症の原因が大気汚染だと推定できるが、有症率の差が少なくなった時にどう考えるかという問題である。しかし、他方において、個別的因果関係を証明することは不可能に近い（当該原告の喘息の原因が大気汚染であることを個別的に証明することはできない。現実には、大気汚染とその他の原因が相乗して症状が出ているのであろう）。そのような事例で、疫学等による集団的因果関係の解明だけでは個別的因果関係について何も言えないとするのでは、集団的因果関係の解明から間接的に個別的因果関係に迫る以外に方法がない大気汚染公害等の場合、事実上、被害者の切り捨てにつながってしまう。同時に、地域の人口集団は原告を含む住民から構成されており、当該集団の属性は個々の原告の属性でもあることから、両者を切り離すことは誤りでもある。したがって、むしろ問題は、集団的因果関係の証明によって個別的

因果関係についてどの程度のことが言えるのかにあるのではないか。

　この点につき、相対危険度（相対危険度とは、ある物質に曝露している集団の発症率を非曝露集団の発生率で割ることにより求めることができる割合である。曝露因子と疾病発生との関連の強さを示す指標となる）による推認は個別的因果関係を認定するときの大枠として重要な役割を果たし、それが70〜80％の証明度を超えるときは個別的因果関係を推定（一応の推定）、それ以下でも50％を超えるときには事実上の推定を認めるべきであろうとする見解（瀬川信久「裁判例における因果関係の疫学的証明」加藤古稀『現代社会と民法学の動向（上）』183頁以下））や、疫学によって相対危険度が5倍（寄与危険割合は80％）を超える場合は、高度の蓋然性＝証明度80％を超える心証が形成されると見て良く、相対危険度が2倍（寄与危険割合が50％）以上5倍未満の場合は疫学的経験則による事実上の推定を認めてもよいとする説がある（河村浩「公害環境紛争処理の理論と実務4」判タ1242・52以下）。裁判例においても、尼崎大気汚染公害判決（神戸地判平12・1・31判時1726・20）は、大気汚染に関する千葉大調査に依拠して、「本件沿道汚染が気管支喘息の発症をもたらす危険度がこれがない場合の四倍であるとの危険度の大きさに照らせば、沿道患者が公健法の暴露要件を充足する場合には、その気管支喘息が本件沿道汚染に起因する確率が極めて高いということになるから、沿道患者個々人の気管支喘息が本件沿道汚染に起因する高度の蓋然性がある」としている。

　相対危険度に示される疫学的な関連性の強さは、集団的因果関係から個別的因果関係を推定する際に大きな意味を持つ。80％を超える寄与危険割合が明確になった場合には、他に特別の事情がなければ、個別的因果関係は高度の蓋然性をもって証明されたと見るべきであろう。しかし、相対危険度を推定度に直結することには問題がないわけではない。特に、疫学調査によって示された相対危険度がそれほど高くないことから直ちに因果関係を否定すべきではなく、その他の証拠や当該疾病の特質などの総合判断がなされるべきではないか（淡路剛久「大気汚染公害訴訟の現状と課題」法律時報66・10・23は、「自然有症率に対する超過の割合が高ければ高いほど、大気汚染の影響である蓋然性が高くなるが、それが何倍でなければ法的因果関係を肯定できない、といった一律の判断を要求することは無理である。疫学的な量的調査結果、質的な調査結果、その他の証拠を総合して、法的判

断を加えざるを得ない」とする）。

　なお、これらは、疫学による集団的因果関係の証明から（何らかの程度において）個別的因果関係を推認しようというものだが、これと異なるものとして、疫学等によって統計的ないし集団的に明らかにされた割合に応じた賠償を認めようという判決がある。西淀川第２～４次訴訟判決（大阪地判平７・７・５判時1538・17百選 NO. 14）である。

　この判決は、一般的な因果関係と個別的因果関係を区別し、大気汚染以外にも要因の考えられる非特異性疾患については後者の証明は困難であるが、だからといって損害賠償を全面的に否定することは不法行為の基本理念にもとることになるので、疫学等によって統計的ないし集団的には一定割合の事実的因果関係の存在が認められる場合には、「いわば集団の縮図たる個々の者においても、大気汚染の集団への関与自体を加害行為と捉え、右割合の限度で各自の被害にもそれが関与したものとして、損害の賠償を求めることが許される」とした。かりに、原告居住地域でのぜん息の集団的レベルでの有症率が大気の清浄な地域におけるぜん息有症率（空気の清浄な地域でも一定数のぜん息は発生しうる）の倍になっておれば、大気汚染の寄与割合は５割となるので、半分の賠償を認める。もしかりに当該被汚染集団に10名の患者がいて、非汚染集団の患者数は５名だとして、被汚染集団の患者10名のうち５名は大気汚染以外の原因であると考えてしまうと、当該患者原告がどちらかは分からないということになるので、10名はそれぞれ、集団の縮図だと考えて、被害のうち半分が大気汚染（残りはそれ以外）と見て、５割の限度で賠償を認めるという論理である。

　(ⅲ)　なお、すでに**第３講**で述べたように、平穏生活権の主張は、因果関係証明の緩和につながる。すなわち、被侵害利益を生命・身体・健康などではなく、平穏に生活する権利ないし利益と考えることによって因果関係の立証を容易にするという考え方である（因果関係の終点の前倒し）（公害訴訟における因果関係論について、詳しくは、注民699頁以下、吉村①218頁以下参照）。

2　共同不法行為

　(1)　はじめに　　公害問題においては、環境を汚染する原因が複数存在し、それらが競合しあって被害が発生する場合が少なくない。大気汚染公害のよう

な場合、汚染源が単独である場合がむしろまれであり、しかも、四日市公害の
ように被告企業がコンビナートといったまとまりを持っているような場合だけ
ではなく、工場・道路（自動車）等の複数の、しかも性格の違う汚染が全体と
して深刻な被害を発生させている場合もある（西淀川大気汚染公害がその典型）。
このような場合、個々の汚染源の被害発生への寄与の程度を証明することは不
可能であり（コンビナート型の場合も、コンビナートが全体として汚染源であること
の証明は可能かもしれないが、個々の工場等と被害発生の因果関係を証明することは困
難であり、まして、西淀川型では、個々の汚染源と被害発生の因果関係の証明は、事実
上、不可能）、また、様々な汚染が複合して被害をもたらすという実態にも適合
しない。そこで、これらの複数汚染源に損害賠償を求める場合に重要な役割を
果たすのが、民法719条の共同不法行為規定である。すなわち、一定範囲の汚
染源をグループ（共同不法行為者）としてとらえて、個別の汚染源との因果関係
証明の困難を回避しようというわけである。

　民法典の起草者は、民法719条を主として債務の性質（連帯）を定める規定
として説明し、何が「共同ノ不法行為」であるかについては明確な説明を行っ
ていない。旧民法財産編378条に置かれていた「共謀」を必要としないという
ことは明言しているが、他方で、客観的に関連しておれば共同不法行為になる
と断言しているわけでもない。その後の学説においては、一部で、主観的な共
同性が必要とする説（主観説）も主張されたが、通説は、客観的に関連してお
ればよいとする説（客観説）として確立される。その代表的なものによれば、
狭義の共同不法行為の成立要件は、①各人の行為がそれぞれ独立して不法行為
の要件を備えていること、②各行為者の間に共同関係（関連共同性と言う）があ
ることの2つであり、「共同」の意義については、主観的共同は必要ではなく、
客観的共同で足りるとされた。

　しかし、このように共同不法行為の要件として、各人の行為がそれぞれ独立
して不法行為の要件を備えていることとを求めると、その場合、各人はそれぞ
れ709条の責任を負うはずであり、それとは別に（さらに、関連共同性という要件
を加えて）民法719条が規定されている意味がどこにあるのかが問われること
になる。しかもこう解すると、複数汚染源による公害の場合に、各汚染源と損害
の因果関係を被害者が一々立証しなければならないことになり、被害者救済に

共同不法行為の構造

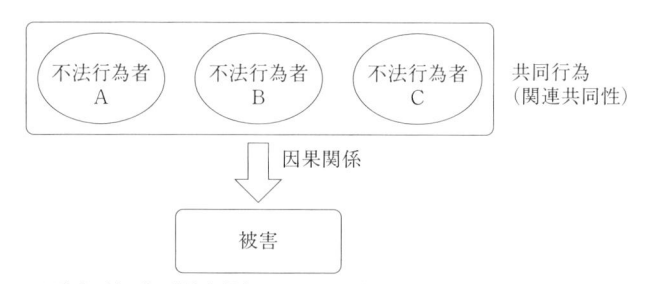

関連共同性＝共同行為と損害の間の因果関係があれば、A〜C各人の行為と損害
の因果関係はあるものとして扱う。

欠ける。例えば、コンビナートによる公害のケースでは、誰の煙か特定できない。そこで、その後の学説は、この要件（709条の要件を各人が満たしていること）を次のように緩和することによって、本条の存在意義を確認するようになった。すなわち、本来、ある人に不法行為責任が発生するためには、その人の行為と損害の間の因果関係が存在しなければならないが、共同不法行為の場合、（上図のように）共同行為という媒介項を通すことにより各人の行為と損害発生の因果関係があるものとしてあつかうことができるという考え方であり、因果関係要件（その立証）の緩和に、共同不法行為の意義を見出すわけである。

　このように解することによって、複数の原因者がいる場合、被害者にとって因果関係の証明は容易になるが、しかし、他面において、この説にあっては、関連共同性の理解が問われることになる。従来の判例は、関連共同性は客観的なものでよいとして、広く認めてきた（例えば、交通事故と医療過誤のような異なる種類の不法行為が競合して1つの損害が発生した場合にも、判例は共同不法行為だと見る（最判平13・3・13民集55・2・328））。しかし、共同行為という媒介項を介在させることにより、場合によれば自己の行為とは因果関係のない結果にまで責任を負わせる（少なくとも、その立証負担を被害者から免除する）のが本条の共同不法行為の意義だとすれば、単に客観的に見て共同行為だと見られるような場合すべてにわたって、そのような重い責任を行為者に課すことが妥当かどうか、場合によれば資力のある者が被害者から狙い打ちされるような結果になり不都合はないのかが問題となる。しかし、だからといって、「各人が独立して不法行為の要件を備えていること」という要件を厳格に解し、各人の行為と結

果の因果関係およびその立証まで厳格に要求するとなると、共同不法行為の存
在意義がなくなる。このような一種のディレンマから、新しい考え方が提唱さ
れている。その主なものを紹介すれば、以下のようである（共同不法行為論の展
開について、詳しくは、吉村②250頁以下、特に、関連共同性をめぐる新しい説の詳細
は、同254頁以下参照）。

（ⅰ）　主観的関連共同説　　従来から、関連共同性は客観的要素だけでは十分
でないとする説も存在したが、その後、前述のような因果関係要件の緩和
と結びつけつつ主観説を主張する説が有力になっている。主観的関連共同
説とは、共謀までは必要ないが、単に客観的に各人の行為が関連共同して
いるだけでは足りず、共同行為の認識が必要だとする説である。ただし、
それは他人の行為を利用して権利侵害を目指す場合（不法行為を共同でしよ
うという意思＝共謀）だけでなく、本来は権利侵害を目指してはいないが、
他人が自己の行為を利用して不法行為をおこなうことを認容する意思があ
ればよいとする。したがって、例えば、コンビナートの操業のような場
合、他の工場の汚染と合して被害を発生させていることの認識があれば共
同不法行為は成立する。つまり、大気汚染による被害発生を目指した行為
ではないが、自己の排出が他の汚染源と合って被害を発生させているこ
とを認識しておれば共同不法行為となる（前田達明『不法行為法』180頁以
下）。

（ⅱ）　類型説　　主観説では、共同不法行為が成立するためには行為者に主観
的認識が必要となり、そのような共同行為（行為者の認識がある）を媒介に
して因果関係要件を緩和しても問題はない（自己の行為が他人の行為と共同
して他人に損害を発生させることの認識があるのだから、責任を負って当然であ
る）が、他面においてこの説では、いかに主観的共同を広く解したとして
も、共同不法行為の成立する範囲が限定されてしまうことになる。そこ
で、関連共同性要件を絞る（主観的関連共同に限る）と被害者救済との関連
で問題だが、他方で、関連共同性要件を広げる（客観的関連共同でよい）と
因果関係要件緩和との関係で問題が生じるという問題点を克服するため
に、共同不法行為を「強い」ものと「弱い」ものの２つに類型化し、一方
では関連共同性要件を絞りその場合には因果関係要件の緩和を行いつつ、

他方で、その絞ったものに入らないものも共同不法行為として認めるという考え方が主張されている（淡路剛久『公害賠償の理論』126頁以下）。

　この説によれば、共同不法行為は、共同行為＝各人の行為の関連共同性という要件により各人の行為と損害との間の個別的因果関係の立証が不要となる点に共同不法行為の存在理由があるが、これには、共同行為者各人が各人の行為と相当因果関係の範囲にある損害を超えて賠償責任を負う（減免責を許さない）場合と、各人の行為と損害発生の間の因果関係を推定する（減免責が可能）場合の2つの類型があり、前者は1項前段、後者は後段が適用される。関連共同性の強さの程度により2種類の共同不法行為を認め、1項前段と後段にふり分けられる。そして、前者の共同不法行為と言いうるためには、「社会観念上全体として1個の行為とみられる加害行為の全過程の一部に参加していること」（＝「弱い客観的関連」）に加えて、「より緊密な関連共同性」（＝「強い関連共同」）が必要であり、共謀や共同する意思といった「強い主観的関連」がある場合に加えて、「強い客観的関連」がある場合にも、「強い関連共同」は認められる。

(2)　**公害訴訟における共同不法行為論**　　以上の共同不法行為に議論状況を前提として、主として大気汚染事例についての公害判決の推移を見てみよう（公害における共同不法行為論に関する裁判例について詳しくは、吉村①247頁以下参照。なお、これらは、いずれも上告されなかったため、最高裁によって確認されていないが、同様の事例について、事実上の判例として位置づけることができる）。

（i）　**四日市判決（津地四日市支判昭47・7・24判時672・30百選NO.3）**　　民法719条を初めて大規模な公害事件に適用したのは、石油コンビナートの企業群の責任が追及された四日市公害訴訟判決であった。この事件において裁判所は、一般論としては、共同不法行為が成立するためには、各人の行為がそれぞれに不法行為の要件を備えていることおよび行為者間に関連共同性があることが必要だとし、また、関連共同性は客観的なもので足りるとしつつ、現実にはそれを2つに類型化し、「弱い関連共同性」がある場合は、共同行為（一体としての汚染）と被害発生の間の因果関係が立証されれば各工場と被害の間の因果関係の存在は推定され、「強い関連共同性」が認められるときには、因果関係が擬制されるので、被告の操業がそれ自体としては結果発生との間に因果関係

がなくても、結果に対して責任を負うことがあるとした。

　この考え方は、前述した最近の学説における類型説と同じものだが、そこでの「強い関連共同性」と「弱い関連共同性」の判断基準は非常に狭い。四日市判決で「強い関連共同性」が認められるためのメルクマールとしてあげられているのは各工場の機能的・技術的・資本的に緊密な結合関係だが、このような場合にしか「強い関連共同性」が認められないというのではあまりにも狭いのではないか。また、汚染企業がコンビナートを構成している場合には、地理的近接性、各企業が生産や原料・製品の供給等の様々な関係を前提に操業していることから見て、「弱い関連共同性」を越えて、「強い関連共同性」が存するものと言うべきではなかったろうか。さらに、本判決においては、この2つの関連共同性が、いずれも719条1項前段の中に位置づけられているが、同じ条文の中に、効果の異なる2つの類型が含まれることについては、批判も存在した。

(ⅱ)　西淀川1次訴訟判決（大阪地判平3・3・29判時1383・22百選 NO. 13）

　西淀川区内には被告以外にも多数の中小発生源もあり、また、被告の構成も、西淀川区とその付近の工場を操業する企業、国道を設置・管理する国、高速道路を設置・管理する公団と複雑であり、このような場合でも、複数の汚染源が共同不法行為を構成するかどうかが問題となった。この事件につき、西淀川公害第1次訴訟判決は、四日市判決と同じく関連共同性を「強い」ものと「弱い」ものに分け、前者の場合には因果関係を擬制し後者については因果関係を推定するという考え方をとりつつ、後者については四日市判決とは異なり1項後段にあてはめることにより「被告らの排煙等も混ざり合って汚染源となっている」場合に少なくとも「弱い客観的関連」を認めうるとし、「強い関連共同性」の有無は、「予見又は予見可能性等の主観的要素並びに工場相互の立地状況、地域性、操業開始時期、操業状況、生産工程における機能的技術的な結合関係の有無・程度、資本的経済的・人的組織的な結合関係の有無・程度、汚染物質排出の態様、必要性、排出量、汚染への寄与度及びその他の客観的要素を総合して判断することになる」とした。

　判決は、関連共同性を強い関連共同性と弱い関連共同性に分け、その上で、「被告らの排煙等も混ざり合って汚染源となっている」場合に少なくとも「弱

い客観的関連」があり、その場合には（1項前段に位置づけた四日市判決と異なり）1項後段が適用され、被告の側で、自己の寄与の程度についての反証がない限り連帯して責任を負うとしている。このような広い網をかぶせることについては、小規模の、極端に言えば家庭からの汚染についても全部責任が推定されることになり広すぎるとの批判もありうるが、逆に言えば、西淀川のような広範囲に立地する汚染源からの複合的な汚染の場合に個別的な因果関係の証明を原告に要求することは、原告に著しい困難を押しつけることになる点で妥当な判断であり、コンビナート型公害に関する四日市判決を発展させ、その後の「都市型汚染」における枠組みを形作ったものと言うべきである。

　また、判決は、1970年（大阪市の西淀川区大気汚染緊急対策策定時期）以降、「環境問題の面の関連性」を理由に前段の強い関連共同性を認めたが、判決の、「環境問題での関連性」という指摘については、それが公害対策における協力関係のことだとすれば、それは不法行為における関連性ではなく、むしろ不法行為の結果を是正しようとするものであるので、これを理由に強い関連性を認めるのはおかしいとの批判もある。しかし、「環境問題での関連性」により1970年以降強い関連共同性が認められるという論理については、次のような理解が可能なのではないか。この要素が強い関連共同性をもたらすのは公害対策を共同して講じたからではなく、共同して対策をしなければ被害の発生が防げないという事態の中で、「環境問題での関連性」の認識により共同して被害発生を防止すべき義務が発生するにもかかわらず防止しえなかったことに、関連共同性を強固にするポイントがあると考えるべきはないのか。

　なお、判決は、被告ら企業が（連帯して）責任を負うのは、全損害のうち、被告とされた企業のシミュレーションによって明らかとなった寄与度（2分の1）の限度においてであるとする。

　(ⅲ)　西淀川第2～4次訴訟判決（大阪地判平7・7・5判時1538・17百選 NO. 14）

　西淀川第1次訴訟判決以降、多くの大気汚染公害訴訟判決が出されているが、基本的には、西淀川判決の論理が維持されている。西淀川第2～4次訴訟判決も、基本は第1次訴訟の共同不法行為論を維持しつつ、「重合的競合」について、民法719条の類推適用という考え方を提示している。

　西淀川公害では、被告となった企業や道路以外にも多数の汚染源が存在す

る。そのため、西淀川第 1 次訴訟判決ではシミュレーションにより被告らが寄与したと認定された範囲で被告企業の連帯責任を認めたが、これに対しては、果たして、多数の汚染源の中から特定の汚染源を選び出しそれらに共同不法行為の規定を適用することができるのかという批判もあった。そこで本判決は、個々の発生源だけでは全部の結果を惹起させる可能性がなくいくつかの行為が積み重なって初めて結果を惹起するにすぎない場合（「重合的競合」）で結果の全部または主要な部分を惹起したものを具体的に特定できないことがあるが、その場合でも、現実に被害が生じている場合に全く救済しないのは不当であるので、以下の要件が備わっておれば、民法719条を類推適用して公平・妥当な解決がはかられるべきであるとしたのである。

　その要件とは、①「競合行為者の行為が客観的に共同して被害が発生していることが明らか」であること、②「競合行為者数や加害行為の多様性など、被害者側に関わりのない行為の態様から、全部又は主要な部分を惹起した加害者あるいはその可能性のある者を特定し、かつ、各行為者の関与の程度などを具体的に特定することが極めて困難であり、これを要求すると被害者が損害賠償を求めることができなくなるおそれが強い」こと、③「寄与の程度によって損害を合理的に判定できる場合」の 3 点である。この場合、特定された被告は原則として連帯責任を負うが、その連帯責任の範囲は、損害全体のうち、特定された競合者の行為が寄与した割合が限度となる。

1 損害論

(1) **はじめに** 四大公害訴訟に代表されるように、これまでの公害訴訟における被害は、主として人身被害であった。しかし、人身被害を損害賠償という制度で救済しようとする場合、そこには、人の生命・健康という、本来金銭に換算不可能な価値の侵害を金銭（損害賠償額）に見積もらなければならないという困難がある。この困難な課題にわが国の損害賠償法が本格的に取り組んだのは、昭和30年代以降のモータリゼーションの進行のなかで多発した交通事故に対する補償をめぐってであった。そしてそこでは様々の議論を経て、一定の算定方式が確立されていった。その考え方の大要は、以下のとおりである（詳しくは、吉村②159頁以下参照）。

まず、不法行為によって発生する損害は、不法行為がなかったと仮定した場合の被害者の財産的・精神的利益状態と不法行為により現実にもたらされた財産的・精神的利益状態の差であると定義される。この説は、利益状態の差を金銭化したものが損害だとするので、差額説と呼ばれる。このようにして定義された損害は、差が生じた利益状態の性質に応じて、財産的損害と非財産的損害に分類される。さらに、前者は積極的損害と逸失利益に区別される。その上で、これらの各損害について個別に賠償額を算定し、それらを合計したものが賠償額となる（個別積み上げ方式）。このうち治療費や入院費等の積極的損害は実費を基本としつつ、立証負担を軽減するために、一定の基準に従った定型的な算定がなされることもある。また逸失利益については、被害者が失った所得を賠償するという立場から、被害者の事故前の収入を基礎にして、可能な限り実費にしたがって算定することが試みられる。しかし、専業主婦や年少者のように収入のない者については、平均賃金による算定が認められ、その際、労働能力ないし稼働能力を失ったことを損害と見る考え方（稼働能力喪失説）がとられることがある。慰謝料については、裁判官の裁量によるという基本をおきつ

つ、死亡の場合は家族における死者の位置に応じて一定幅の基準額が、傷害については症状と入通院期間に応じた基準額が定められ、これを基礎に、個別の事情を加味して金額が決められる。

(2)　**公害訴訟における損害論**　　このような交通事故賠償において形成された算定方法は、交通戦争とも表される大量の人身被害の迅速な処理に大きな役割を果たしたが、公害にそれを適用した場合、様々の不都合が生ずる。例えば、公害による健康被害は子供や老人などの弱者から顕在化するのが一般的だが、これらの被害者の逸失利益の算定に困難な点も少なくない。勤労している成人の場合でも、継続的でしかも徐々に進行する公害による健康被害の場合、従前の収入がどう減少したのかを明らかにすることは困難である。また、交通事故方式のように損害を項目化した場合、多様な広がりを持ち同時に複雑に絡み合い相乗的に作用する公害被害の全体像を把握仕切れないという問題点もある。さらに、交通事故方式では、当然、収入により賠償額に差が生ずるが、同一地域で同様の被害に苦しむ被害者間において、従前の収入の違いにより賠償額に差が生ずることが果たして妥当なのかどうかも大きな論点である。

　公害訴訟では、以上のような交通事故方式への疑問から、原告はこれと全く異なる考え方を採用した。いわゆる一括請求、包括請求、一律請求といった方法である（公害における新しい損害賠償請求方式については、吉村①282頁以下参照）。

　一括請求：新潟水俣病訴訟において主張された考え方であり、「生命、身体に対する侵害については、財産的、精神的損害をすべて総合して、賠償額を全体として適切にこれを定める」とするもの。損害を財産的損害と精神的損害に区別して別々に賠償額を算定するのではなく両者を一括して請求することから、一括請求と呼ばれている（原告最終準備書面『公害裁判第一集』法律時報臨時増刊241頁以下）。

　包括請求：熊本水俣病訴訟において主張された考え方。同訴訟において原告は、伝統的な請求方法を、「不法行為による被害をあらゆる社会的環境から個人を抽象して論ずるものであって、被害の実態を直視する考え方では決してない」と批判した上で、「われわれのいう損害は、原告らの蒙った社会的、経済的、精神的損害のすべてを包括する総体をいう」として、新しい損害のとらえ方を主張した。被害者の被った被害、不利益の全てを総体として、すなわち包括的に把握しそれに対する賠償を求めることから包括請求と呼ばれる（原告最終準備書面『公害裁判第三集』法律時報臨時増刊243頁）。一括請求との違いは、損害の把握が被害者に発生した社会的、経済的、精

神的な被害の総体として一層包括的になっていることにある。

　一律請求：一方において迅速な救済の必要性から、他方において原告らの被った被害の共通性と本質的同一性から、原告の従前の収入等に関係なく同額ないし被害の程度に応じてランク分けされた額を請求する方法のこと。

　これらの請求方式は、その後、公害事件だけではなく、スモン薬害事件訴訟やカネミ油症事件訴訟等においても主張され、発展させられていったが、裁判所の受け止め方も概して好意的であった。まず一律請求については、一般論としてこれを肯定するものは見られず、むしろ一律の額は被害の個別性を無視するものとして批判が強かったが、現実の算定においては、症状等によるランク分けとそれを基準にした算定が多くの公害訴訟判決においてなされている。

　さらに一括ないし包括請求について、当初の判決においては、原告の主張を伝統的な意味での慰謝料請求と理解した上で、その算定において本来ならば財産的損害の算定において考慮されるべき要因をも入れて金額の算定を行うというのが一般的であったが（例えば、熊本水俣病訴訟判決は、原告の包括請求を慰謝料のみの請求だと理解した上で、「逸失利益を含む財産上の損害を請求すれば、その立証が複雑困難であるため審理期間が長期化し、被害者の救済がおくれることになるので、これを慰藉料算定の斟酌事由として考慮し、慰藉料の額に含ませて請求することは許されると解すべきである」としている（熊本地判昭48・3・20判時696・15百選 NO. 20））、その後、スモン事件においていくつかの判決は正面からこれを認め、西淀川大気汚染第1次訴訟判決（大阪地判平3・3・29判時1383・22百選 NO. 13）は、「なるほど、右の如き請求は、個別積算による損害額算定の方式からすると、その算定の根拠が曖昧で、恣意的になる危険もあるといえる。しかし、従来の個別積算による損害額算定の方式も、損害額算定の1つの法技術に過ぎず、唯一絶対のものというほどのものでもない。……本件疾病のごとく発症以来長期間継続する症状の経過は必ずしも一様ではなく、被害は物心各種多方面にわたっており、これらすべての被害を個別に細分しないで、固有の意味の精神的損害に対する慰謝料、休業損害、逸失利益等の財産的損害を含めたものを包括し、これを包括慰謝料として、その程度に応じ社会観念上妥当な範囲内で損害額をある程度区分定額化して算出することも充分合理的で、法律上許されるものとされ、このような意味で包括請求もこれを否定すべき理由はない。特

に本件のごとく類似被害の多発している事案においては、右のごとき請求をなす必要があるのみか、むしろ、このような方法での損害額の算定には、公平で、実体にも即しており、より合理性が認められる」として、その意義を認めている。

　これらの新しい方式の意義や狙いとしては、①個別的で具体的な損害費目の立証の困難を救済し訴訟の遅延を防ぐこと、②従来の個別的評価方式の下では損害に含まれない被害の賠償を認めることの２点が挙げられる。確かに、原告側がこのような方式を採用した大きな理由に、このような理由があったであろうことは否定できない。また一律請求について言えば、多数の原告が集団的に訴訟を進める公害訴訟において原告らの団結を阻害しないために採用されたという事情もある。しかし、このような点においてのみ原告の主張の意義や狙いを見ることは一面的なように思われる。なぜなら、とりわけ包括請求は、その出発点となる損害の把握において、被害の総体を包括的にとらえる損害論を出発点としているからである。多岐にわたり、しかもそれぞれの被害が絡まり合い相乗し合っている総体を包括的にとらえる損害論が包括請求の出発点なのであり、そして、包括的・総体的損害論とも言うべきこのような損害把握を基礎にしていることに、この請求方式が持つ最大の意義がある。公害被害救済の出発点は、被害の実態を正確に把握することだが、包括請求論の基礎にある包括的・総体的損害把握は、そのための重要な手がかりを与えてくれるのである。同時に、これらの考え方では、（単にその被害者が今後どのくらいのお金を稼いだであろうかという視点を中心に据えるのではなく）公害により深刻な被害を受けた人間とその生活の回復が重視されている点にも留意する必要がある。

　さらに、包括請求の意義を考える上で重視すべきは、それと結びつけて、損害賠償の目的として、被害の完全救済や原状回復の理念が強調されてきたことである。例えば、熊本水俣病訴訟における原告は、「原告が蒙った『総体としての損害』がなかった状態に回復すること」こそが原告の求めるものであり、「破壊された環境、共に荒廃した地域社会、その中で失われた家庭、破壊された人間そのものの回復を求めるのである」と主張している。

　このような損害論の課題は、包括的な損害を具体的にどのように金銭として算定するかを明らかにすることである。公害訴訟等では、被害の程度により数

種類のランクを分け、ランクごとに一律の賠償を請求する方法（「類型別一律方式」）がなされることが多いが、裁判所は、個別算定方式における慰謝料の場合と同じく、様々の事情を考慮した総合的な判断により、その額を算定している。しかし、これでは、裁判官の裁量の範囲が広くなりすぎ、結果として賠償額が低く押さえられているという批判（後藤孝典『現代損害賠償論』254頁）もある。そこで、前述の「類型別一律方式」を発展させて、ランクごとの基準額に加えて、一定の修正要素を加味して基準を具体化・精緻化するという方法がとられることがある。例えば薬害スモン事件において、次のような算定方法がとられたことがある（東京地判昭53・8・3判時899・48）。

　　鑑定による症度区分に応じて基準額を定め、これに年齢その他の修正要素による加算を行う。

基準額　　　　　　症度Ⅲ　2500万円　症度Ⅱ　1700万円　症度Ⅰ　1000万円
年齢による加算　　発病時において30歳未満の者には基準額に20％、30歳以上50歳未満の者には10％を加算
超重症者加算　　　症度Ⅲの基準額に35％を加算
発病時に一家の支柱（有職者で扶養親族を有する者）であった者については、症度Ⅲにつき30％、Ⅱにつき20％、Ⅰにつき15％を基準額に加算
発病時において乳幼児ないし義務教育就学中の子女を有した主婦については、基準額の10％を加算

　このような算定方法には、基準化になじみにくい事実が考慮されないという欠点もあるが、算定にあたって考慮された事情や考慮の仕方が客観化され、他者からの批判が可能になるというメリットがある。

　また、包括的損害論を前提しつつ、損害の一定の項目化を行う主張もされている。例えば、「原告のうけた損害を正しくとらえるためには、どうしてもその受けた被害の総体を、総体として包括してとらえるほかない」として包括的損害把握の意義を説きつつ、不法行為における損害賠償は「原告が人間として本来送ることのできるはずであった『失われた生活』自体を完全に回復する」ものでなければならない。その具体的内容としては、①「原告がこれまでうけてきた社会的・経済的・家庭的・肉体的・精神的被害などもろもろの被害すべてを正しく把握し評価して、その金額を算定すること」、②「個々の原告が適切な施設や家庭において完全な看護をうけ、かつ相当な娯楽費もカバーした金額と、なおそれによって償なわれない精神的苦痛について相当の慰謝料を終身

保障するだけの金額を算定すること」、③「原告が少しでももとの体にもどるように、あるいはもとの生活にもどれるように努力をつくすために必要とされる金額を算定すること」であるとする主張（馬奈木昭雄「カネミ油症事件における損害論」法律時報49・5・41以下）や、「被害者の全人間的復権のためのあらゆる措置を探究し、かかる措置を現実に実施するための費用を可能なかぎり算出し、これを加害者に負担させること」が必要であり、したがって、その損害論は、「被害の確定」、「原状回復内容の確定」、「原状回復内容の金銭的評価」の三段階から構成されることになるが、「原状回復内容の金銭評価」においては、治療・リハビリ保障費、生活保障費、慰謝料の３つが対象になり、慰謝料においては、対価賠償が不可能もしくは著しく困難であることを踏まえて慰謝料の調整的機能を活用する必要があるとの主張（鳥毛美範「スモン被害者救済の法理（損害論）」法の科学8・85以下）である。

　このように、公害訴訟で主張された包括請求論は、損害賠償の算定ないし請求方式（包括請求方式）として主張されてきているが、請求方式の問題とは別に、損害把握（損害論）のレベルでの意義がある。包括請求論には、損害の包括的な把握という側面と、請求方式（財産的損害、精神的損害といった個別の損害について賠償を請求するのではなく、それらを一括ないし包括して請求する方式）という側面の２つがあり、そして、包括的な損害把握が論理必然的に包括請求方式に結びつくわけではないのである（このような理解から、潮見佳男「人身侵害における損害概念と算定原理（二・完）」民商法雑誌103・719以下は、「賠償の対象を何に求めるかという損害の本質に関する問題と、そうして認められた損害をどのような観点から評価算定して行くかという算定原理に関する問題……の間の論理的関連性」を整理して考える必要があり、包括請求についても、損害の本質に関する「包括的損害把握」の側面と、損害算定原理に関する「包括請求方式」とをわけて考える必要があるとする。以上について詳しくは、拙著『市民法と不法行為法の理論』365頁以下参照）。

2　損害賠償請求権の期間制限

　(1)　**はじめに**　　不法行為による損害賠償請求権は、被害者またはその法定代理人が損害および加害者を知った時より３年で時効により消滅する（民724条前段）。また、不法行為に基づく損害賠償請求権は、不法行為の時から20年の

経過によって消滅する（民724条後段）。後段の期間制限の性質について、判例は、「同条後段の20年の期間は被害者の認識のいかんを問わず一定の時の経過によって法律関係を確定させるため請求権の存続期間を画一的に定めたものと解するのが相当であるから」除斥期間であるとする（最判平元・12・21民集43・12・2209。ただし、学説上は時効と見る説が多数であり、民法改正では、前段と同性質（つまり消滅時効）であることが明確になるように改正された。また、改正によって、生命・身体被害については、消滅時効期間の3年が5年になった（以上について詳しくは、吉村②192頁以下参照））。

　公害・環境被害の場合、継続的な被害であることが多いこと、また、水俣病のように紛争が長期に及ぶことがあることから、これらの期間制限が問題となる。

　(2)　継続的被害の起算点　　日照妨害、騒音被害などのように、加害行為が継続してなされている場合、消滅時効の起算点については争いがある。かつては、被害者が加害者および損害を最初に知った時から損害全部について時効が進行するとされていたが、このような解釈では、加害者および損害の発生を最初に知ってから3年たつと、なお不法行為が継続している場合にも賠償請求できなくなるという不都合がある。そこで判例は後に、不法占拠による損害賠償の事例において、侵害が継続する限りその損害は日々新たに発生しその消滅時効も日々新たに進行するとの考え方をとるようになった（大判昭15・12・14民集19・2325）。継続的不法行為の中でも、例えば、工場排水に含まれていた有毒物質による被害のように、被害が進行性であり累積的に発生するようなケースでは、損害を日々発生した部分に分けることは不可能であり、同時に、不法行為に基づく損害賠償請求権につき短期の消滅時効の制度を設けた理由である立証上の困難についても、不法行為がなお継続しているため問題とならない。そこで、この場合は、継続的不法行為を1つの不法行為と見て、不法行為が終わった時から時効が進行すると解すべきとの説も有力に主張されている（前田達明『不法行為法』390頁、森島昭夫『不法行為法講義』446頁以下）。鉱業法115条2項は、進行中の損害については、その進行のやんだ時から時効が進行するとしており、その他の累積的な不法行為についても、同条にならった処理が妥当であろう。

　後段の20年の起算点は不法行為の時であるが、加害行為時か損害発生時かで

争いがある。汚染物質への曝露から発症まで長い期間が経過する鉱毒事件のようなケースがあることから見て、損害発生時とみる説が有力であり（四宮和夫『事務管理・不当利得・不法行為』651頁、潮見佳男『不法行為法』299頁、他）、判例も、有害物質が蓄積され一定期間を経過してから被害があらわれる場合には、損害発生時説に立つ（最判平16・4・27民集58・4・1032、同平16・10・15民集58・7・1802））。

　（3）　**水俣病訴訟における期間制限**　　公害訴訟においてこの期間制限が重大な問題となっているのが、紛争が長期化している水俣病事件である（水俣病事件について詳しくは**第9講**参照）。水俣病関係の訴訟では、四大公害訴訟の１つである第１次訴訟で、被告チッソが見舞金契約の締結ないし水俣病認定によって損害の発生及び加害者を知ることができたはずだとして３年の消滅時効を主張したが、熊本地裁は、起算点を厚生省見解が水俣病の原因をチッソの廃水だとした1968年であるとして時効の抗弁を斥けている（熊本地判昭48・3・20判時695・15百選 NO. 20）。それ以後の訴訟では、期間制限の問題は、主要な争点とはなってこなかった。これは、水俣病に対するチッソの責任が法的にも社会的にも厳しく追及され、チッソ自身も（国や県の支援を受けつつ）少なくとも認定された患者の救済に当たってきたことによるものと思われる。しかしその後、国や県の責任も追及されるようになり、しかも時間が経過し、特に、不知火海周辺から移住した原告らの訴訟が提起されるようになったことから、20年の期間制限問題が浮上してくる。さらに、後段の20年は除斥期間であり、援用のない除斥期間については援用権の濫用や信義則違反を問題にしえないという前掲最判平元・12・21が出たことも影響していると思われる。これに対し、下級審では、この期間が除斥期間だとされた最高裁判決以降の判決でも、東京訴訟判決（東京地判平4・2・7判時（臨増平成4年4月25日号）3頁百選 NO. 24）は、被告チッソがこの期間制限を主張しなかったことをもって「除斥期間の規定による利益を積極的に放棄するという意思によるものである」としてその適用を否定し、また京都訴訟判決（京都地判平5・11・26判時1476・3）は、「仮に原告らの損害賠償請求権の除斥期間が経過しているとしても、……訴訟上、右事実を主張することは権利の濫用であるというべき」としていた。

　そして、関西訴訟で最高裁は、筑豊じん肺訴訟判決が蓄積型・潜伏型被害においては「当該損害の全部又は一部が発生した時が除斥期間の起算点となると

解すべきである」としたのを受けて、「水俣病患者の中には、潜伏期間のあるいわゆる遅発性水俣病患者が存在すること、遅発性水俣病の患者においては、水俣湾又はその周辺海域の魚介類の摂取を中止してから4年以内に水俣病の症状が客観的に現れることなど、原審の認定した事実関係の下では、上記転居から遅くとも4年を経過した時点が本件における除斥期間の起算点となるとした原審の判断も、是認しうるものということができる」とした（前掲最判平16・10・15）。ただし、本判決が水俣病について除斥期間の適用それ自体を理論的に否定しなかったことから、その後、被告チッソの側から、この主張が、より強く出されるようになっていった。

　被告チッソが期間制限を本格的に主張するようになるのは、関西訴訟最高裁判決後に提訴された「ノーモア・ミナマタ訴訟」の段階からであるが、そこでチッソは、「平成7年に政治決着により長年に亘る水俣病問題について全面解決に至ったと信じていた。それにもかかわらず、平成7年の全面解決から10年を経過した今になって、これまでに一度も被害を訴えたり、救済を求めたことがなかった原告らが……訴訟を提起している」と述べている（「政治決着」については、第9講参照）。この点に関し、胎児期ないし幼児期に、汚染された魚介類の摂取によりメチル水銀の影響を受けたとして、チッソと国及び熊本県の責任を追及し、2007年に提訴された訴訟において、熊本地判平26・3・31（判時2233・10）は、20年の期間制限については、これを除斥期間と見、また、その起算点については、蓄積・潜伏型の被害については「当該損害の全部又は一部が発生した時が除斥期間の起算点となる」とする判例の立場を維持しつつ、その起算点を当該疾病の特質から、「主要症候が相当程度増悪した時点又は重い合併症を発症した時点」と解すべきであるとして、除斥期間は経過していないとした。また、判決は、チッソが3年の消滅時効を援用したのに対し、「被告チッソについては……水俣病被害に対する補償を行う姿勢を一貫して示してきている。このような事実に照らせば、被告チッソにおいて、原告らの損害賠償請求権について消滅時効の援用をすることは、権利の濫用に当たるものというべきであ」とした。これは、一方で（和解や協定、さらには政治決着等で）被害の救済を言いつつ、他方で（訴訟で）時効を援用することは、一種の禁反言的な対応だと考えたことによるものであろう。

補論1　和解による解決

　環境・公害紛争が当事者の話し合いと合意によって決着を見ることは少なくない。かつては、**第2講**で触れた水俣病における見舞金契約のように、加害者の責任を曖昧にしたまま、わずかの見舞金によって被害者に権利を放棄させるという「解決」がなされたが、このような和解は、判決により、公序良俗に反するものとされた。しかし、一般的に言って、公害被害の救済において訴訟には限界がある。まず何よりも、訴訟による解決は当該原告の権利を救済するものなので、原告以外に多数の被害者がいる公害事件においては、訴訟で当該原告の権利が認められるだけでは全面的な解決にはいたらない。さらに、損害賠償訴訟の場合、そこで実現されるのは金銭賠償なので、金銭ではあがなえない被害が大きな部分を占める公害・環境被害の場合、金銭を受け取るだけでは被害者の権利救済としては十分ではないことが多い。また、訴訟が長期化することは、被害者である原告にとってはもちろん、被告にとっても好ましいことではない。このような訴訟、とりわけ損害賠償訴訟の限界から、その後、公害企業の責任が明確になるにつれて、水俣病事件における見舞金契約による和解とは異なる裁判外の解決が行われるようになった。

　まず注目されるのは、イタイイタイ病事件である。この事件では、控訴審が、第1審に引き続き被告三井金属の責任を認める判決を言い渡したが、被害住民団体と弁護団は控訴審判決の翌日、被告三井金属本社で直接交渉を行い、11時間余に及ぶ交渉の結果、「全患者に対する補償」「汚染土壌の復元」「公害防止協定」に関する誓約書・協定が締結された。そして、これらの文書に基づき、被害者の救済、農作物被害の補償と汚染土壌の復元、発生源対策が裁判後も長期間にわたって取り組まれ、また、被告の神岡鉱業所における発生源対策等も、大きな成果を上げている（挑戦144頁以下。宮本250頁は、「イタイイタイ病問題の歴史的意義は、裁判によってカドミウム慢性中毒の環境災害を法的に確立しただけではなく、カドミウム公害をなくすために、被告神岡鉱業所との間に結んだ誓約書と協定に基づいて、イタイイタイ病対策協議会などの組織が40年間にわたる活動をして、ついに公害防止をしたということである」とする）。

　さらに、西淀川大気汚染事件でも、和解による解決が行われた。大阪・西淀

川区は、戦前から大小様々の工場が立地し、幹線道路を、大型車を含む大量の車が走行するなどして、大阪市内で最も深刻な大気汚染地域となり、大気汚染による呼吸器系疾病に苦しむ多数の患者数が発生した。他方で汚染源の企業は必ずしも四日市事件のようなコンビナート型の密接な関連を持って操業しているわけではない。被告企業も地域的に散在しており操業時期も同じではない。被告以外の中小の汚染源も多く、幹線道路を走行する自動車排ガスの影響も顕著（特に窒素酸化物）である。

　第1次訴訟判決（大阪地判平3・3・29判時1383・22百選 NO. 13）は、損害賠償は認めた（ただし窒素酸化物汚染と被害の因果関係は認めず、したがって、過去の被害についてのみ、企業のみに責任を認めた）が、差止めは却下した。これに対し原告らが控訴し、同時に、第2〜4次訴訟が大阪地裁で審理されたが、1995年3月に原告と企業との間で和解が成立し、原告らは、企業に対する請求を取り下げた。和解にいたる経過としては、提訴（1978年）から極めて長期の期間が経過したこと、1審における原告勝訴判決と密接に関連を持つ形で和解が成立したことが特徴的である。

　和解の内容は、解決金として39億9千万円（うち15億円は「原告らの環境保健、生活環境の改善、西淀川地域の再生などの実現に使用するものとする」）が支払うというものである。和解の背景として、原告の側には、裁判の長期化や原告の高齢化から早期解決を求めたこと、被告の側には、1審と、それ以降の川崎判決や倉敷判決での企業の責任の肯定判断が続き、企業の賠償責任の肯定は避けられない状況の中で、早期に解決し、地域社会との共存をはかるのがベターとの判断があったものと思われる。

　この和解を原告側は「勝利和解」として高く評価する。確かに、本和解には、実質的に見て原告勝訴にも匹敵するような内容が含まれている。解決金の額も、第1審判決において原告に認められた金額に相当する額に、さらに、地域再生等のための金額が上積みされたものとなっている。後者について言えば、公害被害を真に克服するためには、単に一時金を被害者に賠償するだけでは足りず、患者の健康管理や地域環境の改善といった様々な取り組みが必要であり、また現にそのような運動が取り組まれているが、そのための資金を汚染企業が提供するというのは、公害被害救済方法として注目に値するものであ

る。その後、この資金を基礎に、公害地域再生のための取り組みが進められており、1996年8月には、『あおぞら財団』が設立され、地域再生の取り組みが進められている（挑戦92頁参照）。

　和解を評価する場合にしばしば問題となるのが、被告の責任がどの程度明確になっているかであるが、この点でも、本和解は、相当程度踏み込んだ内容を有している。和解に際して出された裁判所の見解は、一方で、因果関係に関する争いをこれ以上続けることは問題があるとして、その点での判断を棚上げしたかのようにも述べているが、他方において、本件地域における患者の多発、大気汚染物質が全国的に見ても高濃度の状態であったこと、そのような状態に被告企業の排出した汚染物質が寄与していることが、本訴訟で取り調べた証拠資料により認められると明言している。このような判断を裁判所が持っているとすれば、もし本件が和解ではなく判決にいたったならば、当然、因果関係が認められるとの結論が出ても不思議ではない。だからこそ、和解成立にあたっての被告企業の発言にも、「被告企業が排出した汚染物質が、こうした西淀川区の大気汚染に寄与していることは否定し難いところであり、その点は深く反省するとともに、責任を痛感し」という謝罪の内容が含まれることになったのであろう。

　この和解の結果、訴訟は、道路管理者たる国等に対する請求についてのみ争われ、大阪地判は、道路管理者の責任を認める判決を言い渡した（大阪地判平7・7・5判時1538・17百選 NO. 14）が、その後、1998年7月には国・公団との間でも和解が成立した。その概要は、以下のような取り組みを国の側が進めることを確認するものであった。

　　沿道環境の改善　①　交通負荷の軽減（交通需要の動向を踏まえた車線削減等を含む）
　　　　　　　　　　②　植樹帯の設置や低騒音舗装の施設等
　　　　　　　　　　③　関係機関と協力した街づくりの支援
　　　　　　　　　　④　その他
　　新しい施策　　　①　光触媒のモデル的な塗布
　　　　　　　　　　②　沿道における SPM を含む大気汚染状況の把握等を行う
　　　　　　　　　　③　沿道の環境対策を進めるために建設省・道路公団・原告から構成される連絡協議会を設置

　国・公団との和解では、企業との和解と異なり、解決金の支払いはなされていない。国や公団の謝罪も行われていない。しかし、裁判所の和解勧告において、西淀川地域における汚染の現状を指摘し、自動車排ガスが原因の１つであることを認めていること、その上で、原告の側の、損害賠償請求の放棄という思いきった決断の上にではあるが、国・公団側が、今後の沿道環境改善に向けて具体的な内容の合意をした点で意義がある。そして、その中には、車線削減等を含む交通負荷の軽減策や大気汚染状況の調査実施といった重要な内容が含まれている。さらに、原告と被告が沿道の環境改善に向けて協議する恒常的な機関が設けられたことも特筆すべきであり、このような場ができたことは、『あおぞら財団』を中心として進められている地域再生運動にとっても大きな意義を有するものと期待される。

　以上の点で、この和解も、本件公害被害救済にとって積極的な意義を有すると言えるのではないか。そして、このような和解の成立には、これまでの原告らの運動と、それによって勝ち取られた判決の積み重ねが大きな意味を持ったことに留意する必要がある。例えば、２次〜４次訴訟判決は、二酸化硫黄等との相加的影響においてではあるが二酸化窒素と健康被害の因果関係を認めた上で、国・公団の賠償責任を肯定したが、このことが、原告と国・公団の間での和解につながったと思われる（西淀川公害の和解については、宮本666頁以下参照）。

補論 2　公害健康被害補償法

　(1)　**第 2 講で概観したように、**1960年代のわが国では、大気汚染や水質汚濁等の公害により大量のかつ深刻な健康被害が発生した。それに対し、まず、自治体が医療費等を給付する救済制度を実施し、国も、1969年に公害健康被害救済特別措置法を制定した。しかしこの制度は、給付内容が医療費中心に限定され、しかも、給付財源の半分が公的負担であり、汚染者負担原則から見て問題のある制度であった。その後、四大公害訴訟における企業責任の明確化を受け、1973年に制定されたのが公害健康被害補償法である。

　(2)　**制度の概要**　　大気汚染によってぜん息等の非特異性疾患が多発している地域（第一種）と、水俣病・イタイイタイ病のような、公害との結びつきが特異的な疾病に関する地域（第二種）を指定し、そこに一定期間居住または在勤し汚染に暴露され公害病に罹患し、公害患者との認定を受けた人に補償が給付される。補償給付の内容は、①療養及び療養費、②障害補償費、③遺族補償費、④遺族補償一時金、⑤児童補償手当、⑥療養手当、⑦葬祭料であり、医療関係費だけでなく、補償（例えば、②の障害補償費は平均賃金の80％）が行われ、認定患者の生活を支えるものとなっている。

　補償給付費用は、汚染者負担の原則から、第一種地域の場合、大気汚染の原因となる物質を排出している事業者からの賦課金と、大気汚染の原因として自動車の寄与が考えられるために自動車重量税からの負担であり、第二種地域は汚染事業者からの賦課金が財源となる（ただし、制度の運用費については国と自治体が折半）。

　都道府県は公害病患者の健康の維持・回復をはかるために、リハビリ施設の設置や転地療養治療等の公害健康福祉事業を実施すべきことが定められ、さらに、大気汚染による被害に関しては、（後述のように）1988年に第一種地域の指定が解除されるにともない、大気汚染の影響による健康被害防止のための事業が実施されることとなった。

　この制度は「民事上の損害賠償責任を踏まえ」たものとされており、その点は、救済の内容に被害者の逸失利益にあたるものが含まれていることや、費用負担が基本的には汚染者負担原則によっていることに表れている。同時に、こ

の制度による給付にあっては、被害者が実際に被った損害の額によってではなく、平均賃金を基礎にした定型的な算出が行われていることことなどから見て、民事責任による損害賠償とは性格が異なる点もある。

　＊公害健康被害補償法による給付と損害賠償の関係　　公害健康被害補償法は、認定患者に、前述のような給付を行っている。公健法による認定患者として同法による給付を受けている患者が損害賠償を請求した場合、賠償額の算定にあたって、それを控除するのかどうかが問題となる。裁判例では、「原告らは、（包括請求により）精神的損害に対する慰謝料のほか、休業損害及び逸失利益等の財産的損害に対する賠償を含めた包括慰謝料を請求しているものであるから、公健法等による給付のうち、補償一時金（過去分補償）、障害補償費、児童補償手当、遺族補償費、遺族補償一時金、遺族補償金は、右の損害を填補するものに当たるものと解される」（西淀川1次訴訟判決）などとして、これらの給付額が損害賠償額から控除されている。しかし、これらの判決は、公健法の給付の性質について、詳しくは検討していない。公健法による給付の性質について詳細な検討を加えたのは土呂久鉱害第1次訴訟控訴審判決（福岡高宮崎支判昭63・9・30判時1292・29）である。それによれば、公健法による給付は、「公害の加害者による私法上の損害賠償が行われるまでのつなぎとしての『立替払的性格』を有すると共に、緊急に救済を要する者に対する『社会保障的性格』を有」し、前者の性格において、同給付が行われたときは、被害者の損害はその限度で補填されたことになるので控除されるとする。

　公健法の給付が公害被害者の損害の一部を填補するものである以上、控除はなされるべきであろう。しかし、問題は、給付の具体的内容の検討である。特に、同法の給付が精神的損害の填補をも目的としているかどうかが重要である。この点につき、本法の基本となった1974年の中央公害審議会答申は、給付が慰謝料的要素を含んでいると述べている。しかし、具体的な給付項目を検討する限り、そこに慰謝料的部分が含まれていると見ることには無理があり（障害補償費は、労災補償が平均賃金の60％に対し80％となっているが、それでも、平均賃金を下回っている）、同給付は、全体として被害者およびその家族の経済生活を保障するための所得保障を主目的とするものであり、慰謝料は含まれていないと解すべきではないか（土呂久鉱害第1次訴訟控訴審判決も、同給付により補填されるのは原則的には健康被害によって生じた財産上の損害であるとしている）。したがって、精神的損害の賠償である狭義の慰謝料部分からは控除すべきではないことになる。

　(3)　制度改定（「改悪」）　　裁判によらない迅速な救済手段として公害による健康被害の救済に重要な役割を果たしている本制度であるが、**第2講でも触れ**

たように、第一種地域の指定が、約10年にわたる厳しい議論の後、1988年に全面解除された。この制度では指定地域において汚染にさらされ慢性気管支炎や喘息等の指定疾病に罹患したことが補償を受ける要件となっていることから、指定地域が解除されたということは、今後、新たな大気汚染公害患者は認定しないことを意味する（ただし、すでに認定されている患者への補償は継続）。

　このような制度改定の理由は、本制度の地域指定は硫黄酸化物の濃度を基準にしてなされているが、その後の公害対策の進展の中で硫黄酸化物の濃度は改善され、指定地域は汚染の実情と合わなくなったことにあるとされた。しかし、二酸化窒素や粒子状浮遊物質による汚染は、道路沿道を中心に深刻であり、したがって、本制度を改定するとすれば、必要なことは、二酸化窒素等による汚染を指標に地域指定を再検討することであったはずである。

　その後、いくつかの大気汚染訴訟において、自動車排ガスや浮遊粒子状物質による被害について道路管理者の損害賠償責任を肯定する判決が下されており、あらためて、今日の汚染と被害状況に照らした救済制度に改革していくことも必要なのではないか。**第 2 講**で述べたように、自動車メーカーの責任をも追及した東京大気汚染訴訟で、判決は、メーカーの法的責任こそ認めなかったものの、被告メーカーらには社会的責務があるとし、その後の和解で、自動車メーカーも拠出する医療費補助制度が作られたが、同様の制度を全国的に創設すべきとの提言もなされている（日本環境会議・大気汚染被害者救済制度検討会「新たな大気汚染被害者救済制度の提言」環境と公害39・4。公害被害の救済制度については、拙著『環境法の現代的課題』278頁以下参照）。

第 6 講 | 民事差止訴訟

1 差止めの法的構成

　公害のような、継続的あるいは不可逆的な被害が生ずる場合、事後的な救済である損害賠償以上に、差止めが重要な意義を持つ。1970年代に入って、公害裁判において、損害賠償による公害被害の事後的救済にとどまらず、差止めを求める訴訟が増加した。これは、熊本水俣病訴訟等のいわゆる四大公害訴訟において公害に対する企業の法的責任が明確化されたことを踏まえて、より抜本的な対策である差止めへ公害裁判の重点が移行したことを意味する。しかし、わが国の民法にも環境法にも、差止めを規定した明文がない。そこで、差止めの法的構成が問題になる。

　判例・学説は、差止めの現実的な必要性から、以下のような様々の考え方によって差止めを認めている（詳しくは、沢井裕『公害差止の法理』参照）。

　(1)　**権利説**　　侵害された権利の効力として、侵害をストップさせる差止請求権が発生すると考える立場であり、権利の効力として認めるので、不法行為と異なり、（物権的請求権がそうであるように）故意・過失は要件とされない。この説はさらに、差止めの根拠となる権利をどのようなものと考えるかにより、物権的請求権説、人格権説、環境権説に分かれる。

　(i)　**物権的請求権説**　　公害において問題となる排煙や臭気のような不可量物、あるいは騒音や振動のようなエネルギーの侵入をも所有権等の物権に対する侵害と見て、物権的請求権の一種としての差止請求権を認める考え方である。差止めの根拠となる権利が物権という実定法上の、権利の内容や外延の明確な権利であることから、法的安定性においてすぐれた構成であり、判例・学説とも、物権の侵害があった場合に差止めが認められることについては争いがない。ただ、この考え方では、物権者以外に被害が及んでいる場合その保護に欠け、さらに、そもそも差止めが必要な公害事件の大部分は、物権の侵害ではなく健康等への被害が問題となっているため、その被害を物権侵害によっては

とらえきれないなどの問題点が指摘されている。

　(ⅱ)　人格権説　　公害等による生命・身体等への侵害は人格権への侵害であり、この、排他的な権利としての人格権に基づいて差止めを請求しうるとする考え方である。この考え方は、生命・身体・健康被害が主要な問題となる公害被害の実質に適合していること、さらに、人格権そのものの明文規定はないが、生命・身体等の人格的利益が法的に保護されることは実定法上も確認されていることなどから支持するものが多く、裁判所においてもこの立場を採用するものが多い。最高裁も、名誉・プライバシー等の人格権についてではあるが、名誉を毀損する記事が掲載されている雑誌の販売に対する事前の差止めの適法性が問題となった事件（北方ジャーナル事件）で、「人格権としての名誉権に基づき、加害者に対し、現に行われている侵害行為を排除し、又は将来生ずべき侵害を予防するため、侵害行為の差止めを求めることができる」としている（最大判昭61・6・11民集40・4・872）。公害事例としては、例えば、大阪空港公害訴訟控訴審判決（大阪高判昭50・11・27判時797・36）は、「個人の生命・身体・健康・精神および生活に関する利益は、各人の人格に本質的なものであって、その総体を人格権ということができ、このように人格権は……その侵害に対してはこれを排除する権能が認められなければならない。……このような人格権に基づく妨害排除および妨害予防請求権が私法上の差止請求の根拠となりうる」と述べている。

　さらに、新しいタイプの人格権としての「平穏生活権」を根拠に差止めが認められることがある（平穏生活権について詳しくは、第3講参照）。例えば、暴力団が建物を建築して組事務所として使用していたのに対し、近隣住民が使用禁止の仮処分を求めた事例において、「何人にも生命、身体、財産等を侵されることなく平穏な日常生活を営む自由ないし権利があ」るとして、そのような権利を根拠に差止めを認めた決定（静岡地浜松支決昭62・10・9判時1254・45）がある。公害でも、横田基地を利用する米軍機による騒音・振動等の被害に対し、人格権、環境権に基づく差止めと損害賠償を請求した事件において、東京高裁は、「人は、人格権の一種として、平穏で安全な生活を営む権利（以下、仮に、平穏生活権又は単に生活権と呼ぶ。）を有して」おり、騒音・振動等はこの平穏生活権に対する民法709条所定の侵害であり、また、この権利は、「物上請求権と

同質の権利として」差止めの根拠となりうる「排他性」を有するとした（東京高判昭62・7・15判時1245・3。ただし、請求そのものは棄却）。また、産業廃棄物最終処分場が水質汚濁等をもたらす危険があるとして、その使用・操業差止めの仮処分申請がなされた事件で裁判所は、「人格権の一種としての平穏生活権の一環として、適切な質量の生活用水、一般通常人の感覚に照らして飲用・生活用に供するのを適当とする水を確保する権利があ」り、「これらの権利が将来侵害されるべき事態におかれた者（は）……将来生ずべき侵害行為を予防するための事前に侵害行為の差止めを請求する権利を有するものと解される」と述べて、差止めを認めている（仙台地決平4・2・28判時1429・109百選 NO. 53）。

　なお、**第3講**で述べたように、平穏生活権概念は、上記のような場合のほか、葬儀場紛争など、当事者の主観的な利益を表すものとしても使われる。この場合は、そのような利益が法的に保護に値するかどうかや、そもそもそのような利益が存在し侵害されているかどうかにおいても、利益の客観的側面からだけの判断は不可能であり、また、かりにそのような利益が存在し侵害されていることが認められたとしても、それが受忍限度を超えているかどうかの吟味が必要となる。この二重の意味において、侵害行為の態様を含む利益衡量が不可欠である。しかし、騒音被害や水質汚染事例では、平穏生活権は、それが侵害されれば身体や健康に被害が及ぶことから、（「身体権に接続した平穏生活権」として）身体や健康に関する人格権に準じた保護を受けうると考えるべきであろう。

　(iii)　環境権説　　良き環境を享受しかつこれを支配しうる権利を環境権として構成し、環境が汚染された場合、環境権を根拠にして差止めを求めることができるとする考え方である（大阪弁護士会環境権研究会『環境権』）。この説には、早い段階で環境汚染を食い止めることができるという長所がある。公害は、生命・健康等に重大な侵害をもたらすことが多く、それらの法益に具体的被害が発生してから差止めを認めたのでは遅すぎる場合が多いが、この説によれば、たとえまだ住民の人格的利益に被害が発生していなくても、地域の環境が悪化すればそれ自体が環境権の侵害であるとして差止めを求めることができる。また、環境権説においては、原告個人に生じた被害だけではなく、地域住民の被害の総体を環境破壊として差止請求の中で主張することができる。

　この環境権に対しては、実定法上の根拠に乏しいことや、権利としての内容（例えば、自然環境に限るのか、歴史的建造物のような歴史的環境も含むのか）や外延（環境の範囲）があいまいであり権利者の範囲もはっきりしないといった批判も強く、これを正面から認めた判決や決定は下級審においても存在しない。確かに、以上のような批判があてはまる点が環境権説に存在することは否定できないが、他方においてこの説のメリットも小さくない。したがって、人格権説によるとしても、その場合の人格的利益の内容に環境的価値を広く取り込むなどして、環境権的発想を取り入れる必要があろう。この点で、大阪空港訴訟控訴審判決（前掲）が、身体権に限定されたものではなく、快適な生活を送る利益を含めた広い人格権を認めた上で、当該原告の個人的な被害だけではなく、地域の環境悪化をも考慮している点が注目される。

　＊差止請求における環境権論の意義　　第1講で見たように、環境権は、環境法の基本理念としては定着している。しかし、上記のように、私法上の権利（特に差止めの根拠としての）としては、その権利主体の範囲や権利内容の不明確さ等を理由に、裁判上はこれを正面から認めるものは存在しない。

　これには、環境権の対象である環境利益が特定の個人に帰属するものではなく公共的な利益であるという点で、所有権や人格権のような権利とは性格が異なるものであるという批判も一因となっている。環境それ自体は誰かに帰属するものではないので、環境権を支配権として排他的性格を有するものと見て、それが差止めの根拠となるとの主張には混乱があるとの批判である。

　これに対して、自然保護やアメニティー破壊のケースは、紛争の争点そのものが個別的権利・法益の侵害とはいいにくいから、所有権や人格権をモデルとして権利構成することは困難であり、むしろ、手続的な側面から環境権保護を考えるべきであるとする説が主張されている（淡路剛久『環境権の法理と裁判』83頁以下）。これによれば、環境の形成や維持に参加する住民の権利として環境権を位置づけ、それを実現するための立法（例えば、アセスへの住民参加の拡大）、手続権としての環境権が侵害された場合にそのことを差止めの可否を判断する際に重視するといった運用を考えることになる。

　さらに、環境権を所有権類似の権利ではなく利用権（環境共同利用権）として構成しようとする主張もある。環境権とは、「他の多数の人々による同一の利用と共存できる内容をもって、かつ共存出来る方法で、各個人が特定の環境を利用することができる権利」であるとする考え方である（中山充『環境共同利用権』）。この権利は、他

者の利用と共存しなければならない点で公共的な性格を帯びるが、他者が環境秩序に反する利用を行った場合に、それを差止めたり、侵害に対する賠償を求めたりできる、その意味で民事法上の権利であるとされる。ここでは、公共的性格を踏まえた環境権の再構成が試みられている。

　これらの説を踏まえて、環境権とは、地域の良好な環境の形成・維持・享受に関する権利であり、それは、良好な環境の形成維持に参加する権利（参加権、手続権としての環境権）と、そのような環境を適正に、他のアクターの享受と共存できるようなやり方で享受（利用）しうる権利という2つの側面を持つものであり、このようなものとしての環境権が侵害された場合、住民には差止めを求める権利があると考えられないであろうか（手続権としての環境権の侵害→手続違背を理由とした差止め、自己の環境利益享受を妨害する開発等→共同利用権侵害を理由とする差止め）

(2)　**不法行為説**（ないし受忍限度論）　　公害のような継続的な侵害の場合においては、不法行為における損害賠償としての原状回復と差止めの間に厳密な区別を行うことは困難ないし無意味であるとして、侵害された権利の効力としてではなく、不法行為の効果として差止めを認める考え方がある。その中には、民法709条の効果として差止めを認めようとする純粋の不法行為説もあるが、その場合、加害者の故意・過失が要件となり、重大な侵害が生じていても加害者の故意・過失の欠如を理由に侵害行為の差止めが認められないという結果を招くので、不法行為説の中ではむしろ、過失と違法性という民法709条における要件を一元化して受忍限度という判断枠組みを設定し、侵害された利益の種類や侵害の程度、侵害行為の種類や性質、差止めを認めた場合の両当事者に対する影響やさらには社会的な影響等の様々な要素を比較較量し、受忍限度を越える侵害であると判断できる場合に差止めを認めようとする受忍限度論（加藤一郎編『公害法の生成と展開』387頁（野村好弘）、他）が有力である。

　この説は同時に、損害賠償の場合と異なり社会的な影響が大きい差止めの場合、受忍の限度は一般的に高くなるという考え方（いわゆる違法段階説（後述））を主張し、差止めの可否について、損害賠償の場合よりも、抑制的な判断を要求する。

(3)　**複合構造説**　　権利説と不法行為説（とりわけ受忍限度論）との違いは、前者が差止めの可否の判断において利益衡量をできるだけ排し、主として権利の侵害があったかどうかに着目して結論を出そうとするのに対し、後者は被害

と侵害行為やさらにはその他の要素をも視野に入れた総合的で柔軟な利益衡量を行う点にある。確かに被告の行為をストップさせるという重大な法的効果をもたらす差止めについて硬直的な判断をすることは問題であるが、受忍限度論のような広い要素を考慮に入れた利益衡量を認めた場合、重大な被害が発生しているのに侵害行為の公共性や社会的有用性から差止めは認められないといった結論が導き出されるおそれがあり、また、問題の解決を裁判官の判断に全面的に委ねることにも問題がある。

　両者の間では、1970年代前半において激しい議論が戦わされたが、その後、その議論は、受忍限度論による無限定な利益衡量を批判した権利説から、原則的な利益衡量の排除は、地位の互換可能性のない典型的な現代型環境破壊の場合にこそ、よりよく妥当するが、地位の互換性の認められるような事案においては、相当広く利益衡量を認めざるをえないような場合もあるのではないかといった主張が登場し、他方で、権利説による硬直的な判断を批判した受忍限度論からも、被侵害利益の権利性が強ければ加害行為者側の事情にかかわらず強く保護されるべきであって、その点は受忍限度論の基本構造になるべきであったが、総合的判断のみが強調され、その点があいまいにされたとした上で、被侵害利益の類型化による受忍限度論の再構成を主張する説が現れるなど、一定の収斂が見られるようになった。

　その結果主張されるようになったのが、一定の被害が発生したならばいかなる利益衡量も排斥して差止めを認めるべき場合と、受忍限度判断が必要な場合があるとする複合構造説ないし二元説である（沢井前掲書）。それによれば、生命・身体（健康）への侵害があればいかなる利益衡量をも排斥して差止めを認めるべきである（「絶対的差止基準」）が、「絶対的差止基準」に達していない場合には、原告が被害を受けていることを立証すれば、原則として違法となるが、被告は地域性の考慮から受忍限度以下であることや、社会的有用性などを主張することができ、したがって、ここでは、被害の重大性と侵害行為の態様が相関的に衡量されることになる。

　（4）　**裁判例**　裁判例では、権利構成（人格権）によりつつ、必要な利益衡量を加えるという態度をとるものが多い。大気汚染において差止めを認容した２つの判決（神戸地判平12・1・31判時1726・20、名古屋地判平12・11・27判時1746・

3百選 NO. 15）も人格権説に立ち、国道43号線訴訟最高裁判決（最判平7・7・
7、民集49・7・2599百選 NO. 39）は、差止請求そのものは棄却したが、人格権
が差止請求の根拠となりうることを認めた控訴審判決（大阪高判平4・2・20判
時1415・3）の立場を黙示的に是認したものと解される（田中豊調査官の解説）。

　しかし、人格権の内容をどのように理解するかについては説が分かれる。大
阪空港控訴審判決（前掲）は、「個人の生命、身体、健康、精神および生活に
関する利益は、各人の人格に本質的なものであって、その総体を人格権という
ことができ、このように人格権は……その侵害に対してはこれを排除する権能
が認められなければならない」とするが、名古屋新幹線控訴審（名古屋高判昭
60・4・12判時1150・30百選 NO. 35）は、差止めの根拠となる人格権を「身体権
としての人格権」としており、この立場からは、差止めが認められる場合は、
実質上、身体侵害の場合に限られることになる。大阪空港控訴審判決のように
広く解すると、権利の外延があいまいになるという点は否定できないが、名古
屋新幹線判決の考え方は、公害の場合、その被害は人の精神的あるいは生活上
の利益侵害から始まり、徐々に身体・健康の侵害に及び、身体侵害が生じた時
点では回復困難な場合が多く、それにいたる以前に差し止める必要性が高いこ
とからすると狭すぎるのではないかと思われる。

　＊差止めの根拠に関するその他の説
　①　二元説　　まず、不法行為構成と権利構成を組み合わせる二元説がある（大塚直
「人格権に基づく差止請求」民商法雑誌116・4＝5・25以下）。それによれば、大気汚
染や騒音のように、汚染等が境界を越えて侵害を及ぼす積極的侵害と、日照妨害や眺
望妨害のような消極的侵害を区別すべきである。前者の積極的侵害によって権利が侵
害された場合は権利構成により、加害者の主観的態様は問題とならず利益衡量も限定
的に考えるべきである。しかし、消極的侵害については不法行為構成をとって加害者
の注意義務違反を要件とすべきである。
　　この説の論者は、民法を改正して差止めに関する条文を置くとすれば、以下のよう
な条文が考えられるとしている（民法改正研究会編『民法改正と世界の民法典』137
頁）。
　　第1項　自己の生命、身体、又は自由を侵害され、又は侵害されるおそれがある者
　　　　は、相手方に対しその侵害の停止又は予防及びこれらに必要な行為を請求するこ
　　　　とができる。

第2項　自己の名誉、信用その他の人格権を侵害され、又は侵害されるおそれがあ
るは、相手方に対しその侵害の停止又は予防及びこれらに必要な行為を請求する
ことができる。ただし、その侵害が社会生活上容認すべきものその他違法性を欠
くものであるときは、この限りでない。

第3項　自己の生活上の利益その他の利益を違法に侵害され、又は侵害されるおそ
れある者は、相手方に対しその侵害の停止又は予防及びこれらに必要な行為を請
求することができる

　なお、この説の場合、権利と認めうるためには、権利としての「社会的な認識可能
性」を有し、「他人の権利と区別された固有の領域」を有することが必要であり、単
なる不快感をはじめとする軽微な精神的侵害は権利（人格権）の侵害にはあたらない
とされる。

②　秩序違反説　　秩序違反を根拠に差止めを認めるべきであるという考え方があ
る。その代表的な論者は、次のように言う（吉田克己『現代市民社会と民法学』244
頁以下）。環境のような利益は公共的性格があり、厳密な意味での権利を語ることが
できない。しかし、環境という公共的利益は、市民の生活にかかわるものとして生活
利益秩序を構成している。そして、それが侵害された場合、環境秩序ないし生活利益
秩序違反を理由とした差止めを認めることができる。ここでは、差止めは「権利侵
害」ではなく「秩序」違反に対するサンクションとして認められる（不正競争が競争
秩序違反として差止めの対象となるように）。

　この説によれば、差止めの一般的要件は、①法秩序違反、および②差止めの必要性
と正当性（差止めの必要性は侵害される利益の要保護性に関わり、正当性は侵害行為
の態様と違法性に関わるとする）である。そして、絶対権侵害は当然に法秩序違反と
なり、かつ、定型的に差止の必要性と正当性を満たし、原則として（例外は権利濫用
と評価される場合）差止請求権を発生させる。これに対し、絶対権という形で排他的
帰属が確保されない利益についても、上記要件を充足し差止請求権が発生する場合が
ある。

③　違法侵害説（ないし法制度説）　　権利固有の効力としてではなく、しかし同時
に不法行為の効果としてでもなく、法秩序によって私人に割り当てられた法益がその
内容や性質に照らして違法に侵害された場合に、それに対する固有の保護手段として
差止請求権が発生するという考え方も主張されている（根本尚徳『差止請求権の理
論』）。この説は、物権的請求権を物権の内在的効力として位置づけるのではなく、権
利内容を割り当てる規範としての法秩序にその実質的発生根拠を求める。そして、お
よそ法秩序によって私人に割り当てられた法益は、その内容や性質に照らして違法と
認められる侵害から保護されなければならないので、そのような保護手段である差止

請求権は物権以外の法益にも広く付与されなければならないとするのである。

　差止請求権の理論的発生根拠を差止請求権制度ともいうべき1つの法原理ないし法制度に求める考え方である。そして、この制度は、諸事情の相関的な利益衡量の結果、ある法益が違法に侵害されており、その保護が必要であるとされる場合に発動され、その結果、被侵害者に差止請求権が付与されると考えるので、差止請求権は民法体系上、不法行為法とは区別された独自の制度として位置付けられることになる（「法制度説」）。

　公害の差止めについては、拙著『環境法の現代的課題』189頁以下、拙稿「差止請求権の『根拠』に関する一考察」瀬川・吉田古稀『社会の変容と民法の課題（下）』243頁以下も参照。

2　差止めの具体的要件

　以上の法的構成における議論を踏まえ、差止めの可否に関する判断で実際に問題となる点を確認しておこう。

　民事上の差止めの要件は、①権利（ないし法的利益）の存在、②その侵害の蓋然性（因果関係）、③違法性（ないし受忍限度）である。このうち、①②は差止請求を行う原告が主張立証すべき請求原因事実であることに争いはないが、③も請求原因事実なのか、それとも、被告が主張立証すべき抗弁事実なのかについては争いがある。

　(1)　差止めの可否について、第1に考慮すべきは、どのような被害が発生しているか、あるいは、発生するおそれがあるかである。その際、被侵害利益の種類によって、他の要素との利益考量を行うべきでない場合と、行う必要がある場合がある。生命・身体といった利益の侵害があればそのことは直ちに差止めの効果をもたらすべきであり、そのような場合にまで、加害行為の態様やその他の事情を考慮して差止めが認められない場合があるといった判断をすべきではない。ただし、何をもって健康侵害と見るかは議論がある（健康とは、病気でないことを言うのか、健やかな生活を営めることを含むのか）。

　騒音により会話が妨害されるといった日常生活上の不便等、いわば人格的利益の外延部分に被害がとどまる場合においては、侵害行為の種類・性質等の事情をも考慮して差止めの可否を決するという柔軟な判断も必要となる。

　(2)　第2に、加害行為の性質も問題となる。その際、特に議論があるのは、

公害発生源が空港、鉄道、道路のような公共性を帯びている場合である。名古屋新幹線訴訟控訴審判決（前掲）は、新幹線の公共性は極めて高く、騒音振動対策の１つとしての減速は、当該地区にとどまらず全線に波及し、「わが国陸上交通体系に由々しい混乱を惹起し、社会経済的にも重大な結果に逢着せざるを得ないこととなる」として、差止請求を棄却し、国道43号線訴訟控訴審判決（大阪高判平４・２・20判時1415・３）や西淀川公害第２〜４次訴訟判決（大阪地判平７・７・５判時1538・17百選 NO. 14）等でも、道路の公共性が重視され請求が棄却されている。

　差止めの可否の判断において利益衡量はある程度必要であり、公共性がその利益衡量において一定の役割を果たすことは否定できないが、だからといって、加害行為の公共性の存在だけで差止めを認めないのは行き過ぎであり、生じた被害が何かを十分考慮すべきである。特に、被侵害利益が生命・身体・健康といったかけがえのない人格的利益である場合には、公共性があるからといって差止めを否定しそれらの侵害を事実上許容する態度をとることは許されない。この点では、公共性を理由に差止めを認めなかったこれらの裁判例が、被害認定において、健康被害の発生を正面からは認めていないことに注意すべきである。例えば、名古屋新幹線高裁判決（前掲）は、新幹線騒音振動と原告らの自律神経失調症その他の疾病との因果関係は認定できないなどとして、身体被害の発生を否定している。これらの判決では、健康被害は認められないとして、そのことを前提に公共性との利益衡量が行われ、受忍限度を超えないとの結論が導き出されているのである。

　それでは、健康被害が認定された場合にはどうなるか。この点での裁判所の判断が示されたのが尼崎公害訴訟判決（前掲）と名古屋南部公害訴訟判決（前掲）である。

　尼崎判決では、千葉大調査（幹線沿道における大気汚染が学童の呼吸器疾患に及ぼす影響を調査した千葉大の疫学調査）に依拠して、幹線沿道の健康被害と道路排煙との因果関係を肯定している。同調査によれば、沿道汚染はこれが存在しない地区の４倍程度もの気管支喘息の新規発症率に関与しているので集団的因果関係は肯定して良く、個別的な因果関係の判断においても、「本件沿道汚染が気管支喘息の発症をもたらす危険度がこれがない場合の４倍であるとの危険度

の大きさに照らせば、沿道患者が公健法の暴露要件を充足する場合には、その気管支喘息が本件沿道汚染に起因する確率が極めて高いということになるから、沿道患者個々人の気管支喘息が本件沿道汚染に起因する高度の蓋然性がある」とされた。名古屋判決も、「千葉大調査等の疫学的知見及び動物実験等の科学的知見を総合すると、幹線道路沿道においては、自動車排出ガスが沿道住民の健康に影響を及ぼす可能性が非常に高」いと判断している。その上で、両判決は、道路の公共性については、侵害が単なる生活妨害ではなく呼吸器疾患に対する現実の影響という非常に重大なものであること、道路の全面供用禁止が求められるわけではないことから、当該道路が持つ公共性を考慮したとしても、なお差止めを認めるに足る違法性を有する（尼崎判決）、損害の内容が生命、身体に関わる回復困難なものであることや、被告が本件原告との関係で格別の対策を採っていないことから、侵害行為の公共性を重視しなければならないとしても、なお差止請求は認容されるべき（名古屋判決）としたのである。

　いずれも、1975年の大阪空港訴訟控訴審判決以来、絶えて久しかった大型公害訴訟における差止認容判決として、画期的な意義を有するものだが、そのポイントは、少数の原告との関係ではあるが、健康被害を認めたことである。健康侵害がある場合、それが身体権としての人格権を侵害すること、そして、そのような重大な侵害がある場合、侵害行為の公共性が認められても差止めが肯定されるべきとしたのである。

　＊違法段階説　　差止請求は、それが認められると事業活動にとって大きな打撃となり、また、公共性のある活動の場合、社会に対する影響が大きいことから、損害賠償の場合よりも高い違法性（受忍限度）が求められるとする説がある（損害賠償と差止めでは求められる違法性に段階的な違いがあるとする説）。国道43号線訴訟において最高裁は、損害賠償を認め、差止請求は受忍限度を超えていないとして棄却したが、そこでは、損害賠償の場合と差止めの場合では、「各要素の重要性をどの程度において評価するかには相違があるので、両者において判断が異なっても不合理とはいえない」としており、違法性に段階があるというよりも、考慮すべき事情の「重みづけ」に違いがあるとの立場であると解されている（大塚416頁以下）。

　(3)　その事業が開始されるにあたって民主的な手続きを踏まえていたかどうかも差止めの可否に影響を与える。開発にあたって、事前の調査や代替案の検討、住民に対する説明等の民主的手続きをつくしていない場合、そのことは、

差止めを認める上での重要な判断要素となりうるのである。

　環境影響評価法によれば、一定要件の事業については環境影響評価（いわゆる環境アセスメント）を行わなければならず、そのアセスの結果に基づいて許認可がなされるアセスに瑕疵があった場合、そのことは、当該許認可の取消訴訟（行政訴訟）において、処分の違法判断を導きうる（アセスの結果は許可等を行う場合に考慮される（環境アセスメント法33条のいわゆる横断条項）ので、その瑕疵は、それが重大なものであれば、許可等の違法をもたらすと考えられる（ただし、横断条項は「適正な配慮」としているだけなので裁量の余地が大きく、アセスの瑕疵は例外的（環境保全への考慮を全く怠ったと考えられるような場合）にしか違法をもたらさないとの説もある）が、民事上の差止請求においても、アセスの不備が、侵害の蓋然性を高める（あるいは、蓋然性を推定する）こと、受忍限度判断において考慮されるといったことは、一般的に認められうる。その場合、不備の内容が形式的な手続違反の場合は、他の要素との補強が必要だが、環境基準の適用を誤った場合のような重大な内容的不備があった場合、それだけで利益侵害や違法性が推定されるのではないか。

3　差止めの「2つの壁」

　以上のような差止めの法的構成や具体的な要件についての議論とは別に、民事差止訴訟には「2つの壁」があると言われてきた。

　(1)　**行政権との関係での「壁」**　大阪空港公害訴訟最高裁判決（最大判昭56・12・16民集35・10・1369百選 NO. 34,35）により作られた、公共的事業の差止めに対する「壁」である。同判決多数意見は、以下のような論理で、差止請求を却下（「門前払い」）した。大阪空港は（当時）国営空港であり、その管理権は運輸大臣（当時）が有する。他方で、航空法その他の法令に基づいて運輸大臣に付与された航空行政上の権利があり、それも運輸大臣に帰属する。そして、両者は不即不離、不可分一体に行使される。その結果、差止めは空港管理権に関するものだが、それは（不可分一体としての）航空行政権行使の変動（航空機運行の許可の取消等）を求めることになり（「行政訴訟の方法により何らかの請求をすることができるかどうかはともかくとして」）、民事上の請求としては許されないというのである。その後、基地を利用する軍用機の騒音差止めが請求された訴

訟においても、多くの裁判所がこの考え方を採用している（基地騒音公害訴訟については**第10講**参照）。

(2)　**抽象的不作為請求に対する「壁」**　これは、原告の差止請求が、例えば、防音壁の設置といった具体的行為を要求するのではなく、「被告の騒音が○○ホンを超えて原告の居住地に侵入しないことを求める」というような、いわゆる抽象的不作為請求である場合、請求の趣旨が特定できず強制執行も不可能だから不適法であるとするものである。国道43号線訴訟1審判決（神戸地判昭61・7・17判時1203・1）は、原告の不作為請求は被告の複数の措置（作為）のうちどれを求めるのか特定されてないから、被告が訴訟において（その請求は不適切であると言った形で）防禦権を行使することができず、また受忍限度判断もできない（受忍限度判断は差止め方法の難易をも考慮すべき）ので不適法だとした（その他にも、千葉川鉄公害訴訟1審判決（千葉地判昭63・11・17判時（平成元年8月5日号）161頁百選 NO.12)、西淀川公害第1次訴訟1審判決（大阪地判平3・3・29判時1383・22百選 NO.13）等がこの立場に立つ）。

(3)　**差止請求「2つの壁」の打破**　近時、この「2つの壁」は、打破されようとしている。まず、抽象的不作為請求について、学説上は、この適法性を肯定する説が有力であったが、裁判例としても、その後、抽象的不作為請求の適法性を肯定する判断が定着する。1審判決が抽象的不作為不適法論を採用した国道43号線訴訟の控訴審判決（前掲）は、「原告らの差止請求は……趣旨の特定に欠けるところはない」とし、これ以降、抽象的不作為請求の適法性は、多くの裁判例で肯定されている。例えば、西淀川公害第2～4次訴訟判決（前掲）は、複数汚染源が問題となっているケースにおいても、「個別の汚染源主体について差止を求められた発生源が特定され、かつそれが主要な汚染源である場合には、債務者の責任範囲内において達成すべき事実状態を特定してその差止を求めることは可能であり、その限度での特定で審判の対象も明らかとなっており、債務者の防御権の行使にも特段の支障もないから、これを違法とするのは相当でない」とし、横田基地訴訟上告審判決（最判平5・2・25判時1456・53百選 NO.38）は、単一の汚染源について、「抽象的不作為の命令を求める訴えも、請求の特定性に欠けるものということはできない」と明言する。さらに、国道43号線訴訟の上告審判決（前掲）は、抽象的不作為請求不適法論を

採用することなく実体審理に入っていることから、黙示的にこの請求の適法性を認めたものと評価しうる。道路公害について差止めを認めた名古屋地裁判決（前掲）でも、「被告国側においてどのような手段、措置を採って右原因となる事態を防止するかについてまで、原告ら側が、判決を求める段階において、具体的に主張する必要はない」として、その適法性が肯定されている。

　行政権との関係での「壁」について見れば、元来、この障害は、大阪空港訴訟最高裁判決（前掲）によって持ち込まれ、基地公害訴訟においても採用されたものであるが、空港騒音公害以外の鉄道や道路公害では、被告によって主張されはしたが、裁判所はこれを採用しなかった。例えば、国道43号線訴訟控訴審判決（前掲）は、騒音等を防止するためには物的設備の設置等の事実行為も想定でき、原告らは公権力の発動を求めるものでもないとして、民事訴訟上の請求として許容されるとし、同上告審判決（前掲）は、この点に触れることなく実体審理を行っている。その意味で、この「壁」も、公共施設や公共事業による公害の差止めが問題となるケースにおける絶対的な障害とは、もはや言えなくなっている。ただし、基地騒音公害訴訟については、この壁はなお厚く、自衛隊機の離着陸・運航そのものは公定力を付与された行為ではなく民事差止請求の対象となりうるとした判決（金沢地判平3・3・13判時1379・3）もあるが、最高裁（最判平5・2・25民集47・2・643百選 NO. 37）は、厚木基地訴訟において、自衛隊機の運航に関する防衛庁長官の権限行使は周辺住民との関係において公権力行使にあたり、差止請求は「必然的に防衛庁長官にゆだねられた前記のような自衛隊機の運航に関する権限の行使の取消変更ないしその発動を求める請求を包含することになるものといわなければならないから、行政訴訟としてどのような要件の下にどのような請求をすることができるかはともかくとして、右差止請求は不適法」としている（この点は、**10**講で検討する）。

4　複数汚染源の差止め

　大気汚染などでは、複数の工場・施設からの排煙が公害被害の原因となることが多い。この場合、損害賠償については、**第4講**で見たように、共同不法行為と見て、複数汚染源に連帯した賠償責任を課すことが考えられる。各汚染源は、被害者との関係では、損害の全部について責任を負い、後は加害者間で求

償が問題となる。それでは、複数汚染源を差し止めようとする場合、同様の議論ができるか。難しい問題だが、次のような考え方がありうる（以上につき、詳しくは、ケースブック116頁以下、大塚429頁以下参照）。

①　個別的差止説　　個々の発生源がそれぞれ受忍限度を超えていなければ差止請求はできないとする説。この説では、個々の発生源がそれだけでは受忍限度を超えないが、汚染物質が集積して被害が生ずる場合には差止請求できないことになるので、今日では支持されていない。

②　分割差止説　　複数汚染源に対し汚染を基準以下にするように請求できるが、各汚染源は、自己の寄与度を証明すれば、その割合に応じた責任を負うにとどまるとする説。金銭賠償と異なり、事後的に汚染者間の求償ではうまく処理できない場合があるので、差止めについては分割を認めるのである。この説の中には、差止めの場合は、被害地域の現実の汚染濃度を閾値以下にしなければ差止めの目的が達成できないのであるから、寄与度は問題とならず、特段の事情がなければ、各汚染源はそれぞれ、当該地域の汚染濃度を閾値以下にするために必要な削減率で削減を義務付けられるとする説もある（沢井裕『公害差止の法理』160頁以下）。この説によれば、例えば、全体として基準を30％超える汚染がある場合には、各汚染源に（寄与度に関係なく）30％ずつの削減を求めうることになる（大塚430頁もこれを支持）。

③　連帯差止説　　複数汚染源全体から受忍限度を超える汚染が発生しておれば、狙い撃ち（一部の汚染源に差止めを求める）を許容する説。損害賠償の場合の連帯責任と同様に考える。その根拠としては、719条の（類推）適用説や、緊急避難的に認めるという説などがある。

第 7 講 | 国家賠償訴訟

1 国家賠償法の概要

(1) **はじめに**　現代社会において国や公共団体の機能は拡大してきており、その活動内容は、市民の生命・身体・財産等に対する安全性にとって重要な意味を持ってくる。そして、その活動が直接・間接の原因となって国民に損害が発生した場合、国等の賠償責任が問題となる。

ところで、戦前の日本においては、官公吏はもっぱら天皇に対してのみ義務を負うものとされ、国の活動が国民に損害を与えても、国自体はもとより、官公吏自身も損害賠償義務を負わないという考え方が支配的であった。しかし、このような状況は戦後になって一変する。憲法17条が、公務員の不法行為による損害に対する国・公共団体の賠償義務を明記し、それを受けて、国家賠償法が1947年に公布・施行されたのである。

(2) **国家賠償法1条の責任**　国家賠償法1条1項は、国または公共団体の公権力の行使にあたる公務員が、その職務を行うについて、故意または過失により違法に他人に損害を与えた場合、国または公共団体が賠償責任を負うと規定している。本条は使用者責任を定めた民法715条に類似した規定だが、国・公共団体に民法715条1項ただし書のような免責事由が認められていない点が異なっている。

【責任要件】

(i) **国・公共団体の公権力行使にあたる公務員の不法行為であること**　問題となるのは、公権力の行使とは何かであるが、これについては、権力的な作用に限るとする説（狭義説）、非権力的な作用をも含むとする説（広義説）、私経済作用を含むすべての国・公共団体の作用とする説（最広義説）の対立がある。権力的作用説は、戦前において国家賠償が認められなかった公権力作用の場合の賠償義務を認める点に本条の意義があるとするものだが、戦前の歴史的経過はともかく、今日のように、国・公共団体の作用が多様に広がっている中では

狭すぎる。判例は、例えば、公立中学校の体育の授業におけるプールへの飛び込み指導を公権力の行使にあたるとするなど、教育活動においても本条の適用を認めており、第二説に立っていると考えられる。

　(ii)　公務員がその職務を行うについてなした加害行為であること　　「職務を行うにつき」にあたるかどうかは、使用者責任における「事業の執行について」と同じように、客観的に見て職務執行の外形を備える行為と解すべきである。公務員とは、公務員の身分を有するものだけではなく、公務の委託を受けた民間人（公立学校で学校医として予防接種をした医師等）を含むとされる。

　(iii)　公務員の故意または過失と違法性　　違法性の判断基準は、本法が、民法709条の権利侵害ではなく違法性を要件として明記したのは、民法709条における権利侵害要件の違法性への読み替え（この点については、**第3講**で簡単に触れた。詳しくは、吉村②29頁以下参照）を踏まえたものなので、公務員の行為の態様と侵害された利益の種類や程度を考慮して判断すべきとする説、本来、他人の権利や法益を侵害することができない私人と異なり、公務員はそれが許される場合があることから、違法性は、そのような権限が公務員にあったかどうかを示すものであり、公務員に公権力の行使を認めた規範に反すること、あるいは、公務員としての職務上尽くすべき注意義務を懈怠したことだとする説などがある（以上について、詳しくは、曽和俊文「（行政法を学ぶ第2回）国家賠償法1条の基本構造」法学教室416・56以下参照）。

　本条の違法性は、被害者に発生した損害の賠償要件としてのそれであり、行政処分の取消訴訟における違法性とは異なることから、公務員の行為の態様と侵害された利益の種類や程度を相関的に考慮するという立場が正当であろう。ただし、私人の行為は、私的自治に基づき原則として自由であるが、同時に、他人の権利ないし法益を害してはならないという一般的な法的義務を負い、それに反して他人の権利ないし法益を侵害した場合、原則として違法と評価される。それに対し、公務員の公権力の行使には、例えば、刑事司法権の作用のように、他人の重大な権利侵害をともなうにもかかわらず許容されているものがあり、その場合の違法性判断は、生じた権利ないし法益侵害だけではなく、むしろその侵害行為が法令に則って行われたのかどうかが決定的となる。また、反対に、当該行為が法令に反してなされた場合、たとえ生じた被害が軽微で

あっても、その公権力行使は違法と判断されることになろう。

　なお、判例は、国家賠償法1条責任が成立する場合には、公務員個人の責任を否定する（最判昭30・4・19民集9・5・534、他）。過失の場合にまで公務員個人に責任を負わせると公務員の職務行為が萎縮するなどとして、これを支持する学説もあるが、故意・過失により損害を発生させても責任を負わないという帰結は不法行為責任のあり方として適切ではない。使用者責任においても被用者の責任が免責されないこととの対比においても、公務員の責任を否定すべきではない。

　(3)　**国家賠償法2条の責任**　　国家賠償法2条は、道路、河川その他の公の営造物の設置または管理に瑕疵があったために他人に損害が生じた場合に、国または公共団体に賠償義務を課している。本条は民法717条の土地工作物責任にならったものであるが、動産をも含む点で、公の営造物の方が土地工作物よりも広いことと、本条には民法717条の工作物の占有者に認められているような免責事由はない点が異なっている。

【責任要件】

　（i）　**公の営造物**　　公の営造物とは、公の目的に供される有体物や設備のことであり、条文で例示されている道路、河川の他、橋梁、堤防、官公庁舎、公立学校の施設、公園等がこれにあたる。河川や湖沼、海岸などで人工の手を加えていない物（自然公物）が営造物に入るかどうかについては争いがあるが、これを肯定するのが通説である。ただし、自然公物については、道路のように人工の手を加えた物（人工公物）とは設置・管理の瑕疵の判断基準が異なり、人工公物の場合、使用開始行為により供用が始まるので、供用開始時点以降、一定の安全性を保証すべき（できなければ供用を開始しなければよい）だが、自然公物の場合、自然にすでに公共の用に供されているので、安全性は防災等により徐々に高めていくほかないとする考え方もある（水害の場合になどで問題になる「過渡的安全性」論。この点については、吉村②284頁以下参照）。

　（ii）　**設置・管理の瑕疵**　　判例・通説は、営造物が通常有すべき安全性を欠いていることが瑕疵であるとして、瑕疵を客観的に定義する。その結果、安全性を欠くにいたった原因は問題とならず、国・公共団体に過失がなくとも責任が成立する。そして、判例によれば、瑕疵の有無については、「当該営造物の

構造、用法、場所的環境及び利用状況等諸般の事情を総合考慮して具体的個別的に判断すべき」とされる（最判昭53・7・4民集32・5・809）。すなわち、ここでは、諸般の事情を考慮して「通常有すべき」性状や安全性を欠いているかどうかという規範的判断が求められるのである。

　これに対しては、以下のように、むしろ設置・管理行為を問題にし、そこにおける安全確保義務ないし損害回避義務違反を瑕疵ととらえるべきだとする有力説（義務違反説）がある。

　＊義務違反説　　国家賠償法2条や民法717条の責任を、国家賠償法1条や民法709条の責任と連続したものとしてとらえ、その要件である瑕疵を、注意義務違反としてとらえる考え方である（沢井裕『公害の私法的研究』187頁以下、植木哲『災害と法』12頁以下等）。このように責任の性質を理解すれば、瑕疵とは、営造物それ自体の性状において欠陥がある場合はもちろん、それだけに限らず、危険防止のための措置についての不備ないし欠陥をも含み、つまるところ、設置・保存者が負うべき安全確保義務の違反のことになる。

　この説によれば、国等の義務違反を問うことによって、たとえ物理的性状において欠陥がない場合にも、安全を確保するために適切な措置をとらなかったこと、すなわち、安全確保義務違反をもって瑕疵の存在を肯定し、本条の責任追及が可能になる。また、不可抗力による免責についても、他の損害回避の方策とのかねあいでその抗弁が認められない場合がありうることになる。この説の主張者は、局地的な豪雨で崖くずれがありバスが川に転落した飛騨川バス転落事件を例にとり、義務違反説によれば、危険防止のための措置の不備をも瑕疵概念にとりこむことができ、したがって、例えば、崖くずれのおそれがある場合に通行止めの措置をとらなかったことをもって瑕疵を認められるとする。しかし、反面において、本条の責任と民法709条等の責任の同質性をあまりに強調すると、過失を要件とせずに責任を課すことによって被害者救済をはかる本条や民法717条の意義を失わせるおそれがあるとの批判や、瑕疵＝損害回避義務違反と構成することにより、瑕疵の有無に回避可能性の判断が入ってくる点で問題があるといった批判もある。

　ただし、義務違反説においても、本条や民法717条は、物の危険性に着目して、危険責任の考え方に基づき高度の損害回避義務を課したものとして理解することは可能である（義務違反説は、「土地の工作物のように設置・保存に十分な注意をしなければ安全を保持しがたいものについては、高度の損害回避義務を要求すべきである」とする、一種の注意義務段階説をとる（沢井前掲書208頁以下））。また、前述したように、客観説においても、瑕疵判断基準は多かれ少なかれ規範的性格（「通常有すべ

き」)を持たざるをえないことから、どちらの説に立っても、実際上の瑕疵判断においては、それほど大きな差は生じないようにも思われる。

　なお、通説である客観説の立場からも、営造物の瑕疵は、その物理的、外形的な欠陥ないし不備(性状瑕疵)のみに限られず、その営造物が供用目的に沿って利用されることとの関連において危害を生ぜしめる危険性がある場合(機能的瑕疵)をも含み、また、その阻害は、営造物の利用者に対してのみならず、利用者以外の第三者に対するそれをも含むものとされる。

2　公害と国家賠償

　(1)　はじめに　　公害・環境訴訟において、企業だけではなく、国や公共団体の損害賠償責任が問われることが少なくない。その背景としては、国や公共団体自身の活動が拡大し、その活動が公害を引き起こすことも少なくないこと(例えば、国営の空港が騒音振動被害を発生させたり、国が設置・管理する国道が自動車公害を発生させたような場合)、人の生命や健康を害するおそれがある活動が増加し、国民の安全を確保するために、汚染物質の規制や汚染行為の抑制における国や公共団体の役割が重要になってきていることにある。加えて、発生した被害の救済においても国の果たすべき役割は大きく、公的な救済制度の設立による迅速な救済が必要な場合も少なくない。

　このことを背景にして、公害事件において、国や公共団体の責任は以下のような形で問題となる。第一は、国や公共団体の事業が公害を引き起こした場合であり、具体的に訴訟になったのは、道路や空港のように国や公団が設置・管理する施設から公害が発生したケースである。この場合、施設の管理行為を公権力の行使と考えれば国家賠償法1条の適用が問題となりうるが、近時の訴訟では、個々の公務員の行為を取り出して1条を適用するのではなく、その全体を、施設の設置・管理の瑕疵と考えて2条で問題を処理するのが一般的である。第2には、国や公共団体が直接の汚染を引き起こしたわけではないが、いわば間接的な原因者として責任を問われることがある。これには、さらにいくつかの場合が考えられる。まず、国や公共団体自身が間接的にではあれ公害発生に寄与した場合、例えば、国の産業政策(あるいは自治体の企業誘致政策)が公害の誘因となった場合である。いくつかの訴訟で被害者は、このような責任

を追及しているが、それを認めた判決はない（ただし、第2講で述べたように、四日市判決（津地四日市支判昭47・7・24判時672・30百選 NO. 3）は、コンビナートの立地上の過失を認定しているが、四日市コンビナートの立地には国や県がかかわっているので、この意味での責任が認められても良いケースではなかったかとも思われる）。現実の裁判で問題となっているのは、公害・環境行政において適切な被害防止措置や対策をとらなかったことを理由に責任が追及される場合である。この場合は、（行政の不作為による）国家賠償法1条責任が問題となる。国や公共団体が被害者の救済を怠ったことによる責任が問題となることは多くないが、水俣病について、以下のような、認定作業が滞ったことによる責任が問題となった事件がある。

　＊「待たせ賃訴訟」　水俣病被害者については（第9講で述べるように）裁判によらずに救済を受けうる制度が作られたが、その制度により救済を受けるためには水俣病の認定を受けなければならない。その認定基準をめぐっては深刻な議論があり、様々な事情から、認定を申請しても長期間認定を受けられない申請者が多数存在した。そのような患者の一部が、認定の遅れにより被った精神的財産的な損害に対する損害賠償（「待たせ賃」）を請求した。

　1、2審は損害賠償を認め、最高裁も、「認定申請者としての、早期の処分により水俣病にかかっている疑いのままの不安定な地位から早期に解放されたいという期待、その期待の背後にある申請者の焦燥、不安の気持を抱かされないという利益は、内心の静穏な感情を害されない利益として、これが不法行為法上の保護の対象になり得る」とした（最判平3・4・26民集45・4・653百選 NO. 27）。ただし、最高裁は、認定業務が遅延したことが行政の作為義務違反といえるかどうかについて厳しい要件（「客観的に処分庁がその処分のために手続上必要と考えられる期間内に処分できなかったことだけでは足りず、その期間に比して更に長期間にわたり遅延が続き、かつ、その間、処分庁として通常期待される努力によって遅延を解消できたのに、これを回避するための努力を尽くさなかったことが必要である」）を課して原審を破棄し差戻した。差戻審は、行政は遅延を回避するための努力を尽くしたとして請求を棄却した。

(2)　規制権限不行使による国家賠償法1条責任

(ⅰ)　はじめに　国や公共団体が適切な公害防止措置をとらないことによる責任は一種の不作為による責任であるので、不作為に基づいて責任が生ずるためには作為義務の存在が必要となる。つまり、作為義務があるにもかからず不

作為であったばあい、その不作為は違法な「行為」と評価されるのである。国や公共団体の責任の場合は次の二つのことが問題となる。

　まず、規制を行う権限があったかどうかである。国や公共団体に規制権限がなければ規制しなくても責任は生じない。むしろ、国や公共団体が権限がないにもかかわらず規制を行って企業の活動に制約を加えれば、それ自体が営業活動に対する違法な干渉として賠償の問題をもたらすことになる。この要件は、具体的な法規の解釈問題に帰することになるが、その解釈にあたっては、公害によって国民の健康や生命に危険が及ぶことに留意した判断が必要である。

　次に、規制権限はあるが、その行使が（明文上）国や公共団体に義務づけられていない場合、行使するかしないかの裁量を行政に認めるか、認めるとしてその範囲をどう考えるかという問題がある。当該ケースにおいて規制権限の行使が国や公共団体の裁量に委ねられており、行使が国や公共団体に義務づけられていなければ、それを行使しなかったことは違法とは言えなくなり、責任が発生しないことになる。

　（ii）規制権限について　　規制権限があったかどうかについては、規制権限根拠規定の解釈が問題となる。この点で、興味深いのが、水俣国賠最高裁判決（最判平16・10・15民集58・7・1802百選 NO. 29）である。詳しくは**第9講**で述べるが、水俣病事件において国と熊本県の責任が問題となるのは、すでに昭和30年代にチッソの廃液による魚介類の汚染が問題となっており、もし、この段階で国や熊本県が適切な規制（水俣湾の魚介類の販売を禁止したりチッソの排水を規制）を行えば、水俣病の発生ないし拡大は防止できたのではないか、だとすれば、国や県は規制権限不行使による責任を負うべきではないかと考えられるからである。この事件で最高裁は、水質二法による規制「権限は、当該水域の水質の悪化にかかわりのある周辺住民の生命、健康の保護をその主要な目的の一つとして、適時にかつ適切に行使されるべきものであ」り、「水俣病による健康被害の深刻さにかんがみると、直ちにこの権限を行使すべき状況にあったと認めるのが相当である」として国の責任を認め、さらに、熊本県について、「昭和34年12月末までに県漁業調整規則32条に基づく規制権限を行使すべき作為義務があり、昭和35年1月以降、この権限を行使しなかったことが著しく合理性を欠くものである」とした「原審の判断は、同規則が、水産動植物の繁殖

保護等を直接の目的とするものではあるが、それを摂取する者の健康の保持等をもその究極の目的とするものであると解されることからすれば、是認することができる」とした。

　一般論としては、規制権限を定めた規定の緩やかすぎる解釈適用には問題があるかもしれない。しかし、このことは、公害行政のような場合には必ずしも妥当な結論を導かないことがある。一般的な行政活動の場合は、行政による権力的な行為と国民の活動の自由の二面的な関係が問題となるので、国の権力的な行為の発動には厳格な制限が必要であろう。しかし、公害行政の場合には、行政・企業・国民の三面的な関係が問題となり、そこでは、国民の利益（生命・健康）を企業活動による侵害から守るという行政の役割が前面に出るので、あまりに慎重な態度は、国民の健康に対する危険を防止しえないという結果をもたらす。したがって、このような場合は、国民の安全確保という行政の目的に即して法規の解釈を行うべきではないか。

　さらに、法令に根拠のない、いわゆる行政指導をしなかったことが、国家賠償法上、違法となるかという点も問題となる。これに関し、熊本水俣病第２陣訴訟第１審判決（熊本地判平５・３・25判時1455・３）は、緊急避難的状況下では、権限が明示的に規定していなくても可能な手段をつくして現実的になしうる防止措置をとるべきとの原告の主張に答えて、法令と現実との乖離を埋めるため行政指導が多用され効果をあげているわが国の実情からして、国民の生命、身体、健康に対する差し迫った危険が発生しているにもかかわらず、これに適切に対処するための法令がなく、立法を待っていたのでは重大な被害の発生が十分に予測できる状況下において、有効適切な行政指導を行わなかった場合には、行政指導の不行使は国家賠償法上違法と判断されるとした。学説上も、国民の生命・健康が問題となる緊急事態においては、これを肯定し、その要件として、①生命・健康への危険の切迫性が通常の法令上の権限不行使の場合よりも重大であること、②既存の法令では適切に対処できず、新たな立法も待っていられない事態があることなどとするものがある（大塚460頁）。

　(ⅲ)　裁量の問題　　この問題については学説は分かれている。まず、法令が作為義務を定めた場合を除けば、法律により与えられた権限を行使すべきかどうかは行政庁の裁量に委ねられており、したがって、与えられた権限を行使し

なかったとしても直ちに国家賠償法上の違法となるものではないとして、裁量を認めるが、その不行使が裁量の範囲を逸脱し、裁量権の濫用になれば違法となる（裁量権消極的濫用説）とする説がある。第2に、行政の裁量を重視すると、今日の社会における様々の危険から国民の法益を守る上での国のあり方としては不十分であり、そこで、裁量は認めるが、その幅は一義的に決まったものではなく、法規と事実関係の相関において決まってくるものであり、危険性が高まれば裁量の幅は収縮し、最終的にはゼロになる（行使義務が発生する）という考え方（裁量権収縮の理論）がある。この説によった場合、裁量権の幅がゼロになり行使義務が出てくるのは、以下のような要件を満たした場合だとされる。①生命・身体・財産等に差し迫った危険があり、②国がその危険について知っているか知りえた場合で、③規制権限を行使すれば容易に損害発生を防止でき、かつ、④その行使が危険を避けるために適切で不可欠の方法であるような場合である。さらに、国民の生命健康の権利を保障する見地から、公害や薬害、食品被害のように行政による規制の遅れが国民の生命や健康に重大な被害をもたらす恐れが強いケースについては裁量を認めずに、当該権限の目的に照らして、直截に、作為義務の有無を判断すべきとの立場もある。

　判例は（裁量という言葉は使わず）「その権限を定めた法令の趣旨、目的や、その権限の性質等に照らし、具体的事情の下において、その不行使が許容される限度を逸脱して著しく合理性を欠く」場合には違法だとする（最判平元・11・24民集43・10・1169、同平7・6・23民集49・6・1600）。筑豊じん肺最高裁判決（最判平16・4・27民集58・4・1032）と水俣国賠最高裁判決（前掲）も、同様に述べて国等の責任を認めた。これらの判例は、裁量権消極的濫用論をとったものとされるが、判例は具体的事実関係のもとで、権限を行使しないことが著しく合理性を欠くと認められる場合に、その不行使が違法としたものであり、裁量権消極的濫用論をとったものではないとの理解もある（大塚460頁）。

　これらのどの立場をとるかによって、具体的な判断においてどの程度の差が生ずるかには疑問もあるが、行政の裁量を肯定する立場の場合、裁量権の存在を出発点にすることが違法性の判断において微妙に作用し、違法認定の余地が狭くなるおそれがないとはいえないことから見て、少なくとも、健康被害の防止が問題となっている場合には、裁量の存在から議論を出発させる考え方には

疑問がある。また、かりに裁量を認めるとしても、当該権限を規定する法規の趣旨目的が何かによって裁量の範囲は異なってくる。行政に裁量があるというのは、権限を行使するかどうかは行政の自由という意味ではなく、権限を与えた法規の趣旨目的に拘束される。法治主義のもとでは、権限の的確な行使ないし不行使は、当該法規によって行政に義務付けられているのであり、権限は「適時・的確」行使されなければならない（以上、北村245頁）。

　この点に関し、筑豊じん肺訴訟と水俣国賠訴訟の両最高裁判決は、権限は、生命・健康の保護を目的とする場合、「適時かつ適切に」、「できるだけ速やかに」行使されるべきとする。これに対し、国の後見的役割を重視して被害者救済の視点に力点を置くと、事前規制型社会への回帰と大きな政府を求める方向につながりやすいとする批判（二子石亮・鈴木和孝「規制権限の不行使をめぐる国家賠償法上の諸問題について―その2」判タ1359・21（著者は訟務検事である））があり、国の責任を否定する判決（大阪高判平23・8・25判時2135・60）も登場したが、最高裁は、平26・10・9判決（民集68・8・799）で、アスベスト（かつては防火用などとして広く使われていたが、肺がんなどの重大な健康被害を引き起こすとして、現在では使用が禁止されている。詳しくは**第10講**参照）被害について、「規制権限は……適時にかつ適切に行使されるべきものである」として、筑豊じん肺訴訟と水俣国賠訴訟における最高裁判決を再確認して、国の責任を認めた。事業者等の危険な（生命・健康等に被害が生じうる）活動に対する国の規制権限を定めた法規の場合、それを「適時・適切」に行使しなかった場合に、国家賠償法1条の責任を負うとするのが、現在の判例の立場であるといってよかろう。

　(3)　**国の施設の設置・管理の瑕疵による国家賠償法2条責任**　　本条の責任が認められるためには、発生した被害が、公の営造物の設置・管理の瑕疵によるものでなければならない。前述したように、瑕疵とは（判例によれば）営造物が通常有すべき安全性を欠いていることであり、瑕疵の有無は、当該営造物の構造・用法・場所的環境および利用状況等諸般の事情を総合的に考慮して具体的個別的に判断されることになる。

　また、営造物の瑕疵は、その物理的、外形的な欠陥ないし不備（性状瑕疵）のみに限られず、「その営造物が供用目的に沿って利用されることとの関連において危害を生ぜしめる危険性がある場合」（機能的瑕疵ないし供用関連瑕疵）も

含まれ、また、「その阻害は、営造物の利用者に対してのみならず、利用者以外の第三者に対するそれをも含む」とされる（最判昭56・12・16民集35・10・1369百選 NO. 33,34）。したがって、空港の騒音、鉄道の騒音・振動、道路の騒音・振動・排ガスの発生も、一定限度を越えた場合には瑕疵となる。判例は、このような供用関連瑕疵により賠償責任を認めるためには、その供用行為が違法でなければならないとする。そして、違法かどうかは「受忍限度」を超えるかどうかで判断される。学説の中には、国家賠償法2条においては違法性（さらには受忍限度判断）は不要との見方もないではないが、大勢は（特に騒音・振動等の被害についてはその性質もあいまって）受忍限度判断を行っている。特に、供用関連瑕疵の場合、受忍限度を超えた場合に瑕疵ありとされる。

　では、その判断はどのように行うのか。国道43号線や阪神高速道路を走行する自動車の騒音につき沿道住民が国家賠償法2条の責任を追及した事件において、最高裁は、次のように述べている（最判平7・7・7民集49・7・1870百選 NO. 39判決）。

　　「営造物の供用が第三者に対する関係において違法な権利侵害ないし法益侵害となり、営造物の設置・管理者において賠償義務を負うかどうかを判断するに当たっては、①侵害行為の態様と侵害の程度、②被侵害利益の性質と内容、③侵害行為の持つ公共性ないし公益上の必要性の内容と程度等を比較検討するほか、④侵害行為の開始とその後の継続の経過及び状況、その間に採られた被害の防止に関する措置の有無及びその内容、効果等の事情をも考慮し、これらを総合的に考察してこれを決すべきものである」（○数字は吉村）。

　このうち、当該施設等の公共性を考慮すべきか、するとしてどの程度考慮するかが問題となる。裁判例の中には公共性を重視するものがある。例えば、基地の公共性を重視し基地を離発着する軍用機の騒音による被害は受忍限度内であり違法性を欠くとして損害賠償をも否定した厚木基地訴訟控訴審判決（東京高判昭61・4・9判時1192・1）がある。ただし、この判断は最高裁により、原審は各判断要素を十分に比較検討して総合的に判断することなく公共性を理由に被害は受忍限度内としたものであり誤っているとして破棄されており（最判平5・2・25民集47・2・643百選 NO. 37）、大勢は、たとえ公共性があってもそれを理由に損害賠償を否定することには慎重である（基地公害については、**第10**

講参照）。大阪空港訴訟控訴審判決（大阪高判昭50・11・27判時797・36）は、「公共性を考えるにあたっては、そのもたらす社会的・経済的利益のみでなく、その反面に生ずる損失面をも考慮することを要する……被害の発生を継続しつつ公共性を主張することには限界があ（り）……被害軽減のためには空港の利用制限によりある程度の不便が生ずることもやむをえない」とし、公共性の考慮に限定を加えており、同最高裁判決（前掲）も、空港による便益は国民の日常生活の維持存続に不可欠なサービスの提供のような絶対的な優先順位を主張しうるものではない。したがって、「侵害行為の態様と侵害の程度、被侵害利益の性質と内容、侵害行為のもつ公共性」のほか、侵害行為の経過、被害防止措置の効果などを総合的に考察すれば受忍限度を超えるとして損害賠償請求を認めている。さらに、国道43号線訴訟最高裁判決（前掲）は、本件道路（国道43号線・阪神高速）は産業政策等の要請に基づいて設置された幹線道路であり、周辺住民はこの道路の利用によってある程度の利益を受けているとしても、その利益と損害の間には相補いあう関係（彼此相補関係）がないとして、本件道路の公共性ゆえに被害が受忍限度内のものと言うことはできないとした原審の判断は正当とした。

　いずれも妥当な判断である。学説上は、損害賠償においては公共性を考慮すべきではないとの意見も有力である。むしろ、公共性がある事業であり（第6講で述べたように）差止めが限定されるからこそ、公共のために自己の利益を犠牲にされている周辺住民の被害に対する補償がなされるべきではないのか。公共性の高さが社会的効用の大きさを意味するならば、それにより利益を受ける者から被害を受ける者に対して負担の調整をするのが合理的で正義にかなう、公共性は損害賠償責任を積極的に認定する要素として位置づけられるべきであろうとする意見もある（北村247頁）。被害を放置することが許される公共性なるものが、果たして存在するのだろうか。

　本条や民法717条の責任が、設置・管理（保存）行為に基づく責任ではなく、事故時に瑕疵ある状態であったことによる責任であることから、事故時を基準として瑕疵の有無を判断すべきである。問題は、科学技術の発展や社会状況の変化により、当該営造物ないし工作物が持つべきと考えられる安全性に対する基準や社会的意識が変化した場合である。技術の進歩等により安全設備の水準

も高度になり、また、人々が当該設備に求める安全性も変わっていくが、このような変化をどう瑕疵判断に取り込んでいくかである。

　この点につき、最高裁は、駅のホームの点字ブロックの未設置が問題となった事案において、次のように述べた（最判昭61・3・25民集40・2・472。この判例について詳しくは、曽和俊文「行政救済法を学ぶ第6回　国家賠償法2条の基本構造」法学教室420・81以下参照）。

　　「国家賠償法2条1項にいう営造物の設置又は管理の瑕疵とは、営造物が通常有すべき安全性を欠く状態をいい、かかる瑕疵の存否については、当該営造物の構造、用法、場所的環境及び利用状況等諸般の事情を総合考慮して具体的個別的に判断すべきものである。そして、点字ブロック等のように、新たに開発された視力障害者用の安全設備を駅のホームに設置しなかったことをもつて当該駅のホームが通常有すべき安全性を欠くか否かを判断するに当たっては、その安全設備が、視力障害者の事故防止に有効なものとして、その素材、形状及び敷設方法等において相当程度標準化されて全国的ないし当該地域における道路及び駅のホーム等に普及しているかどうか、当該駅のホームにおける構造又は視力障害者の利用度との関係から予測される視力障害者の事故の発生の危険性の程度、右事故を未然に防止するため右安全設備を設置する必要性の程度及び右安全設備の設置の困難性の有無等の諸般の事情を総合考慮することを要するものと解するのが相当である。」

　また、最高裁は、（民法717条の事例であるが）建物内部の吹付けアスベスト作業によりアスベストに曝露されて重大な健康被害が生じた事案において、アスベスト「による健康被害の危険性に関する科学的な知見及び一般人の認識並びに様々な場面に応じた法令上の規制の在り方を含む行政的な対応等は時と共に変化して」おり、これらの変化にともなって瑕疵判断が異なってくるとした（最判平25・7・12判時2200・63）。最高裁は、ここで、瑕疵の判断において、アスベストの危険性に関する科学的知見や一般人の認識を問題にしている。しかし、そこでの認識や知見は（過失の場合とは異なり）工作物の所有者等のそれではないことには留意する必要がある。本条や民法717条の責任要件である瑕疵が、前述のように、「通常有すべき安全性」という規範的判断をともなうとすれば、アスベストの危険性についての知見や認識が考慮されるということは考えられる。しかし、土地工作物責任や営造物責任が過失ではなく瑕疵を要件に置き換えたことから見て、危険性についての知見や認識が考慮されるにして

も、それは、（過失の場合とは異なり）工作物の所有者や営造物を管理する国等が、具体的な危険についての認識や知見を有する段階にならないと瑕疵とは言えないと考えるべきではない（この点につき、詳しくは拙著『市民法と不法行為法の理論』381頁以下参照）。

1 はじめに

現代社会においては、行政活動の領域拡大の結果、そのあり方が環境に与える影響が増大している（公共事業による環境汚染が行われるという面と、環境に影響する事業を行政が有効にコントロールして環境を保全することが重要だという両面で）。さらに、自然環境のように、必ずしも私人の権利ないし利益に属するとは言えないような環境利益については、行政がその保全に果たすべき役割は大きい。

行政の活動が国民の利益や権利に影響を与える場合、国民は、（行政訴訟という特別の訴訟形態ではなく）民事訴訟によって自己の権利や利益を擁護するという仕組みも考えられるが、わが国では、行政活動は公益を追求するものであることや、私人間には見られない権力的な活動（市民に対しその意思に関係なく一方的に義務を課すこともできる）であることが多いことから、（行政事件訴訟法（以下、行訴法）に基づく）行政訴訟という特別の訴訟の仕組みが作られた。

環境問題に関して行政訴訟が争われる場合には様々なものがある。まず、規制対象者である事業者が行政に対して訴訟を起こす場合（例えば、環境を汚染する行為の規制が厳しすぎるとして不服を申し立てるもの）がある。これと反対に、住民等が行政に対してその措置（積極的な作為と不作為を含む）が環境保全にとって不十分であるとして提起するものがある。この場合、行政が行った何らかの行為（例えば、環境に悪影響を与えるおそれがある施設の許認可）を行った場合に、その行為の取消を求める訴訟（行訴法３条２項）や、その行為の無効の確認を求める訴訟（同４項）があり、環境に悪影響を行う事業者の活動を規制しない場合に住民が規制を求める訴訟（義務づけ訴訟）と、不作為の違法を確認する訴訟（同５項）がある。義務づけ訴訟が認められるかどうかについては、従来、議論があったが、2005年４月施行の改正行訴法では義務づけ訴訟が法定された（同６項）。さらに、行政の（環境に悪影響を与える）行為を差し止める訴訟も、改正行訴法において法定された（同法３条７項）。

　以上の各訴訟は、行政の活動によって自己の権利・法益が侵害された（される恐れがある）者が原告となるので、「主観訴訟」と呼ばれるが、これとは別に、法秩序との適合性を確保するための訴訟（「客観訴訟」）もある。そのうち、「住民訴訟」（地方自治法242条の２）は、後述する取消訴訟等の訴訟要件である「原告適格」の制限がないことから、環境訴訟として利用されることがある。

2　取消訴訟

　(1)　はじめに　　取消訴訟とは、行政が行った処分（行政処分）の取消を求める訴訟である。例えば、原子力発電所の設置が許可された場合や空港建設のような大規模な公共事業が計画され実施される場合、それらが環境に悪影響を与えるとして、住民等からその許可や計画あるいはその計画に基づく土地収用のような具体的な行政の行為の取消を求める訴訟が提起されることがある。これを取消訴訟という。この訴訟は、本来は、処分を行った行政庁と処分の相手方との間の争いを中心に作られたものである。例えば、土地収用の処分によって土地所有権を奪われた者がその処分の取消を求めるといった訴訟である。この場合、行政処分は原則として取り消されるまでは有効として通用するので（公定力という）、所有権を奪われた者はこの取消訴訟でその行政行為を取り消さない限り、例えば、土地所有権の確認を民事訴訟で行うことはできないとされる。

　しかし、環境問題においては、例えば、原子力発電所の周辺の住民等のように、当該処分の直接の相手方ではないが、当該処分によって影響を受ける（ないし受けるおそれのある）第三者が原告となるため、それらの者が当該処分の取消訴訟を求めて訴訟を提起できるかどうかが問題となる。開発に関する計画の決定が取消訴訟の対象となる処分に当たるかといった問題もある。このように、行政訴訟としての取消訴訟においては、当該処分が違法なものかどうかを判断する（本案審理）前に、そもそも、「どのような行為について・誰が・どのような場合に」適法に訴訟を提起することができるかという問題が存在するのである。これらを訴訟要件と呼び、これを欠く場合、訴えは却下されることになる。訴訟要件が比較的緩やかな民事訴訟と異なり、行政訴訟では、この訴訟要件が限定的に解釈されることから、本案審理に入る前に、訴えが却下される（いわゆる「門前払い」）ことが少なくない。そこで、以下では、この訴訟要件に

絞って、環境訴訟における運用の実態と問題点を見てみよう。

　(2)　取消訴訟の「訴訟要件」

　(i)　処分性　　まず最初に問題となるのは、どのような行政の行為が取消の対象となるかである。行訴法3条2項は、取消訴訟を「行政庁の処分その他公権力の行使に当たる行為の取消しを求める訴訟」と定義している。したがって、取消訴訟を提起するための要件として、「行政庁の処分その他公権力の行使に当たる行為」(処分性)がなければならないことになる。

　最高裁は、ごみ焼却場設置行為の取り消しが求められた事件において、「行政庁の処分」とは、「公権力の主体である国又は公共団体が行う行為のうち、その行為によって、直接に国民の権利義務を形成しまたはその範囲を確定することが法律上認められているもの」を言い、当該ごみ焼却場設置行為は、「公権力の行使により直接上告人らの権利義務を形成し、またはその範囲を確定することを法律上認められている場合に該当」しないとして、処分性を否定した(最判昭39・10・29民集18・8・1809)。

　このような処分性の限定の結果、原子力発電所の設置認可、公有水面の埋立免許などのように、行政庁が民間事業者に行う施設の設置などの許認可は典型的な行政処分とされるが、同じ許認可であっても、公共団体や公社公団等の行政機関たる性質を持つ団体に対してなされる措置については、行政組織内部の行為であるとして処分性が否定される。例えば、日本鉄道建設公団への成田新幹線の工事実施計画に対する運輸大臣の認可の取消しを求めた訴訟において最高裁は、運輸大臣の認可は、いわば上級行政機関としての運輸大臣が下級機関としての鉄道建設公団への「内部的行為」であり、「行政行為として外部に対する効力を有するものではなく、また、これによって直接国民の権利義務を形成し、又はその範囲を決定する効果を伴うものではないから……行政処分にはあたらない」(最判昭53・12・8民集32・9・1617)と判示して付近住民の訴えを却下した。また、行政指導や通達、告示などは、直接国民の権利義務を形成するものではないので、処分性に欠けるとされる。例えば、東京高判昭62・12・24(判タ668・140百選 NO. 10)は、二酸化窒素の環境基準を緩和する告示の取消を求めた訴訟において、環境基準の告示は「直接に、国民の権利義務、法的地位、法的利益につき創設、変更、消滅等の法的効果」を及ぼすものではないと

して、請求を却下した。

　また、開発に関係する行政計画の決定や変更を求める取消訴訟において、最高裁は、「事業計画自体では、その遂行によって利害関係者の権利にどのような変化を及ぼすかが確定されるわけではなく、いわば事業の青写真にすぎない」（最判昭41・2・23民集20・2・271）と述べ（いわゆる「青写真論」）、区画整理事業決定に「処分性」を認めなかった。これは、区画整理事業の決定に関する取消訴訟だが、環境訴訟においてこの考え方は次のような意味を持つ。例えば、国際空港の建設のような大規模な公共事業の場合、通常、「マスタープランの策定→個別の実施計画の作成→それにしたがって実際の建設工事が実施（その過程で土地収用等の狭義の行政処分が行われる）」といったプロセスで実施されるが、判例の立場では、直接に国民の権利義務に影響を及ぼしてはじめて取消訴訟が起こしうるということになるので、その時期はかなり遅い。環境問題はできるだけ計画段階で事前予防という見地から争うことが有効であり、最終段階での司法審査では、既成事実の積み重ねにより環境保全がないがしろにされかねないし、また、もしかりにその段階で事業全体に影響を与える取消がなされると、経済的効率性が著しくそこなわれることにもなるので、計画段階において訴訟でその環境適合性を争うようにすべきだが、それは不可能ということとになる。

　しかし、この点につき最高裁は、浜松市の土地区画整理事業にかかわって、以下のように判断して、計画について司法審査の及ぶ可能性を認めた（最大判平20・9・10民集62・8・2029百選 NO. 96）。

①　「事業計画が決定されると、当該土地区画整理事業の施行によって施行地区内の宅地所有者等の権利にいかなる影響が及ぶかについて、一定の限度で具体的に予測することが可能になるのである。そして、土地区画整理事業の事業計画については、いったんその決定がされると、特段の事情のない限り、その事業計画に定められたところに従って具体的な事業がそのまま進められ、その後の手続として、施行地区内の宅地について換地処分が当然に行われることになる。前記の建築行為等の制限は、このような事業計画の決定に基づく具体的な事業の施行の障害となるおそれのある事態が生ずることを防ぐために法的強制力を伴って設けられているのであり、しかも、施行地区内の宅地所有者等は、換地処分の公告がある日まで、その制限を継続的に課され続けるのである。」

② 「そうすると、施行地区内の宅地所有者等は、事業計画の決定がされることによって、前記のような規制を伴う土地区画整理事業の手続に従って換地処分を受けるべき地位に立たされるものということができ、その意味で、その法的地位に直接的な影響が生ずるものというべきであり、事業計画の決定に伴う法的効果が一般的、抽象的なものにすぎないということはできない。」

③ 「もとより、換地処分を受けた宅地所有者等やその前に仮換地の指定を受けた宅地所有者等は、当該換地処分等を対象として取消訴訟を提起することができるが、換地処分等がされた段階では、実際上、既に工事等も進ちょくし、換地計画も具体的に定められるなどしており、その時点で事業計画の違法を理由として当該換地処分等を取り消した場合には、事業全体に著しい混乱をもたらすことになりかねない。それゆえ、換地処分等の取消訴訟において、宅地所有者等が事業計画の違法を主張し、その主張が認められたとしても、当該換地処分等を取り消すことは公共の福祉に適合しないとして事情判決（行政事件訴訟法31条１項）がされる可能性が相当程度あるのであり、換地処分等がされた段階でこれを対象として取消訴訟を提起することができるとしても、宅地所有者等の被る権利侵害に対する救済が十分に果たされるとはいい難い。そうすると、事業計画の適否が争われる場合、実効的な権利救済を図るためには、事業計画の決定がされた段階で、これを対象とした取消訴訟の提起を認めることに合理性があるというべきである。」

この判決によって計画段階での取消訴訟の可能性が開かれたが、ここでの計画が、最終的には住民の権利変換が予定されている区画整理事業計画（計画だけでは完結しない「非完結型」）であったことから、用途地域を定める都市計画のような、単に計画による権利制限がみられるだけのもの（「完結型」）については、射程は及ばないとされている（百選217頁（橋本博之））。

＊**確認訴訟** 改正行訴法は、処分性について、要件を緩和するような立法措置を講じなかったが、当事者訴訟を定めた改正法４条が「公法上の法律関係に関する確認の訴え」を明記した。これは、公法上の法律関係に関する確認訴訟は「確認の利益」があれば認められるということを強調するために改正されたものであり、これによって、たとえ処分性がないと判断されても、個別的・具体的事案の下で「確認の利益」が認められれば、「公法上の法律関係に関する確認の訴え」を提起することができるので、これを環境行政訴訟において活用することが考えられる。

「公法上の法律関係に関する確認の訴え」の適法性は、「確認の利益」があることであり、具体的には、①即時確定の現実的利益（紛争の成熟性）、②訴訟類型選択の補充性（他の訴訟によることができないか）、③確認対象選択の適切性を基準として判

断される（大塚455頁）。環境訴訟の例としては、一般廃棄物処理計画に定める（ダストボックス）以外の場所（マンション内のごみ置き場）から市がゴミを収集する義務の確認を求めた事件で訴えの適法性を認めた判決（東京地判平6・9・9行集45・8=9・1760。ただし請求は棄却）や、諫早湾干拓事件において、漁民らが、国を被告として、被告が本件干拓事業における潮受堤防の本件各排水門を開門して本件開門調査をする義務が存在することの確認を求めた訴訟において、公法上の権利義務の存否に関する紛争であり、法令の適用により終局的に解決できる性質のものであるとして、訴えの適法性を認めた判決（福岡地判平18・12・19判タ1241・66）がある（ただし、「有明海等再生特措法及び自然再生推進法が、直接、原告らに原因調査を求める公法上の権利を発生させ、被告に同調査義務を発生させたということはできない」（公法上の権利義務が発生していない）として、請求は棄却）。

＊＊行政指導の「処分性」　　行政指導は、相手方の協力を得て行政目的を達成しようとする事実行為であるから、処分性はないと解されてきた。しかし、最判平17・7・15民集59・6・1661は、病院開設の中止勧告について、「医療法及び健康保険法の規定の内容やその運用の実情に照らすと……病院開設中止の勧告は……当該勧告を受けた者に対し、これに従わない場合には、相当程度の確実さをもって、病院を開設しても保険医療機関の指定を受けることができなくなるという結果をもたらすものということができる。そして、いわゆる国民皆保険制度が採用されている我が国においては、健康保険、国民健康保険等を利用しないで病院で受診する者はほとんどなく、保険医療機関の指定を受けずに診療行為を行う病院がほとんど存在しないことは公知の事実であるから、保険医療機関の指定を受けることができない場合には、実際上病院の開設自体を断念せざるを得ないことになる。このような……病院開設中止の勧告の保険医療機関の指定に及ぼす効果及び病院経営における保険医療機関の指定の持つ意義を併せ考えると、この勧告は、行政事件訴訟法3条2項にいう『行政庁の処分その他公権力の行使に当たる行為』に当たると解するのが相当である」として、中止勧告の処分性を肯定している（この判決については、『行政法判例百選Ⅱ（第7版）』332頁以下参照）。

(ⅱ)　原告適格　　行政処分は、その相手方だけではなく、それ以外の者にも影響が及ぶ場合も少なくない。例えば、原子力発電所の設置認可は、直接的には事業者に対して利益を与える行為であるが、周辺住民にとって、危険な施設の設置が許可されるわけだから、住民にとって、その取消を求める訴訟を起こしたいと考えるのは、ある意味で自然なことでる。

取消訴訟では、訴え提起の資格（原告適格）が認められるためには、「法律上

の利益」（行訴法 9 条）を有する者でなければならないとされる。この要件は、民事訴訟のように請求権の有無を争うのではなく、行政処分の適法・違法を争う取消訴訟において、原告適格を無制限に認めると、行政処分は多かれ少なかれ対社会的に影響力を持ち、極端に言えば、国民全体が何らかの影響を受けるので提訴できるということになりかねないため、一定の制限が必要だと考えられたことによる。しかし、これをあまりに狭く解すると、行政処分によって影響を受ける国民の利益保護に欠け、さらに、その行政処分が環境に何らかの影響を与えるような場合には、環境保護の点で問題も出てくる。

　それでは、「法律上の利益を有する者」として原告適格を有するのは誰か。この点につき判例は、原告適格を有するのは、「法律上保護されている利益」を有する者としている（最判昭53・3・14民集32・2・211他。左の判決は、公正取引委員会の果汁類飲料等の表示に関するものだが、最高裁は、法律上の利益を有する者とは「当該処分により自己の権利若しくは法律上保護された利益を侵害され又は必然的に侵害されるおそれのある者をいう」、「法律上保護された利益とは、行政法規が私人等権利主体の個人的利益を保護することを目的として行政権の行使に制約を課していることにより保障されている利益であって、それは、行政法規が他の目的、特に公益の実現を目的として行政権の行使に制約を課している結果たまたま一定の者が受けることとなる反射的利益とは区別されるべきものである」としている）。この説では、環境に影響を与える施設の設置認可について、周辺住民の利益保護が法に規定されていない限り、周辺住民には原告適格がないことになってしまう。例えば、原発の設置が原子炉等規制法に基づいて認可されても、当該法規は、もっぱら公衆の安全を保護するものであると解すれば、周辺住民の利益は法律上保護された利益ではない（いわゆる「反射的利益」）ことになる。

　しかし、このような解釈では、取消訴訟の原告適格は極めて狭いものとなる。学説においては、実定法の趣旨・目的の解釈に拘泥するのをやめ、当該行政処分によって受ける不利益が裁判上保護を受けるに値する実質を備えておればよいとして、「法律上保護に値する利益」があれば良いとする説も有力に主張されている（学説については、大塚436頁以下参照）。最高裁は、基本的な考え方については「法律上保護された利益」説を維持しつつも、その運用において、若干の修正（原告適格の拡大）を行ってきた。

　まず注目すべきは、空港周辺住民が、航空機騒音を理由として、運輸大臣の事業免許の取消を求めた新潟空港免許取消訴訟最高裁判決（最判平元・2・17民集43・2・56百選 NO.36）である。本件で最高裁は、「法律上の利益」を有するか否かの判断にあたっては「当該行政法規及びそれと目的を共通する関連法規の関係規定によって形成される法体系の中において、当該処分の根拠規定が当該処分を通して右のような個々人の個別的利益をも保護すべきものとして位置づけられているとみることができるかどうかによって決すべきである」とし、（関連法規である）飛行場周辺航空機騒音防止法等をも総合的に判断して、事業免許付与処分の根拠法規（航空法101条）は「一般的公益」だけでなく「個々人の個別的利益」も保護する趣旨だから、原告適格が認められると判示した（もっとも本案の請求は棄却された）。

　さらに、原子炉等規制法に係る原子炉の設置許可に関する高速増殖炉（ウランとプルトニウムの混合物を燃料とする新型の原子炉）「もんじゅ」原発訴訟において、最高裁は、事故が起こった場合に付近住民が被る被害の性質をも考慮して、「核原料物質、核燃料物質及び原子炉の規制に関する法律」第24条1項の趣旨を、付近住民の健康を保護することをも目的としていると解し、周辺住民の原告適格を認めている（最判平4・9・22民集46・6・571百選 NO.92）。

　これらの判例をみると、最高裁の姿勢が従来の法律上保護された利益説を緩やかに運用してきているようにも思われる。しかし、同時期の判決である伊場遺跡訴訟最高裁判決（最判平元・6・20判時1334・201百選 NO.88）は、県の文化財保護条例に基づく遺跡指定解除の取消を考古学者らが求めた事件において、「本件条例及び法は、文化財の保存・活用から個々の県民あるいは国民が受ける利益については、本来本件条例及び法がその目的としている公益の中に吸収解消させ、その保護は、もっぱら右公益の実現を通じて図ることとしているものと解される」として、「文化財の学術研究者が……『法律上の利益を有する者』に当たるとは解し難い」とした。さらに、都市計画法に基づく道路拡幅事業の認可及び地下道路事業の承認に対する取消訴訟において最判平11・11・25（判時1698・66）は、事業地内の地権者の原告適格は認めたが、（騒音等の道路公害による被害を受ける可能性のある）周辺住民の原告適格を否定している。

　このように、取消訴訟における原告適格は、環境保護を求める住民らにとっ

て、狭き門であった。2005年に（司法制度改革の一環として）行政事件訴訟法が
改正されたが、改正議論の柱の１つが原告適格に関するものであった。それで
は、どのように改正されたか。改正法は、有力な学説であった「法律上保護に
値する利益」のような考え方を採用せず、「法律上の利益」という要件は維持し
た。しかし、その解釈に当たって考慮すべき事項が明記された。つまり、法律
上の利益の有無を判断するに当たっては、当該法規の文言のみによることでは
なく、当該法令の趣旨、目的（①）、当該処分において考慮されるべき利益の内
容、性質（②）を考慮するとされ、当該法令の趣旨、目的を考慮するに当たっ
ては、当該法令と目的、趣旨を共通する関係法令の趣旨、目的（③）をも参酌
することとされ、当該利益の内容、性質を考慮するに当たっては、当該処分又
は裁決が根拠法令に違反してなされた場合に害される利益の内容、性質、害さ
れる態様、程度（④）をも勘案すべきと規定されたのである（○数字は吉村）。

　これにより、当該法規に限定した狭い「法律上の利益」解釈ではなく、関連
法規や害される利益の性質や害される態様等を幅広く考慮することが可能と
なったとされる。それでは、改正後の判例はどうか。改正後の注目すべき判決
として、鉄道（小田急小田原線）の高架事業の認可に対し、騒音被害に悩む沿線
住民らが、地下式ではなく高架式を採用したことには重大な瑕疵があるとし
て、認可の取消を求めた訴訟において、最大判平17・12・7（民集59・10・2645
百選 NO. 42）は、以下のように述べて、環境影響評価の対象となった沿線住民
らに原告適格を認めた。

　　「都市計画事業の認可に関する都市計画法の規定の趣旨及び目的、これらの規定が
　都市計画事業の認可の制度を通して保護しようとしている利益の内容及び性質等を考
　慮すれば（改正法の前記①と②）、同法は、これらの規定を通じて、都市の健全な発
　展と秩序ある整備を図るなどの公益的見地から都市計画施設の整備に関する事業を規
　制するとともに、騒音、振動等によって健康又は生活環境に係る著しい被害（改正法
　の前記②と④）を直接的に受けるおそれのある個々の住民に対して、そのような被害
　を受けないという利益を個々人の個別的利益としても保護すべきものとする趣旨を含
　むと解するのが相当である。したがって、都市計画事業の事業地の周辺に居住する住
　民のうち当該事業が実施されることにより騒音、振動等による健康又は生活環境に係
　る著しい被害を直接的に受けるおそれのある者は、当該事業の認可の取消しを求める
　につき法律上の利益を有する者として、その取消訴訟における原告適格を有するもの

といわなければならない」（カッコ書きは吉村）。

　この判決には、行訴法9条にいう法律上の利益にあたるかどうかについては、処分の「根拠規定によって保護された利益であるとの出発点に固執することが、果たして適切あるいは必要であるかについては、なお疑問があ」る、「本件の場合にはまず、本件各事業認可処分そしてその基礎となる都市計画の策定につき、都市計画法上の根拠規定を始めとする諸規定が、果たして、行政庁に対し、このような『リスクからの保護義務』を課すものと認められるか否かが、問題となる」とする藤田宙靖裁判官の補足意見が付されている。

　最近のものとして、産業廃棄物処分業の許可の取消訴訟を周辺住民らが提起した事件において、次のように述べて、原告適格を認めた最高裁判決がある（最判平26・7・29民集68・6・620）。

　　「産業廃棄物の最終処分場からの有害な物質の排出に起因する大気や土壌の汚染、水質の汚濁、悪臭等によって当該最終処分場の周辺地域に居住する住民が直接的に受ける被害の程度は、その居住地と当該最終処分場との近接の度合いによっては、その健康又は生活環境に係る著しい被害を受ける事態にも至りかねないものである。しかるところ、<u>産業廃棄物等処分業の許可及びその更新に関する廃棄物処理法の規定は、上記の趣旨及び目的に鑑みれば、産業廃棄物の最終処分場の周辺地域に居住する住民に対し、そのような最終処分場からの有害な物質の排出に起因する大気や土壌の汚染、水質の汚濁、悪臭等によって健康又は生活環境に係る著しい被害を受けないという具体的利益を保護しようとするものと解される</u>のであり、上記のような被害の内容、性質、程度等に照らせば、この具体的利益は、一般的公益の中に吸収解消させることが困難なものといわなければならない」（この判決については、**第12講**も参照）。

　また、後述する差止訴訟に関するものではあるが、当該地域の景観を害するとして公有水面埋立免許の差止めを求めた訴訟で広島地判平21・10・1（判時2060・3百選 NO. 78）は、「良好な景観に近接する地域内に居住し、その恵沢を日常的に享受している者は、良好な景観が有する客観的な価値の侵害に対して密接な利害関係を有するものというべきであり、これらの者が有する良好な景観の恵沢を享受する利益（景観利益）は、私法上の法律関係において、法律上保護に値するものと解せられる」として、景観利益を民法709条の保護法益と認めた最高裁判決を引用し、「公水法及びその関連法規の諸規定及び解釈のほ

か、前示の本件埋立及びこれに伴う架橋によって侵害される鞆の景観の価値及び回復困難性といった被侵害利益の性質並びにその侵害の程度（ここでも、改正法の前記②と④が考慮されている）をも総合勘案すると、公水法及びその関連法規は、法的保護に値する、鞆の景観を享受する利益をも個別的利益として保護する趣旨を含むものと解するのが相当である。したがって、原告らのうち上記景観利益を有すると認められる者は、本件埋立免許の差止めを求めるについて、行訴法所定の法律上の利益を有する者であるといえる」（カッコ書きは吉村）として、住民らの原告適格を認めた（景観訴訟について詳しくは**第13講**参照）。

　しかし、他方で、最判平21・10・15（民集63・8・1711百選 NO. 98）は、競輪の場外車券発売施設の設置によって周辺の環境が害されるとして設置許可の取消を求めた事件で「場外施設が設置、運営された場合に周辺住民等が被る可能性のある被害は、交通、風紀、教育など広い意味での生活環境の悪化であって、その設置、運営により、直ちに周辺住民等の生命、身体の安全や健康が脅かされたり、その財産に著しい被害が生じたりすることまでは想定し難いところである。そして、このような生活環境に関する利益は、基本的には公益に属する利益というべきであって、法令に手掛りとなることが明らかな規定がないにもかかわらず、当然に、法が周辺住民等において上記のような被害を受けないという利益を個々人の個別的利益としても保護する趣旨を含むと解するのは困難といわざるを得ない」として原告適格を否定しており、この問題に関する判例の動きは、なお流動的である。小田急事件が騒音振動という健康にも影響を与えるものであったのに対し、サテライト事件判決が周辺の住民が被る可能性のある被害が生活環境の悪化にすぎないために原告適格を認めなかったのだとすれば、自然や文化財といった利益の保護に関して住民らに原告適格が認められることは非常に厳しいことになる。しかし、自然や文化財もそれが侵害された場合、元に戻すのは難しいこと、生活環境の悪化は健康にも悪影響を及ぼしうる（この点は、**第3講**の環境利益の構造の項参照）ことから、このような原告適格の限定は問題である。

　(iii)　**訴えの利益**　　訴訟を維持して紛争を裁判所によって解決するためには、「訴えの利益」＝裁判により紛争を解決する必要性ないし訴えが認められることにより原告が利益を受けうることが必要である。したがって、取消訴訟

判決で行政庁の処分が取り消されたとしても原告の現実的救済がはかれない場合、原告の「訴えの利益」は認められないとして訴えが却下されてしまうことになる。例えば、建築基準法による建築確認の取消を求める請求は、建築工事が完成してしまえば訴えの利益は消滅する（最判昭59・10・26民集38・10・1169）。なぜなら、建築確認は私人の建築行為を適法に行わしめるものであり、建築されてしまった建物の適法・違法にかかわるものではないからである。

　しかし、このように考えると、環境訴訟においては、訴訟続行中にも開発行為が進行し、当該地域の環境が破壊され、既成事実が形成されていくと（行訴法25条１項は、行政処分の取消の訴えの提起は、処分の執行を妨げないとしている（「執行不停止原則」）。行政の円滑な運営や濫訴の防止がその根拠とされる）、もはや「訴えの利益」が消滅してしまうことになる。例えば、空港を作るためになされた公有水面埋立免許を海浜の自然環境を保全するという目的で取り消すというケースを考えた場合、かりにその免許が取り消されたとしても、埋立が完了してしまった場合（物理的には原状回復は不可能でないかもしれないが、社会通念上は不可能）、海浜の保護に関しては回復すべき利益はすでに存在しないことになる。この場合、訴えの利益なしとし訴えが却下されるのか、それとも訴えの利益は（物理的になお原状回復は可能なので）あるとして訴えの利益を認めた上で、社会通念上原状回復は不可能なので、免許の違法性を認めた上で請求を棄却するという判決（事情判決という）をするかについては議論があるが（最判平４・１・24民集46・１・54は、土地改良事業で工事および換地処分が終了した事例で、「本件認可処分が取り消された場合に、本件事業施行地域を本件事業施行以前の原状に回復することが、本件訴訟係属中に本件事業計画に係る工事及び換地処分がすべて完了したため、社会的、経済的損失の観点からみて、社会通念上、不可能であるとしても、右のような事情は、行政事件訴訟法31条の適用に関して考慮されるべき事柄であって、本件認可処分の取消しを求める上告人の法律上の利益を消滅させるものではない」とした）、いずれにしても環境破壊を防止できない点で問題がある。

　これを防ぐための抜本的な対応は、行訴法の執行不停止原則を立法的に修正することであろう（立法論としては、この原則は国民の権利や利益を保護するという点から見て合理性に問題があり、取消訴訟の提起により執行が停止することを原則とした上で、早期の執行に特別の必要性があるケースについてだけ、個別法規で不停止を定

めることにすべきではないか）が、現行法の枠内では、同法25条2項の執行停止
制度を用いた仮の権利救済が考えられる。改正前の同項は、行政庁の「処分、
処分の執行又は手続の続行により生ずる回復困難な損害を避けるために緊急の
必要があるときは」、裁判所はその執行を停止することができると定めていた。
しかし、その制度の運用の実際では、環境保全をめぐって執行停止の認容率は
極めて低く、環境訴訟では機能して来なかったと言われている（例えば、ダム
建設工事にともなう収用裁決の取消しが求められた二風谷ダム事件で、札幌地判平9・
3・27判時1598・33百選 NO. 89は、アイヌ民族及びアイヌ文化に対する影響が考慮され
ていなかった点で違法があるとしながら、「既に本件ダム本体が完成し湛水している現
状においては、本件収用裁決を取り消すことにより公の利益に著しい障害を生じるとい
わざるを得ない」とした）。その一因は、「回復困難な損害を避けるために緊急の
必要があるとき」とする要件が厳格すぎることにある。「回復困難な損害」と
は、金銭賠償等によっては回復困難な損害、あるいは、原状回復が困難な損害
と解されており、執行停止はなかなか認められなかった。これに対し、行訴法
改正では、「回復困難な損害」が「重大な損害」に修正され、若干、ハードル
が下げられ、また、3項に、「損害の回復の困難の程度を考慮するものとし、
損害の性質並びに処分の内容及び性質をも勘案するものとする」という指針が
置かれた。

　改正後の運用としては、通称「たぬきの森」と呼ばれていた土地に計画され
た建物の建築確認に対して近隣住民らが申し立てた建築確認取消訴訟で、1審
と控訴審で取消判決をえた後に執行停止の申立をしたことに対し、東京高決平
21・2・6（判自327・81百選 NO. 104）は、次のように述べて、建設完了間近の段
階で、執行停止を認めた。

　　「このまま建築工事が続行され、本件建築物が完成すると、本件建築物の倒壊、炎
　上等により、申立人らはその生命又は財産等に重大な損害を被るおそれがあるという
　ことができる。」しかも、「本件建築物の建築等の工事は完了間近であるところ、本件
　建築物の建築等の工事が完了すると、本件処分の取消しを求める訴えの利益は失われ
　るのである……。そうすると、上告審において本件処分の取消しを求める訴えは不適
　法なものとして却下されることになって、申立人らにおいて建築確認に係る本件建築
　物の倒壊、炎上等により損害を被ることを防止することができなくなる。」「このよう

な事態は、法が、申立人らに対し、建築確認取消訴訟の原告適格を認め、同人らが当該建築確認に係る建築物により損害を被ることを防止する手段を与えていることと実質的に適合しない結果をもたらすものである。」「このような点を斟酌すると、申立人らは、本件処分により生ずる重大な損害（本件処分に係る本件建築物の倒壊、炎上等による自己の生命、財産等の侵害）を避けるため、本件処分の効力を停止する緊急の必要があると解するのが相当である」。

3　無効確認訴訟

　無効確認訴訟とは、行政処分等の存否や効力の有無の確認を求める訴訟であり（行訴法3条4項）、取消訴訟が出訴期間（行訴法14条1項本文によれば、取消訴訟は原則として処分があったことを知ったときから6カ月以内に提起しなければならない）を過ぎてしまったような場合に利用される（「時機に後れた取消訴訟」と言われる）。しかし、取消訴訟の出訴期間の制限は、行政処分の内容を早期に実現させ法的安定を確保するために設けられたので、この無効確認訴訟を提起できるのは、当該行政処分に「重大かつ明白な瑕疵」がある場合だとされる（最判昭36・3・7民集15・3・381）。また、「当該処分もしくは裁決の存否又はその効力の有無を前提とする現在の法律関係に関する訴えによって目的を達することができないものに限り」提起することができるとされる（行訴法36条）。

　この訴訟形態を活用した事例として、高速増殖炉「もんじゅ」の設置許可処分の無効確認訴訟がある（取消訴訟の出訴期間を徒過していたために、この訴訟形態がとられた）。1審である福井地判昭62・12・25（行集38・12・1829）は、「他に民事上の有効かつ適切な保護手段があ」るとして、原告の訴えを却下したが、最高裁は、以下のように述べて違法確認の訴えを適法だとした（最判平4・9・22民集46・6・571百選 NO. 92。ただし、最高裁は、本件許可処分に重大な瑕疵があり無効だとした原審を破棄している）。

　　行訴法36条は「処分の無効確認の訴えは、当該処分の効力の有無を前提とする現在の法律関係に関する訴えによって目的を達することができないものに限り、提起することができるとの要件を定めているが、本件原子炉施設の設置者である動力炉・核燃料開発事業団に対する前記の民事訴訟は、右にいう当該処分の効力の有無を前提とする現在の法律関係に関する訴えに該当するものとみることはできず、また、本件無効確認訴訟と比較して、本件設置許可処分に起因する本件紛争を解決するための争訟形

態としてより直截的かつ適切なものであるともいえないから、上告人らにおいて右民事訴訟の提起が可能であって現にこれを提起していることは、本件無効確認訴訟が同条所定の右要件を欠くことの根拠とはなり得ない。また、他に本件無効確認訴訟が右要件を欠くものと解すべき事情もうかがわれない。」

4　義務づけ訴訟

　義務づけ訴訟とは、行政に一定の処分をすることを命ずる訴訟であり、申請権限がある者が行政庁に申請したのに処分がなされない場合に、処分の義務づけを求めるタイプ（例えば、廃掃法に基づいて廃棄物処理施設の設置許可を申請したのに、申請を拒否したり、応答しないような場合（申請型））と、法令に基づく申請権限がない者が、一定の処分を行政庁に求めるタイプ（例えば、環境破壊をもたらす事業者の行為について措置命令をするように求めるような場合（非申請型））がある。

　行訴法改正前においては、裁判所が行政機関に対し処分の発動を命ずることは三権分立原則に触れるとの意見もあったが、一定の場合には認められてきた。例えば、国立の景観紛争（これについて詳しくは**第13講参照**）において、条例が規制する高さを超えるマンションに対し是正措置命令の発給等を求めた訴訟において、東京地判平13・12・4（判時1791・3）は、①「行政庁が当該行政権を行使すべきこと又はすべきでないことが一義的に明白であって、行政庁の第一次的判断権を尊重することが重要でない場合（一義的明白性の要件）」、②「事前審査を認めないと、行政庁の作為又は不作為によって受ける損害が大きく、事前救済の必要性があること（緊急性の要件）」③「他に適切な救済方法がないこと（補充性の要件）」をいずれも満たしている場合には、義務づけ訴訟が認められるとした。

　このような議論を経て、行訴法改正において、義務づけ訴訟が法定された（3条3項）。このうち、環境訴訟として使われることの多い非申請型について略説すれば、訴訟要件としては、原告適格等のほか、①一定の処分がされないことにより重大な損害が生ずるおそれがあることと、②損害を避けるために他に適当な方法がないことである（同法37条の2第1項）。重大な損害が生ずるか否かの判断に当たっては、「損害の回復の困難の程度を考慮するものとし、損害の性質及び程度並びに処分又は裁決の内容及び性質をも勘案する」とされる

（同法37条の2第2項）。なお、②の補充性要件は、ただし書に記載されている後述する差止訴訟（37条の4第1項）と異なり、本文に、「かつ」とされている義務づけ訴訟の場合、積極的要件である。

　＊仮の義務づけ　義務づけ訴訟を提起しても、それだけでは何の法的効果もないために、行政による是正命令等が出されず、環境悪化が進行するといったことが起こりうる。そこで、行訴法は、行政庁に対し処分等を仮に義務づける制度を導入した（行訴法37条の5第2項）。仮の義務づけを認めるための積極的要件は、①義務づけの本案訴訟の提起があること、②「償うことのできない損害を避けるため緊急の必要があ」ること、③「本案について理由があるとみえる」ことであり、消極的要件として、「公共の福祉に重大な影響を及ぼすおそれがあるとき」はすることができない（同3項）とされる。②が「償うことのできない」損害とされ（執行停止は「重大な損害」））、③が積極的要件とされている点で、前述の執行停止に比較して、さらにハードルが高くなっている。

5　差止訴訟

　差止訴訟とは、行政が一定の処分をしようとする場合、それは違法な処分であるから処分してはならない旨を命ずることを求める訴訟である。環境破壊は不可逆的な被害をもたらすことが多いので、例えば、環境を破壊するおそれのある開発に対する許可がなされようとしている場合、（許可がなされて環境破壊が起こってから開発許可を取り消すということでは手遅れになるので）事前に、その許可を行わせないようにする必要がある。2004年改正までは明文規定がなかったので、例外的に（無名抗告訴訟として）これを認める裁判例もなくはなかったが、その許容性については、厳格に考えられてきた。2004年改正で、3条7項が明示し、37条の4が、その要件を定めた。

　＊差止めの肯定例　厚木基地第4次訴訟において、横浜地判平26・5・21判時2277・38は、「厚木飛行場における自衛隊機の運航に関する防衛大臣の権限の行使は、その運航に必然的に伴う騒音等について周辺住民の受忍を義務付けるものであるから、同権限の行使は、騒音等により影響を受ける周辺住民との関係において、公権力の行使に当たる行為である（「自衛隊機運航処分」）」が、自衛隊機運航処分について、法定の差止訴訟が想定している「一定の処分」を観念することは困難であり、「法定の差止訴訟によってこれを求めるのは困難であるといわざるを得ないから、無名抗告訴訟によってこれを求めるべきであり、無名抗告訴訟としてその要件を構成すべきで

ある」とした。しかし、その控訴審である東京高判平27・7・30（判時2277・13）
は、行政訴訟法上の差止訴訟として判断し、同訴訟の要件の「重大な損害を生ずるお
それ」を認めた。最高裁も、（請求は認めなかったが）この訴えの適法性は肯定して
いる（最判平28・12・8民集70・8・1833）（基地騒音訴訟については**第10講**参照）。

　差止訴訟の要件は、原告適格等の要件に加えて（原告適格については、行訴法
9条2項が準用される（同法37条の4第4項））、以下の通りである。
①行政庁が一定の処分・裁決をする蓋然性があること（同法3条7項）。
②一定の処分・裁決がされることにより重大な損害が生ずるおそれがあること
（同法37条の4第1項本文）。重大な損害が生ずるか否かの判断に当たっては、
「損害の回復の困難の程度を考慮するものとし、損害の性質及び程度並びに処
分又は裁決の内容及び性質をも勘案する」とされる（同法37条の4第2項）。
③他に適当な方法がないこと（同法37条の4第1項ただし書）。これは、ただし書
きにおいて、他に適当な方法があるときは提起し得ないと規定しているので、
被告が主張立証すべき消極的要件である。

　このうち、「重大な損害」要件について解説すると、一般には、当該処分が
なされることによって（開発許可等を差し止める環境訴訟の場合、その処分に基づい
て行われる開発行為によって）発生しうる被害の重大性によって判断されるが、
処分後の取消訴訟等による救済では実効的な救済にはならないという事情も考
慮されることがある。

　鞆ノ浦景観訴訟判決（広島地判平21・10・1判時2060・3百選NO.78）は、「重大
損害」要件について、以下のように述べている（本訴訟については**第13講**も参照）。

　　「行訴法37条の4第1項の『重大な損害を生ずるおそれ』の有無は、損害の回復の
　　困難の程度を考慮し、損害の性質及び程度並びに処分又は裁決の内容及び性質をも勘
　　案して決すべきである（同条2項）。ところで、同条の差止訴訟が、処分又は裁決が
　　なされた後に当該処分等の取消しの訴えを提起し、当該処分等につき執行停止を受け
　　たとしても、それだけでは十分な権利利益の救済が得られない場合において、事前の
　　救済方法として、国民の権利利益の実効的な救済を図ることを目的とした訴訟類型で
　　あることからすれば、処分等の取消しの訴えを提起し、当該処分等につき執行停止を
　　受けることで権利利益の救済が得られるような性質の損害であれば、そのような損害
　　は同条1項の『重大な損害』とはいえないと解すべきである。本件埋立免許がなされ
　　た後、取消しの訴えを提起した上で執行停止の申立てをしたとしても、直ちに執行停

止の判断がなされるとは考え難い。以上の点からすれば、景観利益に関する損害については、処分の取消しの訴えを提起し、執行停止を受けることによっても、その救済を図ることが困難な損害であるといえる。」「以上の点や、景観利益は、生命・身体等といった権利とはその性質を異にするものの、日々の生活に密接に関連した利益といえること、景観利益は、一度損なわれたならば、金銭賠償によって回復することは困難な性質のものであることなどを総合考慮すれば、景観利益については、本件埋立免許がされることにより重大な損害を生ずるおそれがあると認めるのが相当である。」

　ここでは、「重大な損害」要件の判断にあたって、「埋立免許がなされた後、取消しの訴えを提起した上で執行停止の申立てをしたとしても、直ちに執行停止の判断がなされるとは考え難い」という（ただし書の消極的要件としての補充性の問題にかかわる）事情が考慮され、その結果、判決は、補充性要件については、「景観利益に関する損害の性質に照らせば、行訴法37条の４第１項ただし書の『損害を避けるため他に適当な方法がある』とはいえない」として、あっさり認めている。環境訴訟ではないが、君が代斉唱に関わる東京都の職務命令の差止めを求めた訴訟で最高裁も、「『重大な損害を生ずるおそれ』があると認められるためには、処分がされることにより生ずるおそれのある損害が、処分がされた後に取消訴訟等を提起して執行停止の決定を受けることなどにより容易に救済を受けることができるものではなく、処分がされる前に差止めを命ずる方法によるのでなければ救済を受けることが困難なものであることを要すると解するのが相当である」として、執行停止によって容易に救済できるかどうかを、「重大な損害」要件の問題としている（最判平24・２・９民集66・２・183。本判決については、『行政法判例百選Ⅱ（第７版）』426頁以下参照）。

　＊仮の差止　　処分等の差止訴訟を提起しても、訴訟継続中に処分等がなされれば、訴訟は訴えの利益を失ってしまい（訴訟を継続しようと思うなら取消訴訟に変更しなければならなくなる）、また、処分等を前提にした行為がなされ既成事実が積み重なっていくことになる。そこで、行訴法改正により、「仮の差止」制度が導入された（行訴法37条の５第２項）。積極的要件は、①差止めの本案訴訟の提起があること、②「償うことのできない損害を避けるため緊急の必要があ」ること、③「本案について理由があるとみえる」ことであり、消極的要件として、「公共の福祉に重大な影響を及ぼすおそれがあるとき」はすることができない（同３項）とされる。

6　住民訴訟

　住民訴訟とは、地方公共団体の機関による財務会計上の行為が違法（例えば、不当な目的の支出があったような場合）で、地方公共団体の財産に損害を及ぼす行為について、住民がその是正を求める訴訟である（地方自治法242条の２）。提訴に当たっては、その前提として、監査委員に対する住民監査請求が求められる（監査請求前置主義）。環境訴訟としては、１号請求（違法な会計行為の差止め）や、４号請求（執行機関又は職員に対し、違法な行為を行った職員等に対し、損害賠償又は不当利得返還の請求をおこなうよう求める請求）が使われることが多い。

　この訴訟は、個人の権利・利益の救済を目的とする主観訴訟ではなく、行政機関の行為の法適合性をチェックする（違法な支出等を是正することを目的とした）客観訴訟であり、そこでは、個々の市民の権利や利益の保護が要件とならないことから、個人の権利・利益を観念しにくい環境利益の保護の場合に利用されることがある。環境に悪影響を与える地方公共団体の行為について、それが、自治体の会計に違法な影響を与えるとして、その是正を求め、結果として、環境に悪影響を及ぼす行為を防ごうとするわけである。例えば、工場の排水等により河川や港湾が汚染された場合、住民が、自治体に代わって工場の賠償責任を追及する訴訟（同条１項４号による）や、環境に悪影響を与える開発について、それに対する公金の支出を差し止める訴訟（同１号による）などがある。

　前者の例として、田子ノ浦ヘドロ訴訟がある。この事件では、パルプ工場の排水により田子ノ浦港が汚染（ヘドロの堆積）し、そのために同港を管理する静岡県がヘドロ浚渫事業を行わなければならなくなり昭和44年度には約１億2000万円ほどを支出（県費による）したが、静岡県の住民である原告は、ヘドロを垂れ流しした企業とこれを黙認してきた県の責任を追及すべく地方自治法242条の２による住民訴訟を提起し、控訴審の東京高判昭52・9・5（行集28・9・893）は、静岡県は港湾管理者として違法な工場排水によりヘドロ浚渫を余儀なくされたのであるから、浚渫費は企業の不法行為により県に生じた損害であるとして、企業の責任を不問に付した県の姿勢には問題があり、住民は、地方自治法242条の２第１項第４号に基づいて、県に代わって損害賠償を請求することができるとした。最高裁も、浚渫費用のうち終局的には企業が負担すべ

き部分についてはこの代位請求を認めた（最判昭57・7・13民集36・6・970百選NO. 23）。

　後者の例として、泡瀬干潟事件がある。そこでは、沖縄本島の泡瀬干潟とその周辺の海域を埋め立ててリゾート施設をつくるという事業について、住民らが住民監査請求（却下）を経て、この埋立は環境影響評価がずさんでかつ経済的合理性がないとして、当該事業への沖縄県ならびに沖縄市の公金支出等を差し止めることを住民訴訟（1号訴訟）として提訴したのに対し、1審（那覇地判平20・11・19判自328・43）と控訴審（福岡高那覇支判平21・10・15判時2066・3百選NO. 86）は、一部認容判決を言い渡した（同訴訟については、**第14講**も参照）。

　いずれも、そのことによって自治体財政に与える影響はそれほど大きなものではなく、むしろ訴訟の狙いは、行政の環境問題への取り組みの不十分さや行政行為が環境に影響を与えることを間接的に攻撃し、裁判所にその判断を求めることにある。環境悪化をもたらす開発の実施や許可を直接阻止することが（原告適格等により）難しいことから選ばれる訴訟である。しかし、もともとこの制度は、自治体の公金の支出や財産の取得・管理・処分等に関し、その適正を確保するためのもので、行政のあらゆる活動を争えるわけではない。そのため、要件としての「財務会計上の行為」をどう解するかによって、その射程の広狭が決まってくる。前掲の田子ノ浦ヘドロ訴訟では、純粋な意味での「財務会計上の行為」とはいえない浚渫工事の費用のうち企業が負担すべき部分を請求していないという事態の違法性を裁判で争うことを認めたが、森林法に反する市道の建設工事にかかわって、住民訴訟で争いうるのは純然たる財務会計上の行為であり、市道の建設に関与した市の道路行政担当者の行為は自治体の財産の維持・保全をはかる財務処理を直接の目的とする財務会計上の財産管理行為にはあたらないとして、財務会計行為性について抑制的な立場に立って、本訴訟の適用範囲を限定する最高裁判決（最判平2・4・12民集44・3・431）もある。

　さらに、財務会計行為の特定性も問題となるが、この点で、愛媛県の織田が浜という自然海浜を港湾建設のために埋め立てるという計画に対し、それに反対する住民らが、港湾管理者の市長に対して、地方自治法242条の2第1項第1号により埋立工事の為の公金支出の差止めを求めた事件において、最判平5・9・7（民集47・7・4755）は、住民訴訟の対象となる「財務会計行為の特

定」がないから訴えは不適法であるとした原判決（高松高判平3・5・31判時1389・38）を取り消し、「本件公金支出の範囲を識別」できるから対象の特定もできるとして本案に入るべしとした（本案に入れば、当該公金支出の前提の原因行為＝埋立免許・埋立工事の違法性の有無が争点となるが、この点を判断した差戻審判決（高松高判平6・6・24判タ851・80）は、結局、支出は違法ではないとして請求を棄却している）（住民訴訟の動向については、北村248頁以下参照）。

　＊**行政訴訟へのアクセスの改革**　　環境の保全において行政の果たすべき役割はますます増大しているにもかかわらず、そのあり方の当否を問う行政訴訟には、これまで述べてきたように（本案の審理に入る前の）高いハードルが存在する。もちろん、あらゆる個別的な環境紛争を行政訴訟の対象とすることには問題もある。また、このハードルを低くする努力は判例や学説においても種々、試みられ、2004年の行政訴訟改革にも、出発点として、このような課題意識があった。しかし、実際の改革は、なお、不十分と言わざるを得ない。「環境に関する、情報へのアクセス、意思決定における公衆参加、司法へのアクセスに関する条約」（オーフス条約）は、「司法審査へのアクセス」の保障がうたわれている。この考え方に立って、行政訴訟へのアクセスのハードルを一層低くすることが求められているのではないか（越智敏裕『環境訴訟』78頁参照。行訴法改正の評価とさらなる改革の課題については、「特集　行政訴訟法改革」自由と正義55巻12号、環境訴訟改革一般の課題については、大久保規子「環境民主主義と司法アクセス権の保障」（淡路・寺西・吉村・大久保編『公害環境訴訟の新たな展開』所収）参照）。

第Ⅲ部　事例研究

1 はじめに

(1) **公害規制の仕組み** 本講では、広範囲の住民に深刻かつ重大な健康被害を発生させた、最悪の水質汚染事件と言われる水俣病事件を取り上げるが、その前提として、水質汚染に対する規制はどうなっているかについて、概観しておきたい。

良好な環境を保全するためには、環境への汚染（負荷）をコントロールしなければならない。そのためには多様な手法があるが、その最も典型的かつ伝統的手法が規制的手法である。近時は、それ以外の手法（例えば、経済的手法）も多く用いられるようになってきているが、この規制的手法が、依然として最も重要な手法であることに変わりはない。水質汚染を含む、わが国の公害規制では、まず達成されるべき環境の質に関する目標値である環境基準が設定され、それを達成するために、個々の事業者の活動に規制が加えられる。その際の基準が排出基準である。

2つの基準のうち、環境基準は、環境基本法16条1項に定められているものであり、「政府は、大気の汚染、水質の汚濁、土壌の汚染及び騒音に係る環境上の条件について、それぞれ、人の健康を保護し、及び生活環境を保全するうえで維持されることが望ましい基準を定めるものとする」とされる。具体的には、政府が中央環境審議会に諮問し、その答申を受けて、閣議決定を経て決定され、決定された基準は環境省告示のかたちで公表される。そして、「政府は、公害の防止に関する施策を総合的かつ有効適切に講ずることにより、環境基準が確保されるように努めなければならない」（同法16条4項）のである。つまり、環境基準とは、環境行政における目標値であり、それが設定されれば、すでにそれ以上汚染が進行している地域では、目標年次までにその基準の線まで汚染を引き下げることが行政の目標となり、汚染が拡大するおそれのある地域では、基準値以下に汚染を抑制することが行政の目標となる。このように、環

境基準は、行政が達成すべき目標を定めたものであり、直接、国民に権利義務を定めるものではないと解されている。その結果、その当否について、国民が、裁判で争うことはできないとするのが裁判所の見解である（二酸化窒素の環境基準緩和に対し、それが違法であるとして争った裁判があったが、東京高判昭62・12・24判タ668・140（百選 NO. 10）は、環境基準は政府の公害対策上の達成目標であるとして、その訴えをしりぞけた）。しかし、環境基準は、各種の規制措置のいわば扇の要に位置するのであるから、「審議会→閣議→告示」という行政内部の事項にとどまる仕組みには疑問もある。また、環境基準は、私法上は直接の効力はないが、受忍限度判断の一要素としては意味がある。

　環境基準を達成するための具体的な規制は、水質汚濁や大気汚染の場合、汚染源に対し外界に排出を許容しうる汚染物質の限度を定め、その遵守を強制するという方法で行われる。この許容限度を、水質の場合、排水基準という。これは、行政の目標値である環境基準と異なり、排出者にその遵守を法的に義務づけるものである。排出者が実際にこの基準を守らなければ環境保全はできないので、規制を実効あらしめるための仕組みが必要であり、水質汚濁においては、おおよそ、以下のような仕組みとなる。

　①　届出義務：汚染物質発生施設を設置しようとする者は、施設の種類や構造・汚水の処理方法等を事前に都道府県知事（政令指定都市の市長）に届け出なければならない。

　②　測定義務・報告義務・立入検査：汚染物質を発生させる施設の設置者は、排出状態を測定し、その結果を記録しなければならない。都道府県知事は、施設の状況の報告を求めたり、必要に応じて施設に立ち入って検査することができる。

　③　改善命令等：都道府県知事は、有害物質の排出者が排水基準に適合しない汚染物質を継続して排出するおそれがある場合には、期限を定めて、改善あるいは施設の一時的使用停止を命ずることができる。事業者がこの命令に従わなかった場合は、罰則が課される。また、水質汚濁防止法では（大気汚染防止法も同じ）、改善命令を待つことなく、罰則を科すこともできる（いわゆる直罰制）。

　(2)　**水質汚染規制の仕組み**　　水質規制は、歴史的には以下のように展開し

てきた。国レベルでの最初の対応は、1958年の水質2法（「公共用水域の水質の保全に関する法律（水質保全法）」と「工場排水等の規制に関する法律（工場排水規制法）」）である。この法律では、汚染がひどい水域を指定し（指定水域制）、排水基準を定め、排水者にその遵守を義務づけるという仕組みであったが、問題点は、「人の健康の保護や生活環境保全に看過しがたい影響」、あるいは「関連産業に相当の損害」が生じている場合という厳格な要件による指定水域制のために指定が進まず実効性ある規制ができなかったことである。水俣病においても、この法律による規制は有効に機能せず、そのことが、後述するように、水俣病における国の国家賠償責任の問題につながっていく。

　ついで、1970年に水質汚濁防止法が制定された。この法律では、指定水域制が廃され、全国の公共用水域（河川、湖沼、港湾、沿岸海域など、社会通念として一般の利用に開放されている水域やそれに接続する水路）に本格的な規制が行われるようになった。規制の仕方としては、まず、人の健康保護に関する項目（水域を問わず一律に適用）と生活環境の保全に関する項目（水域ごとに利水目的を考慮して設定）の2つの環境基準がある。そして、それらの環境基準を達成するために、排水基準が設定される。規制されるのは、工場・事業場からの排水と生活排水であり、規制される対象は政令が指定する。健康項目の排水基準はすべての規模の施設に適用されるが、生活環境項目については1日の平均排水量が $50\,\mathrm{m}^3$ 未満の事業場には適用されない（いわゆる「すそきり」）。排出基準に反した者に対しては改善命令等が出されるほか、処罰もなされる。濃度規制が原則だが、人口および産業の集中立地により大量の排水が流入する水域には総量規制が適用されている。

2　水俣病事件

　(1)　**水俣病事件の概要**　　水俣病とは、熊本県水俣市のチッソ水俣工場において、アセトアルデヒドの生産過程で生成したメチル水銀化合物が工場廃水として水俣湾などに排出され、それに汚染された魚介類を摂取した住民に引き起こされた疾患であるが、右頁の図が示すように、劇症型のほか、広いすそ野を持った疾病であることには留意すべきである。

　水俣病事件をめぐっては、初めてチッソの損害賠償責任を認めた、四大公害

メチル水銀量と症状との関係

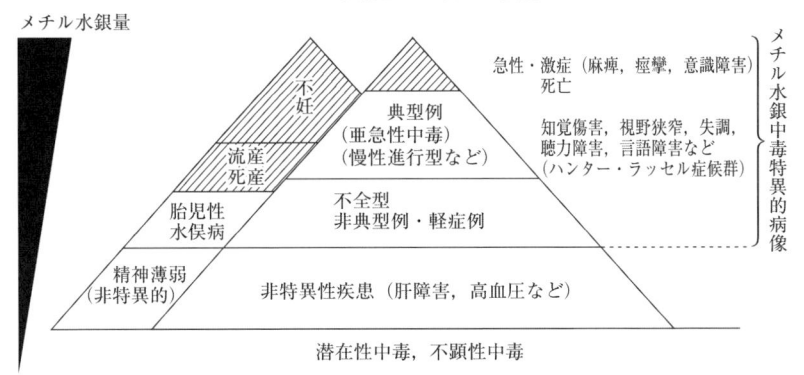

出典：原田正純「公害と国民の健康」ジュリスト臨時増刊1973年11月25日号129頁より

裁判の1つとして著名な1973年の熊本地裁判決（熊本地判昭48・3・20判時696・15百選 NO. 20）を皮切りに、多数の判決が存在し、また、公式発見（患者が保健所に届けられた）である1956年からすでに60年以上を経過した現在も、なお、係争中の訴訟が存在する（その意味で、水俣病は社会的紛争としては、なお、継続中の事件である）。

　水俣病事件の経緯は、以下のように区分できる。

① 　水俣病発生から拡大の時期（昭和30年代から40年代初め頃）

② 　民事訴訟の提起による加害企業の責任追及、その勝訴と救済制度の確立・環境復元へといたる時期（昭和40年代初め頃から50年代初め頃）

③ 　昭和52（1977年）年の水俣病認定基準（複数の典型症状の組み合わせを要求）とその運用による認定の厳格化の中で水俣病未認定患者の救済が問題となる時期（昭和50年代半ば以降）

④ 　政治解決（1995年）から関西訴訟最高裁判決（平16・10・15民集58・7・1802百選 NO. 29）にいたる時期

⑤ 　関西訴訟最高裁判決以後。

　このうち、②の時期においては、**第2講**でふれたように、チッソの企業城下町といわれた水俣において、孤立させられ放置されてきた被害者らによって、いわば最後の手段としてチッソの責任を追及する損害賠償訴訟が提起され、公害反対の運動や世論の高まりの中でチッソの賠償責任を認める判決が下され、

それが補償協定等につながっていく。さらに③の時期には、認定制度の運用における「水俣病患者の大量切り捨て」ともいうべき事態の進行の中で、まず、未認定患者に対する救済を求めた第2次訴訟の提起と認定を棄却された患者を含めて損害賠償を認めた判決（熊本地判昭54・3・28判時927・15）があり、行政の責任をも追及した国家賠償訴訟の提起（全国各地での大量提訴）があった。第2次訴訟の意義につき、「もしこの第2次訴訟を提起していなければ、……隠されていた何千人という被害者は、……闇の中にうずもれてしまうことになっていただろう」と言われている（『高橋利明・塚原英治編『ドキュメント現代訴訟』29頁以下）。

　④と⑤の時期について言えば、③の時期に提訴された、国や熊本県の国家賠償責任をも追及する多くの訴訟で下級審の判決が言い渡され、国等の責任について下級審の判断がわかれていたが、原告らは早期の救済を求めて運動を展開し、裁判所も和解を勧告する中で、1995年に、「救済対象者」（四肢末梢優位の感覚障害があるもので判定検討委員会がこれに該当すると認めたもの）に一時金（260万円）の支払や医療費・療養手当の支給を行うという「政府解決策」の閣議決定がなされ、遺憾の意を表明する首相談話、最大の患者団体である「水俣病被害者・弁護団全国連絡会議」による「解決策」の受け入れ（95年）、チッソとの協定（96年）によって、これらの訴訟の大部分は原告の訴えが取り下げられた。しかし、関西訴訟原告のみが訴訟を継続し、高裁判決を経て、国や県の責任を認める判決が2004年に言い渡された。この最高裁が（後述するように）、環境省の認定基準であるいわゆる52年判断条件と異なる判断により未認定患者の救済を肯定した原審判決の判断を事実上支持したことから、あらためて認定のあり方が問題になり、最高裁判決後、申請患者が急増するとともに、未認定患者らによる新たな訴訟が提起されるようになった。その後、その最大規模のものであったノーモア・ミナマタ訴訟では、2011年に和解が成立し、他方で、水俣病被害者の救済および水俣病問題の解決に関する特別措置法が2009年に成立し、やはり、対象者に一定の金額（210万円）の救済を行うこととなった（この申請は2012年7月末で打ち切られた）。

　さらに、2013年4月16日には、認定を棄却された患者の遺族が棄却処分の違法と認定を義務づける行政訴訟で、52年判断条件を満たさない場合でも個別的

具体的事情を総合考慮することにより水俣病の罹患を認める余地があり、当該ケースでは曝露歴と四肢末端優位の感覚障害が認められ、かつ、その他の原因が認められないので水俣病であると認定できるとして52年判断基準の機械的適用を否定した２つの最高裁判決（民集67・４・1115、判時2188・42）がでており、これらを踏まえた新たな訴訟も提起されている（水俣病事件の歴史的経過について、詳しくは、水俣病被害者・弁護団全国連絡会議編『水俣病裁判』、同『水俣病裁判全史』参照）。

　このような展開を念頭に、各時期の特徴を、訴訟の経過を中心に検討してみよう。

　(2)　**第１次訴訟**　　水俣病の場合、**第２講**で述べたように、被害の発生から裁判の提起までには、長い年月と被害者らの苦しい運動があった。そして、被害者の最後の手段としての提訴が1968年に行われた（第１次訴訟）。このような被害者の請求に裁判所が適切に答えられるかどうかは、裁判所ないし裁判制度にとってその鼎の軽重が問われるものであったが、裁判所は、すでに述べたように、見舞金契約を公序良俗に反し無効とするとともに、チッソの過失を認め、原告を勝訴させた。チッソの責任を認めた判決を受けて、患者団体はチッソと交渉し、原告以外の患者に補償（判決と同額の慰謝料と年金、医療費）が行われることになり、その際、補償の対象者を、行政による水俣病との認定を受けた患者としたことから、認定のあり方が問題となった。さらに、**第５講**で触れた公害健康被害補償法による救済が、水俣病についても行われることになり、ここでも認定のあり方が大きな問題になる。

　(3)　**認定問題**　　第一次訴訟判決を受けて作られた補償制度においては、前述のように、水俣病であるとの認定がなされた患者に、裁判によらないで補償が与えられる。認定が補償の要件となるが、その認定をめぐっては、判決以前の旧救済制度の段階から申請を棄却された人たちが厚生省に棄却の取消を求める行政不服申請を請求するなど、多くのトラブルが存在した（当初は、水俣病の初期に見られた重症患者の典型例のように、ハンター・ラッセル症候群（手足のしびれ、運動失調、視野狭窄といった典型症状）を基準に認定が行われた結果、多くの患者の申請が却下された）。これに対し発足直後の環境庁は、1971年に、認定に当たっては患者のこれまでの生活史や病歴などを重視し、水銀で汚染された魚介

類を大量に食べてきたことなどの証拠があり、その上で、水俣病の典型的な症状が１つでもあれば認定するという基準を示した事務次官通知を出した。この結果、認定を申請する人が急増し、1977年９月末の段階で、認定患者1180人、補償総額307億円となり、汚染原因者として補償費用を負担するチッソの財政状況が悪化した（チッソは被害者への補償に関し、熊本県を通じて国の支援を受けていたことから、国の財政当局から認定の「厳格化」が求められたと言われている）。

　このような状況下で環境庁は1977年に、水俣病に典型的な症状の複数の組み合わせが必要だとして、事実上、認定基準を厳しくする環境保全部長通知「後天性水俣病の判断基準について」を出し（52年判断条件）、その結果、認定申請を棄却される人の数が増加し、これに抗議する患者らの認定ボイコット等の動きもあり、認定とそれを前提とした救済の仕組みは行き詰まってしまった。

　第１次訴訟以降、未認定の患者がチッソや国・県の賠償責任を追及する訴訟は多数に上っているが、そこでは、52年判断条件は、どう扱われているのであろうか。まず、未認定患者を中心とする患者達が1973年にチッソを被告として提起した第２次訴訟では、急性、重症の患者とその家族が原告であった第１次訴訟と異なり、水俣病をどうとらえるか、未認定ないし認定申請を棄却された患者が水俣病として救済されうるかが問われたが、第１審判決は、水俣病をハンター・ラッセル症候群の主症状を具備したもの、もしくはこれに準ずるものといった狭い範囲に限定すべきではない、患者らの出生地、生育歴、食生活の内容等を重視すべきとし、52年判断条件以前の基準に近い考え方を示し（熊本地判昭54・３・28判時927・15）、同控訴審判決（福岡高判昭60・８・16判時1163・11）も、52年判断条件は広範囲の水俣病患者を網羅的に認定するための要件としては厳格にすぎるとして、いずれも未認定患者への賠償を認めた。国家賠償訴訟でも、水俣病としての判断のあり方が問題となったが、いずれも、52年判断条件には批判的である。例えば、第３次訴訟第一陣第１審判決（熊本地判昭62・３・30判時1235・３）は、52年判断条件のような症状の組み合わせを必要とする見解は狭きに失するとし、後述の最高裁判決も、認定問題については触れていないが、52年条件とは別個の基準で未認定患者への救済を認めた高裁判決を維持している。

　これらの判決の結果、あらためて、認定制度のあり方が問われているが、環

境省は52年判断条件を改めようとはしない。それは、損害賠償責任の要件としての水俣病判断基準と救済制度における認定要件は異なるという理由によるが、最近では、次のように、認定申請の却下判断が違法であるとして取り消し、認定の義務づけを認めた最高裁判決も出ている。

　熊本県が水俣病認定申請を棄却する処分をしたことから、処分の取消及び水俣病認定をすることの義務付けを求めた事案に関し、大阪地判平22・7・16（訟月59・2・119百選 NO.30）は請求を認容した。この判決の控訴審である大阪高判平24・4・12は、52年判断条件に基づいて、被控訴人の主張する症状は経口摂取したメチル水銀の影響によるものであることの可能性が50％以上と認められず、要件をみたさず、かつ、罹患は認められないとした認定審査会の判断に依拠した処分庁の判断に不合理な点は認められないとして、公健法4条2項に基づく水俣病認定の義務付け請求は不適法であるとし却下したが、これに対して申請者側の上告がなされた。他方、福岡高判平24・2・27（訟月59・2・209）は、メチル水銀の暴露歴のあるＡについては、他の疾病によるものとは認められない四肢末端有意の感覚障害が認められるのであるから、本件処分当時、暴露歴や生活環境、身体の状況及び既往歴等から、慎重に検討することによって水俣病と認定することができた等として、原判決を取り消し、義務づけを認めた。これについては国の側からの上告がなされた。

　最高裁は、平成25年4月16日の2つの最高裁判決（民集67・4・1115、判時2188・42）で、水俣病の罹患の有無についての処分行政庁の判断の適否に関する裁判所の審理及び判断は、裁判所において、経験則に照らして個々の事案における諸般の事情と関係証拠を総合的に検討し、個々の具体的な症候と原因物質との間の個別的な因果関係の有無等を審理の対象として、申請者につき水俣病の罹患の有無を個別具体的に判断すべきであるとして、棄却処分の違法取消と認定を義務づける福岡高判を維持し、取消と義務づけを認めなかった大阪高判を破棄差戻した。症状の組合せを求める52年判断基準は、損害賠償訴訟では、すでに、その問題性が繰り返し指摘されてきたが、本件では、その基準に基づく認定棄却という行政処分そのものの当否が問題とされており、その意義は大きい。後述の特措法や政治解決は、52年判断条件を変更しないことを前提に行われているが、その前提が崩れたといえる。ただし、最高裁は、52年判断

条件は、それを満たした限りで認定できるという十分条件を示したという限り
では合理性を有するとして、それを「いわば善解して延命させた」（島村健「公
害健康被害の補償等に関する法律等における水俣病の（2）」法学教室397・45）ものと
して、問題を残している。

　これを受けて、環境省は、52年判断条件に示された症候の組合せが認められ
ない場合でも「総合的」な検討により水俣病と認定しうるが、その「総合的検
討」においては、「指定地域において魚介類に蓄積された有機水銀をどの程度
経口摂取し、曝露したのか」を確認することといった厳しい（かつ定量的判断を
求めるかのような）環境保全部長通知を出している（この通知に対しては、社団法
人日本精神神経学会・法委員会から、それを撤回すべきとの提言が出されており、新通
知の差止訴訟も提訴されている）。そして、小児水俣病（胎児期または小児期のメチ
ル水銀の曝露によって発症する水俣病）患者がチッソと国・熊本県を訴えた訴訟に
おいて熊本地判平26・3・31（判時2233・10）は、「水俣病を発症し得る程度の
メチル水銀が体内に蓄積されたこと」を判断基準とし、「メチル水銀の曝露経
験を有し、その曝露の程度が高度であると認められる者であって、四肢末端優
位の感覚障害が認められ、その症候が他の疾患に起因すると考えられない場合
については、水俣病に罹患していると判断するのが相当である」として一部の
原告に損害賠償を認めたが、この判決が、「曝露の程度が高度」（実際には、家
族に認定患者がいる者）についてのみ賠償を認めた点で、上記、環境保全部長通
知の影響が見られる。しかし、水俣病と認められるためにはメチル水銀曝露の
定量的判断が必要であるかのような考え方には問題が多い。そもそも、「水俣
病を発症し得る程度のメチル水銀が体内に蓄積されたこと」はどうやって証明
すればよいのか（花田昌宣「苦海どこまで　水俣病互助会訴訟判決速報」水俣学通信
36・2は、「水俣病を発症しうる程度のメチル水銀が体内に蓄積された」か否かを明確
に示すような調査や研究はほとんどされてこなかったとする）。なお、東京高判平
29・11・29（LEX/DB 25549278）は、新潟市に認定を求めた行政訴訟において、
前述の特別措置法の対象となっていたことを「他の証拠と相まって、水銀摂取
を推認させる事情になる」、「感覚障害の原因が他の病気である可能性は、一般
的、抽象的にすぎない」として、原告9名全員を認定するよう命ずる判決を言
い渡している。

＊水俣病の「病像論」・判断基準と因果関係　　認定問題においては、水俣病の「病像」をどうとらえるか、それにあたると判断されるための条件は何かが争われてきた。そして、環境省の（複数症状の組み合わせを要求する）52年判断条件があり、それでは狭すぎるとの批判を受け、最高裁平成25年判決（前掲）は、52年判断基準のみでは狭すぎるとして「総合的検討」をすべきとした。

　注意すべきは、ここで問題となっているのは、救済制度による補償を認めるかどうかの判断基準であり、そこでは、一定の「病像」とそれに入るかどうかの判断基準を立てて制度を運用することはありうる（もちろん、そのような「病像」ないし判断条件としても、52年判断は狭きに失する）。これに対し、損害賠償訴訟では、当該原告の被害（疾病）の原告が被告の行為によるものか（チッソの排出したメチル水銀化合物に汚染された魚介類の摂取が当該原告の疾病の原因となっているか）どうかという因果関係の有無が問題になるのであり、そこでは、特定の「病像」に該当するかどうか（判断条件を満たすかどうか）ではなく、当該原告の症状・生活歴、さらには、各種の疫学調査など、様々な要素から、因果関係の有無が判断されるのである。

(4)　国家賠償訴訟の提起とその結果

（ⅰ）　下級審の判断　　52年判断条件による患者の「切り捨て」、大量の患者の未救済のままの放置を打破するには、行政の責任（水俣病の発生と拡大に対する）を追及する他ないとして、1980年代半ば以降、チッソに加えて、国や熊本県の責任をも追及する訴訟が全国で提起された。水俣病において国（県）の責任が問題となる理由として、まず何よりも、国や熊本県が適切な規制（水俣湾の魚介類の販売を禁止やチッソの排水を規制）を行えば、水俣病の発生ないし拡大は防止できたことは経過から明らかではないかという点にあり、さらに、チッソの賠償能力や救済制度の行き詰まりの中で国が水俣病問題の解決に果たすべき役割が大きく浮かび上がってきたが、その際、国に法的責任が認められれば国のとる態度も異なってくると考えられたことによる。

　後述の最高裁判決が出るまでの下級審の判決は以下の7つだが、裁判所の判断は分かれていた。

① 　熊本水俣病第3次訴訟第1陣第1審判決（熊本地判昭62・3・30判時1235・3）責任肯定

② 　水俣病東京訴訟第1審判決（東京地判平4・2・7判時臨時増刊（平成4年4月25日号）3頁百選 NO. 24）否定

③　熊本水俣病訴訟第２陣第１審判決（熊本地判平５・３・25判時1455・3）肯定

④　水俣病京都訴訟第１審判決（京都地判平５・11・26判時1476・3）肯定

⑤　水俣病関西訴訟第１審判決（大阪地判平６・７・11判時1506・5）否定

⑥　新潟水俣病第２次訴訟第１陣第１審判決（新潟地判平４・３・31判時1422・39百選 NO.28）否定

⑦　関西訴訟控訴審判決（大阪高判平13・４・27判時1761・3）肯定

水俣病事件における行政の責任の存否判断が分かれてきた理由の第１は、どの時点で、どの程度、水俣病の原因が明らかになっていたかについての事実認定の違いである。責任を否定した⑤判決は、「昭和34年の段階では、水俣湾及びその付近水域の汚濁原因物質がチッソ水俣工場から排出されていることが科学的合理性をもって解明されていたとまでは到底言えなかった」としたのに対し、責任を肯定した⑦判決は、国は「昭和34年11月ころには被告チッソのアセトアルデヒド酢酸製造施設が水俣病の原因物質であるところのある種の有機水銀化合物を排出していることが認識できた」とする。また、責任否定事例である②判決は、昭和34年11月には「被告チッソの工場排水が魚介類の汚染源であると断定するにはなお時間を要する状況にあった」するのに対し、肯定事例である①判決は、国と熊本県は、「昭和32年９月頃から遅くとも昭和34年11月頃までには、水俣湾及びその付近海域の魚介類が汚染されて有毒化し、汚染源が水俣工場廃水であることが推定され、同廃水に含まれる有毒物質によって広域多数の住民の生命、健康に重大な危険が切迫していた事実を認識し、或いは容易に知りうる状態にあっ」たとしている。生命・健康に重大な危険が切迫していることが認識できたなら、それを防止すべき規制権限行使義務が発生しているという結論になりやすいのに対し、そのような認識はまだできなかったということになれば規制すべき義務なしということになろう。

責任存否判断の第２の分岐点は、規制権限を定めた規定を解釈適用する際のスタンスのとり方にある。すなわち、行政の任務は国民の健康を守ることにあり法規の意味内容もその目的に適合的に解釈する必要があるという考え方と、規制権限行使は国民の利益（本件の場合は、営業活動の自由）を害するおそれがあるのでその範囲は厳格に解されねばならないという考え方の違いである。国

の責任において問題となった水質二法を例にとれば、同法による規制を行うためには「水質基準」を制定することが必要だが、「水質基準」を定め規制することが可能であったかどうかについての判断が分かれる。水俣病の原因物質である有機水銀の検出が困難な中で、当時も可能であった（有機水銀を含む）総水銀により基準を定め規制することが水質二法の解釈として適切かどうかという点である。責任を否定した⑤判決は、昭和34年11月の段階で有機水銀化合物の定量分析ができなかったとの判断を前提に、総水銀による規制、すなわち、「水銀またはその化合物」が検出されないことといった水質基準を設定することは「過剰規制」となり、「水質基準の設定は指定水域指定の要件となった事実を除去し又は防止するために必要な程度を超えてはならない、という趣旨にも反する」とした（②判決も同旨）。これに対し、責任肯定事例では、当時の水俣病の実態からすると、総水銀による規制は過剰規制であるとの主張は、「この状況を放置することを是認せよということであって」（⑦判決）、「余りにも形式的であり、社会正義に反するというべきである」（③判決）などとして、総水銀による規制が可能であり、かつ適切であったとしている。

　このような分岐に見られる規制法規の解釈適用のあり方に関し、一般論としては、規制権限を定めた規定の緩やかすぎる解釈適用には問題があろう。しかし、このことは公害行政のような場合には必ずしも妥当な結論を導かないことがある。一般的な行政活動の場合は、行政による権力的な行為と国民の活動の自由の二面的な関係が問題となり、国の権力的な行為の発動には厳格な制限が必要だが、公害行政の場合は、行政・企業・国民の三面的な関係が問題となり、そこでは、国民の利益（生命・健康）を企業活動による侵害から守るという行政の役割が前面に出るのであり、あまりに慎重な態度は国民の健康に対する危険を防止しえないという結果をもたらす（二面関係と三面関係の区別については阿部泰隆「水俣病国家賠償東京地裁判決の論点」環境と公害22・1・61等参照）。したがって、このような場合（とりわけ、水俣病のように、住民の生命・健康の保護が課題となるような場合）は、国民の安全確保という行政の目的に即して法規の解釈を行うべきではないか。その意味で、前述した、総水銀による規制を過剰規制とする⑤判決の判断は、問題となっている規制権限の発動が水俣病という重大な健康被害を防止するためであるということをも考えるならば、硬直的

にすぎよう。

　なお、この点に関し、すでに**第7講**で触れたように、熊本水俣病第2陣訴訟第1審判決（③）は、緊急避難的状況下では、権限が明示的に規定していなくても「可能な手段をつくして現実的になしうる防止措置をとるべきとの原告の主張に答えて、「法令と現実との乖離を埋めるため」行政指導が多用され効果をあげているわが国の実情からして、「国民の生命、身体、健康に対する差し迫った危険が発生しているにもかかわらず、これに適切に対処するための法令」がなく、立法を待っていたのでは重大な被害の発生が十分に予測できる状況下において、「有効適切な行政指導を行わなかった」場合には、「行政指導の不行使は国家賠償法上違法と判断される」としている。

　(ⅱ)　最高裁判決　　下級審の判断が分かれる中で、原告らは、早期の救済を求めて運動を展開し、裁判所も、和解を勧告する中で、当事者の話し合いが進展し、前述したように、「政治解決」がなされ、大部分の訴訟は、原告の訴えの取り下げにより終結したが、関西訴訟原告のみが訴訟を継続し、高裁判決（⑦）を経て、国や県の責任を認める最高裁判決が2004年に言い渡された（最判平16・10・15民集58・7・1802百選 NO. 29）。この訴訟は、不知火海沿岸から関西に移住した患者と家族59名が、チッソと国、県の責任を追及して1982年に提訴したものであり、争点は、国と県の規制権限不行使の責任、水俣病の判断基準、提訴が汚染への曝露から時間が経過していたことから民法724条後段の20年の期間制限（判例によれば除斥期間）であった。

　第1審（⑤）は、59人中12人については除斥期間を経過しているとして請求を棄却し、残り47名についてチッソの責任を肯定したが、国と県の責任は否定した。控訴審（⑦）は、前述のように、高裁レベルではじめて国と県の責任を肯定した。判決は、1959年11月ころには被告チッソのアセトアルデヒド酢酸製造施設が水俣病の原因物質であるところのある種の有機水銀化合物を排出していることが認識できたと認められ、したがって、被告国には水質二法に基づく工場排水の規制権限の行使を怠った過失があり、1960年1月以降に不知火海の魚介類を摂取して水俣病に罹患した者及び被害の拡大があった者に対して、損害賠償責任を負うとするのが相当とし、さらに、被告熊本県についても、熊本県漁業調整規則による規制権限を行使しなかったことによる責任を認めた。水

俣病の判断条件についても、52年判断条件とは異なる基準を示して原告51名までを水俣病と認めた。除斥期間については、民法724条後段の期間の起算点は、原告らが水俣湾周辺地域から転居してから4年を経過した時点だとした。

　高裁判決に対して国および熊本県が上告したが、最高裁は、以下のように述べて、国と県の責任を認めた。最高裁によれば、規制権限は、「周辺住民の生命、健康の保護をその主要な目的の1つとして、適時にかつ適切に行使されるべき」であり、1959年11月末の時点において、当該指定水域に排出される工場排水から水銀又はその化合物が検出されないという水質基準を定めることは可能であり、また、そうすべき状況にあったものといわなければならない。この手続に要する期間を考慮に入れても、同年12月末には、上記規制権限を行使し、「必要な措置を執ることを命ずることが可能であり、しかも、水俣病による健康被害の深刻さにかんがみると、直ちにこの権限を行使すべき状況にあったと認めるのが相当である。また、この時点で上記規制権限が行使されていれば、それ以降の水俣病の被害拡大を防ぐことができたこと、ところが、実際には、その行使がされなかったために、被害が拡大する結果となったことも明らかである」。なお、最高裁は、熊本県漁業規則は「水産動植物の繁殖保護等を直接の目的とするものではあるが、それを摂取する者の健康の保持等をもその究極の目的とするものであると解される」として、熊本県の責任につき、県漁業規則の「究極の目的」から権限を導き出した上で、それを認めた。さらに、第5講で触れたように、除斥期間に関しては、水俣病患者の中には潜伏期間のあるいわゆる遅発性水俣病が存在すること、遅発性水俣病の患者においては水俣病の原因となる魚介類の摂取を中止してから4年以内にその症状が客観的に現れることなど判示の事情の下では、汚染への暴露の時ではなく、水俣から関西への転居から4年を経過した時が民法724条後段の除斥期間の起算点となるとした。

　行政が規制権限を行使しなかった場合の責任のあり方については、第7講で述べたように、行政の権限行使における裁量との関係で様々な考え方があるが、最高裁は、これまで、権限を付与した法の目的や権限の性質等に照らして「権限の不行使がその許容される限度を逸脱して著しく合理性を欠くと認められるとき」（最判平7・6・23民集49・6・1600）にその不行使は違法となるとい

う判断を示してきた。しかし、このような判断基準により責任を認めたものは
なかった。本判決は、「国又は公共団体の公務員による規制権限の不行使は、
その権限を定めた法令の趣旨・目的や、その権限の性質等に照らし、具体的事
情の下において、その不行使が許容される限度を逸脱して著しく合理性を欠く
と認められるときは、その不行使により被害を受けた者との関係において、国
家賠償法1条1項の適用上違法となると解するのが相当である」として、これ
までの最高裁と同じ立場をとるが、これまでの最高裁判決が結果として行政の
責任を否定したものであったのに対し、本判決は、これに先立つ筑豊じん肺訴
訟判決（最判平16・4・27民集58・4・1032）に続いて、行政の責任を肯定した。
好むと好まざるとにかかわらず、国民の生活が行政によって支えられる場面が
増加し、行政が国民の安全の確保のためにどのような態度をとるかによってそ
の生命・健康・財産に重大な影響が生ずるようになっている今日、このような
最高裁よる行政の規制権限不行使による責任の肯定は、重要な意義がある。ま
た、水俣病事件に即して言えば、下級審の判断が分かれていた中で、本判決に
よって最高裁が、1995年の「解決」でも明確にならなかった水俣病に対する国
や熊本県の責任を明らかにしたことの意味は大きい。

　また、漁業調整規則という、「水産動植物の繁殖保護」を直接の目的とした
規則から、熊本県の規制権限を導き出した控訴審の判断を、それは、水産資源
を摂取する者の健康の保持をも「究極の目的」とするものであるとして是認し
た点も、水俣病の特質や「当時の危機的状況」からは肯定できるものである
（本判決に関する長谷川浩二調査官の解説『最高裁判例解説民事篇平成16年度（下）』
576頁参照）。なお、この点に関しては、すでに、熊本第3次第一陣訴訟判決
（①）が、「行政法規の趣旨、目的が、第一次的には個々の国民の生命、健康を
守ることにはなかったとしても、当該法規が間接的究極的には、個々の国民の
生命、健康の安全確保を目的としており、他に右緊急事態に即応する適切妥当
な行政法規がない場合にも、緊急避難的に当該法規を適用して重大な危害を防
止及び排除すべき義務があるものというべく、右義務に対応する規制権限を有
するものと解するのが相当である」としている。

　原告らの損害賠償請求権の存続期間に関する争点について言えば、判決は、
本判決に先立つ筑豊じん肺訴訟判決にならって、蓄積型・潜伏型被害のように

「加害行為が終了してから相当の期間が経過した後に損害が発生する場合には、当該損害の全部又は一部が発生した時が除斥期間の起算点となると解すべきである」とし、遅発性水俣病の存在をも考慮して、原告らが水俣地域から転居してから 4 年の時点を除斥期間の起算点とした原審の判断を維持した。本件のような蓄積型・潜伏型ケースで加害行為時説をとれば、潜伏した損害が長期間顕在化せずしたがって損害賠償を請求することがありえない時期に期間が経過し賠償請求の機会が失われるという不当な結果になってしまう場合すらありうることから見て、最高裁の考え方は妥当である。

　(iii)　最高裁判決後　　最高裁が、原審を維持し、52年判断条件とは異なる判断により未認定患者の救済を肯定した原審判決の判断を事実上支持したことから、前述のように、あらためて、認定のあり方が問題になり、最高裁判決後、新たな申請患者が急増した。これは、水俣病の広がり、多くの患者が十分な救済を受けることなく潜在化していたという事実を示すものである。そして、未認定患者らによる新たな訴訟が提起された（ノーモア・ミナマタ訴訟）が、これは、2010年 3 月に裁判所が和解に向けた所見を発表（一時金は210万、行政ではなく、原告・被告ら設置する「第三者委員会」で判定するとしていることが重要）し、2011年 3 月に各裁判所で和解が成立した。他方で、2009年 9 月に、水俣病被害者の救済および水俣病問題の解決に関する特別措置法が制定された。この法律によって、対象者に一定の金額（210万円）の救済を行うことになり、申請者総数は約 6 万5000人に上った。申請は、延長を求める患者団体らの声も強かったが、2012年の 7 月末で打ち切られた。

　＊チッソ分社化　この法律では、あわせて、事業会社を分社化し補償責任から切り離し、事業会社の株式売却益や配当等により補償財源を捻出するという措置がとられることになった。これについては、分社化された事業会社には被害者は責任追及ができなくなる、分社化された事業会社がどの程度収益をあげどの程度株式配当するか不明（基本的には事業会社の営業活動の自由の問題）な中で補償が継続されるのか、そもそも、このようなやり方で、実質的にチッソが責任を免れることが PPP の原則から許されるかといった批判があるが、分社化は2011年 4 月にスタートしている。

　(5)　おわりに　　以上のような推移の中で、裁判を通じて、あるいは、政治的な解決や立法によって、一定の補償はされてきているが、公式発見から60数

年の今、なお、多くの患者・被害者が補償は不十分と考えている（朝日新聞等が公式発見60年に水俣病の患者・被害者らに行った調査では、6割超が「水俣病問題は解決していない」と答えている）。救済制度の対象地域外の住民や対象期間後に暴露したとされる患者による新たな訴訟（第2次ノーモア・ミナマタ訴訟）も提起されている。

　大塚直は、「水俣病問題の根本には、初期の時点で不知火海沿岸住民の悉皆健康調査を国や関係県が実施しなかったことが、患者及び病像の全体像の発見を遅らせたという問題がある。早期悉皆調査の必要は、水俣病の重要な教訓である」とする（大塚「水俣病の概念（病像）に関する法的問題について」法学教室376・48）。適切な指摘であり、大量被害が発生する事件において深刻な教訓として受けとめるべきであろう。問題は、それでは、このような問題の責任は誰にあるかである。少なくとも、被害住民に責任がないことは明らかであろう。だとすれば、このことにより生じた不利益を住民に負わせることにはならないはずであり、病像・判断基準や国の責任、さらには、賠償請求権の期間制限を考える上でも、そのことが出発点に置かれるべきではなかろうか（水俣病事件については、ケースメソッド第2編1、2参照）。

第**10**講 騒音公害

1 はじめに

　騒音・振動に関するトラブルは、ペットの鳴き声、クーラーの室外機の音といった近隣住民同士のものから、工場騒音や建設工事騒音、さらには、空港・鉄道・道路といった交通関連施設によるものまで多様である。地方自治体の窓口に持ち込まれる苦情処理件数も多数に上っている。被害としては、生活妨害（会話妨害、電話妨害、テレビ等の視聴妨害）、家族団欒や教育環境の破壊といった精神的・情緒的なものが中心だが、それらを理由とするストレスとそれからくる身体的不調、さらには、難聴や胃腸障害等にも及ぶ。また、夜間の騒音による睡眠妨害が健康に悪影響を及ぼすことは、様々の調査研究によって明らかになってきている。

　騒音・振動は大気汚染や水質汚濁と異なり、局地的な性質を有するため、規制区域を設けて、その区域において規制基準を設けて規制するという方法がとられている。規制法として、騒音については、工場や建設工事にともなう騒音と道路騒音を規制する騒音規制法（1968年制定。1970年改正で道路騒音が付加）があり、知事が規制地域を指定し発生源を規制することになっている。振動については、振動規制法（1976年制定）が、工場や建設工事にともなう振動、道路交通振動を規制している。さらに、航空機騒音については、公共用飛行場周辺における航空機騒音による障害の防止等に関する法律（1967年制定）がある（軍用機については、1974年制定の防衛施設周辺の生活環境の整備等に関する法律があり、これにより基地周辺の生活環境整備がはかられている）。新幹線騒音については、特別の規制法はないが、閣議了解による対策が実施されている。

2 航空機騒音公害訴訟

　(1) はじめに　騒音・振動被害が訴訟になるケースはそれほど多くないが、空港・道路・鉄道等の大型施設による被害については多くの裁判が提起さ

れている。これらの訴訟においては、被害者の苦情や要請があり、それにもかかわらず適切な措置をとらないことから訴訟になるという経過上、原因者には少なくとも予見可能性があることから、故意や過失が争点になることは少ない。その代わりに、施設が道路等の公共的性格を持つ場合、公共性をどう考えるかが重要な争点となる。また、特殊な（しかし多数の訴訟がある）問題として、自衛隊機や日米安保条約に基づいてわが国に駐留している米軍機による騒音問題がある。

　(2)　**大阪空港事件**　　民間機による騒音公害訴訟の代表的な事例として、大阪空港訴訟がある。この事件については、すでに**第 2 講**で触れたが、控訴審（大阪高判昭50・11・27判時797・36）が、イライラ等の情緒障害や、会話・電話・テレビ・読書等の生活妨害に加えて、難聴、耳鳴り、目まい、頭痛、胃腸障害等の健康被害を認めた上で、過去の損害に対する慰謝料のほか、午後 9 ～午前 7 時までの離着陸禁止と将来の損害賠償をも認めたのに対し、最高裁（最大判昭56・12・16民集35・10・1369百選 NO.33,34）は、過去の損害賠償を認めた（最高裁は、空港の公共性については、空港の公共的利益の実現は周辺住民の特別の犠牲の上でのみ可能であって、そこには看過しえない不公平が存在すること等を考慮して、被告の公共性の主張には限界があるとした）ものの、将来請求については、将来の状況の流動性を理由にこれを否定し、差止めについては、大阪空港は国営空港であり、その利用の仕方についての判断は国の航空行政権と不可分一体のものであり、したがって、裁判により差止めを認めることは航空行政権への司法の介入となるので被害者は民事訴訟によりこのような請求を行うことはできないとして、差止めを却下した。

　なお、本件では、騒音被害が問題になった以降に周辺に移住した原告がいたことから、「危険への接近」を理由に賠償を否定することができるかどうかが問題となった。控訴審は、住民の側が特に公害問題を利用しようとするがごとき意図をもって接近したと認められる場合でなければこの理論は適用されないとして、原則的にこれを否定したが、最高裁は、「危険の存在を認識しながらあえてそれによる被害を容認していたようなときには、事情のいかんにより加害者の免責を認める場合がないとはいえない」として、その適用の可能性を、原審よりは広げた。

3　基地騒音（爆音）訴訟

（1）　**基地騒音（爆音）訴訟とは**　　空港、幹線道路、鉄道等の大型施設に起因する騒音問題は、今日もなお深刻な公害問題の１つであるが、中でも、基地を使用する軍用機による騒音被害は深刻である。一般に航空機による騒音被害には、同一地域の住民は共通の騒音に曝露されているため、広範な住民に共通の被害が現に発生しているか、（もしかりにそれがまだ現実化していないとしても）その発生の危険性にさらされているという特徴がある。そして、基地の軍用機による騒音は、音量の大きさ（「爆音」という表現に示されている）や、時にはそれが（夜間の訓練や緊急発進等により）深夜にも及ぶことから、騒音被害の中でも特に重大かつ深刻なものであり、「うるさい」といった単なる不快感や生活妨害にとどまらない被害を住民にもたらしている。

　これらの基地騒音（爆音）に対し、1970年代半ば以降、差止めと損害賠償を求める訴訟（いわゆる基地公害訴訟）が多く提起されている。その背景としては、被害の深刻さに加えて、次のような事情がある。まず、**第2講**で述べたように、この時期、損害賠償による公害被害の事後的救済にとどまらず、差止めを求める訴訟が増加した。これは、四大公害訴訟において公害に対する企業の法的責任が明確化されたことを踏まえて、より抜本的な対策である差止めへと公害裁判の重点が移行したことを意味する。その転機は大阪空港訴訟であるが、前述のように、大阪高裁は1975年に、原告の請求を全面的に認める判断を示した。これらの動きが、被害住民らによる基地騒音に対する差止めを求める民事訴訟の提起への大きな励ましとなったのである。加えて、自衛隊や米軍（安保条約）に関する憲法判断を裁判所が回避する中で、基地が現に日本社会に存在し、市民生活に影響を与えている以上、その活動も市民社会に適用されるルールには従うべきではないかという考え方がとられるようになったという事情がある。市民社会のルールによれば、違法な侵害行為がなされた場合、そのことによって生じた被害は賠償され、同時に、侵害行為は停止（差止め）されなければならない。だとすれば、侵害行為がたとえ米軍や自衛隊であっても、同様の救済が認められるべきではないか。このような考え方が、基地騒音被害を、基地「公害」としてとらえて、その救済のための民事訴訟を提起するとい

うことにつながったのである。

　(2)　**厚木基地公害訴訟**　　厚木飛行場は、海上自衛隊と安保条約及び地位協定によって施設及び区域として提供を受けている米軍が共同使用している。基地周辺に居住する住民は、騒音・振動等により重大な被害を被っている（とりわけ、夜間訓練時の騒音（爆音）は、極めて深刻である）。1973年に空母ミッドウェーが横須賀に入港、母港化し、厚木基地を利用する同艦の艦載機による深刻な被害が発生し、1976年8月、住民ら90数名が国に対し、人格権、環境権に基づく差止め（午後8時から翌日午前8時の離着陸の禁止、65ホーンを超える騒音を原告らの居住地に到達させないこと）、過去の損害賠償、差止めが実現されるまでの将来の損害賠償を請求して提訴した（第1次訴訟。以後、現在まで4次にわたる訴訟が提起されている）。

　第1審（横浜地判昭57・10・20判時1056・26）は、過去の損害賠償を認容したが、差止めに関し、自衛隊機については、大阪空港最高裁判決多数意見を踏襲して、空港管理と防衛行政権の密接不可分、渾然一体を理由に、差止めを却下し、米軍機についても、国は、米軍機の運航を規制、制限する権限を有しないので、国に「対し条約上の義務履行行為と抵触する米軍機の離着陸についての規制、制限措置を執ることを求めることは、法的に不能を強いるもの」であり、また、原告の請求が、国に、飛行場使用の制約制限をするための行為（米国との交渉等の行為）を求める給付の訴えであるとすれば、それは行政上の義務づけ訴訟となり、通常の民事訴訟によって、このような請求をなすことは許されないとした。

　控訴審判決（東京高判昭61・4・9判時1192・1）は、米軍機については、第1審の判決理由を引用して差止めを却下するとともに、自衛隊機についても、自衛権行使のための実力組織の規模、内容、程度、運用の決定は、高度の政治生を有する行為（統治行為）であり、民事訴訟によってそれを争うことは出来ないとした。さらに、同判決は、被害を精神的被害に限定した上で、基地の公共性を強調し、被害は受忍限度内であるとして、過去の損害賠償をも否定した。（判決によれば）国の行為の違法性を判断するに当たっては「当該行為の公共性の性質、内容、程度等に応じて受忍限度の限界が考慮され、その公共性が高ければ、これに応じて受忍限度も高くなる」「本件飛行場の使用及び供用の高度

の公共性を考えると、原告らの本件被害が……睡眠妨害、生活妨害及び情緒的
被害等にとどまるものである限り、これらは受忍限度内にある」とされた。公
共性を理由に損害賠償をも認めない点は、他の騒音公害訴訟判決と比較して異
色であり、例えば、同時期の横田基地訴訟控訴審は、「公共性は受忍限度を若
干高める事由になるが、公共性の程度が高ければどれだけ受忍限度を超えても
原則的に違法とならないなどということはない」「騒音自体に公共性があるも
のとないものとの区別がある筈はなく……社会生活上最小限の通常の受忍限度
を超えれば……違法なものである」としている（東京高判昭62・7・15判時1245・
3）。

　これに対し、最高裁は（最判平5・2・25民集47・2・643百選 NO.37判決）は、
損害賠償については、原審の受忍限度の範囲内との判断を破棄した。最高裁
は、「原審は、本件飛行場の使用及び供用に基づく侵害行為の違法性を判断す
るに当たり、前記のような各判断要素を十分に比較検討して総合的に判断する
ことなく、単に本件飛行場の使用及び供用が高度の公共性を有することから、
上告人らの前記被害は受忍限度の範囲内にあるとしたものであって、右判断に
は不法行為における侵害行為の違法性に関する法理の解釈適用を誤った違法が
あるというべき」とした（差し戻し後の東京高判平7・12・26判時1555・9は、損害
賠償を認容している）。

　しかし、差止請求については、自衛隊機、米軍機両方について、請求を斥け
た。自衛隊機については、「このような請求は、必然的に防衛庁長官にゆだね
られた前記のような自衛隊機の運航に関する権限の行使の取消変更ないしはそ
の発動を求める請求を包含することになるものといわなければならないから、
行政訴訟としてどのような要件の下にどのような請求をすることができるかは
ともかくとして、右差止請求は不適法」とし（ここでは、大阪空港最高裁判決の
不可分一体論ではなく、防衛庁長官の自衛隊機の運航に関する権限行使を端的に公権力
の行使としている）、米軍機については、「本件飛行場に係る国と米軍との法律
関係は条約に基づくものであるから、国は、条約ないしこれに基づく国内法令
に特段の定めのない限り、米軍の本件飛行場の管理運営の権限を制約し、その
活動を制限し得るものではなく、関係条約及び国内法令に右のような特段に定
めはない。そうすると、原告らが米軍機の離発着等の差止めを請求するのは、

国に対してその支配の及ばない第三者の行為の差止めを請求するものというべきであるから……主張自体失当として棄却を免れない」とした。

(3)　**基地騒音（爆音）被害の性質**　　厚木最高裁判決以後も、全国で多くの基地（嘉手納、普天間、岩国、横田、厚木、小松）で、騒音（爆音）被害の救済を求める訴訟が、繰り返し提起されているが、後述の、厚木基地第4次訴訟まで、厚木基地訴訟に関する最高裁の判断（過去の損害賠償は認めるが差止めは自衛隊機についても米軍機についても認めないという判断）が維持されてきている。以下では、このような自衛隊機や米軍機による被害について差止請求の適法性を認めない判断の当否について検討するが、その前に、基地騒音（爆音）によって生じている被害の性質について見ておこう。

かつては、騒音被害は主観的なもので個人差があるとされてきた。しかし、騒音被害がそのようなものではないことが、様々な調査や研究で明らかになっている。本件で問題となっている航空機騒音について見れば、2009年にヨーロッパにおける夜間騒音のガイドラインを出したWHOヨーロッパ事務局文書は、「夜間騒音曝露と健康影響との因果関係は既に確立されて」おり、また、「騒音と健康影響の……因果関係を支持するに足る優れた既存の知見がある」とした上で、特に、夜間騒音について、①睡眠中の騒音が生物学的に影響を与えることに関する十分な知見がある、②夜間騒音曝露が、自己申告による睡眠妨害、薬物使用の増加、体動の増加、（環境要因による）不眠症の原因となることを示す十分な知見がある、③夜間騒音が、ホルモンレベルの変化や心臓血管系疾患、うつ、その他の精神的疾患といった臨床症状を引き起こすという限定的な知見があるとしている（なお、ここでいう「十分な知見」とは、「偶然の一致、バイアス、歪みなどが十分に排除されていると考えられる研究において、その関係を確認しうる」ことであり、「限定的な知見」とは、「関連性は直接的には観測されていないが、因果関係を支持するに足る優れた既存の知見がある」という意味である）。加えて注意すべきは、上記文書も指摘するように、騒音被害として、睡眠妨害を通じた健康影響が注目されるようになっていることである。すなわち、「騒音→アノイアンスによるストレス→健康影響」だけではなく、「騒音→睡眠妨害→健康影響」のメカニズムが指摘されているのである。

それでは、基地騒音（爆音）訴訟の各判決では、どのような被害が認定され

ているのか。大阪空港控訴審判決は健康被害を認めたが、基地騒音（爆音）訴訟の各判決は、健康被害を、疾病あるいは身体的被害という意味で狭く解した上で、それを認定していない。しかし、相当程度に深刻な被害が発生していることは認めており、厚木訴訟第 1 審判決（前掲）は、航空機騒音が「周辺住民に対して難聴や耳鳴りなどの聴力障害を発現させ、又は従前より存した他の原因による聴力障害を更に増悪せしめる重大な原因となりうる客観的危険性はこれを否定し難い」とした上で、「本件飛行場に離着陸する航空機に起因する激甚な航空機騒音等は、右の身体的被害ないし健康被害を発生させ、又は他の原因に基づいて生じた身体的被害を悪化せしめる客観的危険性を有する」とし、嘉手納第 1 次訴訟控訴審判決（福岡高那覇支判平10・5・22判時1646・3）も、聴覚被害が発生する客観的かつ高度の危険性があるとまでは認められないとしても「騒音の特に激しい地域において難聴等の聴覚被害の一因となる可能性を払拭できないような状況下で生活しなければならない住民らが現在又は将来の聴覚の不具合の発生に不安を感じることも十分に理解できる」とし、健康被害に接近した被害を肯定している。さらに、最近の判決では、前述のような騒音被害に関する知見の深まりを踏まえて、かなり明確に健康への悪影響を認める判決も出てきている。例えば、普天間第 2 次訴訟第 1 審判決（那覇地沖縄支判平28・11・17判時2341・3）や嘉手納第 3 次訴訟第 1 審判決（那覇地沖縄支判平29・2・23判時2340・3）は、「本件飛行場の航空機騒音によって血圧の上昇及び高血圧症状の発症のリスクが高まっていると評価することができる」とする。

　以上のような健康への悪影響についての踏み込んだ判断の基礎には、生活妨害の中でも、睡眠妨害が重視されるようになってきたことがある。例えば、普天間第 2 次訴訟第 1 審判決（前掲）は、「入眠困難、覚醒や睡眠深度の変化、血圧・心拍数・指先脈波振幅の上昇、血管収縮、呼吸の変化、不整脈、体動の増加等の睡眠妨害」として、睡眠妨害の健康影響を重視し、また、厚木第 4 次民事訴訟判決（横浜地判平26・5・21判時2277・123）は「睡眠妨害の被害の程度は相当深刻」とした。そして、厚木第 4 次行政訴訟判決（横浜地判平26・5・21判時2277・38）も、「健康被害に直接結び付き得るものとしては睡眠妨害が深刻」として、初めて自衛隊機の差止めを認め、その控訴審である東京高判平27・7・30（判時2277・13）も、「睡眠妨害については、健康被害に直接結び付

き得るものであるところ、第1審原告らを含む住民が被っている睡眠妨害の程度は相当深刻なものであ」ることを理由に、差止め判断を維持している。なお、この自衛隊機の差止めを認めた判決は最高裁によって斥けられている（最判平28・12・8民集70・8・1833）が、最高裁も睡眠妨害の程度は相当深刻としている。

このような深刻な被害が発生しているとすれば、それにもかかわらず差止請求が不適法とする判断の妥当性が、あらためて問われることになる。

4 基地騒音（爆音）差止請求の適法性

(1) 自衛隊機の場合　大阪空港最高裁判決は、空港管理権と航空行政権の不可分一体論を理由に差止請求を却下した。厚木訴訟第1次訴訟第1審判決（前掲）など、基地公害訴訟でも同様の論理を取るものがある。しかし、厚木第1次訴訟最高裁判決（前掲）は、前述のように、一体不可分論ではなく、自衛隊機の運航に関する防衛庁長官の権限行使を端的に公権力行使と見て、そのような公権力の行使を求める請求を民事訴訟としては不適法としている。これは、国営空港を運輸省の許認可を媒介にして飛行会社の利用に供しているという大阪空港と異なり、国が自己の行為として飛行を止めたり制限したりして騒音の発生を防ぐことができるので、防衛庁長官の自衛隊機の運航に関する権限行使を端的に公権力の行使とした上で、公権力行使を民事訴訟で求めることはできないとしたものと思われる。しかし、果たして、自衛隊機の運航に関する防衛庁長官の権限行使が「公権力行使」といえるかどうかについては疑問がある。最高裁判決前の厚木第2次訴訟第1審判決（横浜地判平4・12・21判時1448・42）は、「厚木基地における自衛隊機の運航活動は、公権力の行使に当たる事実行為であるということはできず、その性質は、内部的な職務命令により行われる、被告設置の飛行場における、被告保有の航空機の運航活動にすぎないというべきであ」るとし、また、最高裁判決後の小松第3～4次訴訟第1審判決（金沢地判平14・3・6判時1798・21）は、「本件にあっては、民事訴訟の手続により本件飛行場における自衛隊機の離着陸の差止め等がなされたとしても、そのことで必然的に取消変更ないし発動を求められることとなる公権力の行使又はこれに擬すべき公権力主体の行為は見いだし難い」としている。

　厚木基地公害に関しては、第1次訴訟において、最高裁が、「行政訴訟としてどのような要件の下にどのような請求ができるかはともかくとして」としたことから、第4次訴訟では、原告は、行政訴訟をあわせて提起した（法定の差止訴訟または無名抗告訴訟）。これに対し、第1審は、以下のように、請求を認めた（横浜地判平26・5・21判時2277・38）

　　「厚木飛行場における自衛隊機の運航に関する防衛大臣の権限の行使は、その運航に必然的に伴う騒音等について周辺住民の受忍を義務付けるものであるから、同権限の行使は、騒音等により影響を受ける周辺住民との関係において、公権力の行使に当たる行為である（「自衛隊機運航処分」）。」「したがって、自衛隊機運航処分に基づく騒音等により社会生活上受忍すべき限度を超える被害が生じている、あるいは生ずるおそれがあると考える周辺住民は、当該自衛隊機運航処分を対象とする抗告訴訟を提起して争うことができなければならない」が、自衛隊機運航処分について、法定の差止訴訟が想定している「一定の処分」を観念することは困難であり、「法定の差止訴訟によってこれを求めるのは困難であるといわざるを得ないから、無名抗告訴訟によってこれを求めるべきであり、無名抗告訴訟としてその要件を構成すべきである。」

　以上のように、差止請求の適法性を肯定した上で、違法性判断について次のように言う。

　　最高裁は、国道43号線訴訟において、「差止請求を認容すべき違法性の有無を判断するに当たっては、特に、被侵害利益の性質・内容と侵害行為の持つ公共性ないし公益上の必要性の内容と程度等の比較検討を重視する判断を示した。これは民事上の差止請求に関する判示であるが、無名抗告訴訟としての自衛隊機運航処分差止めの訴えにも妥当するというべきである。」

　このような判断枠組みを踏まえて、第1審判決は、被害の重大性を重視して、差止めを認めた。被害の実態に目を向け、最高裁判決の枠組みを維持した上で、被害救済に一歩踏み込んだ重要な判決だが、その特徴は、行政訴訟（無名抗告訴訟）としつつ、自衛隊機の「運航処分」が違法かどうかを判断するにあたって、民事差止訴訟における受忍限度判断の枠組みに依拠したことであり、「自衛隊機運航処分という特殊な行政処分」に対する行政訴訟と言いながら、実質的には民事訴訟に近い判断をしていることである。だとするならば、あえて、「自衛隊機運航処分という特殊な行政処分」などという概念を立てることなく、端的に民事訴訟としての請求を適法とすべきではないのかという疑

問もある。

2015年7月30日に東京高裁は、上記事件の控訴審において、横浜地裁の自衛隊機に関する差止判断を維持した（東京高判平27・7・30判時2277・13）。東京高裁は、次のように、（横浜地裁と異なり）行政訴訟法上の差止訴訟として判断し、同訴訟の要件の「重大な損害を生ずるおそれ」を認めた。

> 「自衛隊機の運航については、その航行の安全及び航行に起因する障害の防止を図るための規制を行う権限が防衛大臣に与えられているということができる。」「自衛隊機の運航は、その性質上必然的に騒音等の発生を伴うものであり、防衛大臣は、上記騒音等による周辺住民への影響にも配慮して自衛隊機の運航を規制し、統括すべきものであるが、このような影響は自衛隊の飛行場の周辺に広く及ぶことが不可避であるから、防衛大臣の上記権限の行使は、自衛隊機の運航に必然的に伴う騒音等について周辺住民の受忍を義務付けることとなるので、これら周辺住民との関係において、公権力の行使に当たる行為ということになる。」「本件自衛隊機差止めの訴えは、防衛大臣による厚木飛行場のおける自衛隊機の運航という事実行為に係る権限行使（自衛隊機運航処分）がその根拠法規に照らして違法であることを主張してこれを事前に差止めることを求めるものであり、抗告訴訟の類型としては行訴法3条7項、37条の4所定の差止めの訴えに該当する。」

> 「行訴法の定める違法性に関する請求認容要件である防衛大臣がその与えられた裁量権の範囲を逸脱又は濫用したという意味での違法性が必要である」が、「自衛隊機の運航により達成しようとする行政目的との関係で、第1審原告らの被る騒音等による被害が不相応に大きい場合には、必要性のない受忍を強いるものであって、いかに裁量権の行使とはいえ、その権限を付与された法令の趣旨、すなわち、自衛隊機の運航を規制するに当たって災害防止等の措置を講ずべきものとした自衛隊法107条5項の趣旨に反することになるから、裁量権の範囲を逸脱又は濫用するものとして違法となる場合もある。」「騒音による睡眠妨害やその他の生活妨害によりその人格的利益は大きく損なわれているところ……睡眠妨害については、健康被害に直接結び付き得るものであるところ、第1審原告らを含む住民が被っている睡眠妨害の程度は相当深刻なものであり、その被害の性質上、前記金員の支払のみによっては損害が填補され、これを回復することはできないと考えられる。そうすると、自衛隊機運航処分については、基本的には公共性や公益性の高いものが多いけれども、全てにわたってそのような性質が認められるわけではないから……原告らの被っている被害の実態に照らすと、『重大な損害を生ずるおそれ』があると認められ、公共性や公益性のみをもってこれを否定することはできず、この点は、同処分の違法性の判断において考慮される

こととなる。」

　これらに対し、最高裁（前掲）は、原審を破棄し、差止請求を斥けた。最高裁は、まず、原告らは「本件飛行場に離着陸する航空機の発する騒音により、睡眠妨害、聴取妨害及び精神的作業の妨害や、不快感、健康被害への不安等を始めとする精神的苦痛を反復継続的に受けており、その程度は軽視し難いものというべきであるところ、このような被害の発生に自衛隊機の運航が一定程度寄与していることは否定し難い。また、上記騒音は、本件飛行場において内外の情勢等に応じて配備され運航される航空機の離着陸が行われる度に発生するものであり、上記被害もそれに応じてその都度発生し、これを反復継続的に受けることにより蓄積していくおそれのあるものであるから、このような被害は、事後的にその違法性を争う取消訴訟等による救済になじまない性質のもの」なので、行訴法34条の４の要件である「重大な損害を生ずるおそれ」があるとして、法定差止請求をすることは適法であるとして、原告の請求の適法性を肯定する。被害住民らが行政訴訟法上の差止請求を提起しうることを明確に認めたものであり、大きな意義を有する。

　しかし、最高裁は、請求そのものは斥けた。最高裁は、一方では、原告らの被害について、「上記騒音によって第１審原告らが主張するような心筋梗塞等の循環器系疾患や胃炎等の消化器系疾患といった具体的な健康被害が生じたものとは認定されていないものの、特に上記睡眠妨害の程度は相当深刻であるなど、上記被害は第１審原告らの生活の質を損なうものであり、軽視することができない」としている。にもかかわらず、請求を斥けたのは、一つには、自衛隊機の騒音発生への寄与が小さい考えたためのように思われる。しかし、自衛隊機の寄与が小さなものであるかどうかについての疑問に加えて、かりにそうだとしても、裁判所が（後述するように）米軍機について、住民らが差止めを請求することはできないとしていることをどう見るかという点が問題となる。この点につき、第１審は、「厚木飛行場周辺の航空機騒音のうちの多くを米軍機の発するものが占めており、特に著しく大きな騒音を発する大型ジェット機は全て米軍機であることが認められる。しかしながら、防衛大臣は、日米安保条約に基づき我が国の安全に寄与するとともに極東における国際平和と安全の維持に寄与する目的で日米地位協定２条４項（ｂ）に基づき米海軍にその一時使

用が認められた厚木飛行場において米軍機が離発着して周辺住民に騒音等による被害をもたらしていることを前提として自衛隊機運航処分をすべきものである」としていることが注目される。米軍機による騒音と自衛隊機による騒音は、ともに厚木基地の使用によって生じているのであり、米軍に基地を提供しているのは国なのであるから、もしかりに米軍機について差止請求が不適法だとするのであれば、防衛大臣は、米軍機による騒音の状況をも考慮しながら、自衛隊機の運航に関する権限を行使すべきなのではないか（本最高裁判決については、大久保規子「第4次厚木基地騒音訴訟最高裁判決の検討」環境と公害46・4・65以下参照）。

　(2)　米軍機の場合　　米軍機の騒音の場合、まず、誰を被告として差止めを請求するかが問題となる。多くの訴訟は国を被告としているが、米軍ないし米国を直接訴える訴訟も存在する。この点に関しては、わが国の裁判権が米軍ないし米国に及ぶのかが問題となる。最高裁は、米国に対する差止請求で、裁判免除の国際法上の慣習法の存在を理由に、請求を棄却している（最判平14・4・12民集56・4・729百選 NO.40）。

　もしかりに米国や米軍を被告にすることができないとすれば、それらに基地を提供している国を相手の裁判が考えられる。しかし、米軍機の騒音の差止めを求めた訴訟は、厚木訴訟以外にも多数存在するが、裁判所は、すべて、原告の請求をしりぞけている。例えば、横田第1～2次訴訟最高裁判決（最判平5・2・25判時1456・53百選 NO.38）は、その理由として、国は、米軍の本件飛行場の管理運営の権限を制約し、その活動を制限し得るものではないので、上告人らが米軍機の離着陸等の差止めを請求するのは、国に対してその支配の及ばない第三者の行為の差止めを請求するものというべきであるから請求は主張自体失当であるとしている。

　米軍ないし米国を被告にできないとすれば、国に対する請求を何らかの形で認めないと、重大な被害が発生しているのに、（損害賠償による事後的救済を別にすれば）被害発生が放置され、住民としてはとるべき方法がないということになる。それが法治主義国家のあり方として問題だとすれば、何らかのことが考えられてよいのではないか。

　＊米軍機による騒音（爆音）被害の差止請求の適法性に関する試論　　まず、安保条

約と地位協定に基づいてわが国に駐留する米軍については、その存在の合憲違憲判断は別にしても、それが、わが国に存在する以上は、わが国において妥当している法的ルールには、本来、原則として従うべきである。わが国の法的ルールの適用が排除される場合には、明確な条約や法律上の根拠が必要であり、裁判所も、損害賠償を認めるという限りでは、米軍の活動が被害を発生せしめているならば、それは違法なものであること、したがって、そのことによる被害は救済されるべきことを認めているのである。そして、重要なことは、米軍機による騒音（爆音）公害の場合、被害が日常生活における不便や精神的なものにとどまらない深刻さを有していることである。このように、米軍機の発生させる騒音により重大な被害が発生しているとすれば、それは、国内法のルールにしたがえば、違法状態の惹起・継続である。そのような違法な状態は、本来、除去されなければならないのであり、被害者にその違法な状態を是正する法的手段が与えられるべきは、自力救済を禁止した近代以降の法システムでは当然のことである。

　米軍機による騒音（爆音）公害において、違法な状態が生じており、それは何らかの法的手段により除去されるべきだという前提に立った場合、本来、米軍に対して被害の救済と発生防止を求めることが本来許されるべきであるが、もしかりに、条約等により米軍に対する直接の請求が認められないというのであれば、米軍に基地を提供している国の責任が問題とならざるをえない。国は、基地（施設・区域）の提供者であるのだから、提供している施設・区域における米軍の活動が騒音被害発生の原因となっているとすれば、この立場において、何らかの責任を負うはずである。そして、米軍機による騒音が受忍限度を超える被害を発生させており違法なものだと言える以上、違法な状態を除去する手段は被害者に認められるべきであり、妨害者である米軍に対する請求ができない場合、国に対する請求が認められて良いのではないか。そうしないと、米軍の騒音差止めについては裁判を受ける権利が全く認められない結果となってしまう。国民の権利を擁護・支援すべき国は、違法な侵害を除去するための措置を講ずべき義務を有すること、そして、国家機関の一部たる裁判所も、その義務を果たすという立場から判断を行うことを求められていることは当然のことである。嘉手納第3次訴訟第1審判決（前掲）は、2万人を超える膨大な数（公害訴訟でも最大数）の原告に総額300億円の慰謝料を認めたが、生じている（あるいは生じうる）被害の性質から見て、慰謝料を認めれば済むという問題ではなかろう。

　以上のように、国に対して差止請求がなしうるとして、問題は、国は被害発生を防ぐためにどのようなことができるか、つまり、国に差止めを認めても、それは国に不可能を強いることになってしまわないかということが問題となる。最高裁は、前述のように、条約ないし国内法令に特段の定めのない限り、米軍の飛行場管理運営を制限

することはできないので、国への差止請求は、その支配の及ばない第三者の行為の差止めを請求するものであるから、主張自体失当とした。しかし、この考え方には疑問がある。まず第1に、国自身が騒音被害を防止ないし軽減するために取りうる措置はないのかが検討されなければならない。現実に、国は、家屋の防音工事等、一定の対策は行っている。しかし、それらがなお十分とは言えないとすれば、さらに国自身の対策実施を求めることは可能であり、そのような請求を、騒音の原因は米軍だといってしりぞけることはできないはずである。第2に、条約ないし国内法令に特段の定めがなければ、米軍に働きかけて被害発生を防止（ないし少なくとも軽減）することはできないのかという点も問題である。日米合同委員会での協議や外交交渉を行わせることを求めることは出来ないのであろうか。第3に、かりに国のとりうる措置が確定できなくても、そのことは、直ちに、国に対する差止請求が認められないということを意味すると考えるべきではない。実体法的に差止めを認めた上で、問題を執行の問題として考え、判決が認められるまで間接強制として一定の額の賠償を認めるという解決や、あるいは、交渉義務確認判決という方法も考えられるのではないか（米軍機による騒音・爆音被害における国の法的地位や裁判所としてなしうる判断について、詳しくは、拙著『環境法の現代的課題』261頁以下参照）。

第**11**講 アスベスト被害

1 アスベスト疾患とは

　アスベスト（石綿）は、繊維状の構造を持つ鉱物である。糸や布に織れるうえに、耐久性・耐熱性等にすぐれており、何より安価なために、建材、電気製品、自動車等、広範囲に使用されてきた。わが国でこれまでに約1000万 t が消費されたと言われており、ほとんどは海外からの輸入品である。アスベスト繊維の大きさは、直径0.02〜0.2μm と非常に細いものであり、空気中に飛散したアスベストを人が吸い込むと、石綿肺（じん肺の一種）、肺がん、中皮腫（胸膜や腹膜にできる悪性腫瘍）等の、深刻な疾病を引き起こす。しかも、アスベスト曝露から数十年の潜伏期間を経て発症する点に特徴がある。

　アスベストの有害性は比較的早くから知られており、1972年には世界保健機関（WHO）が発がん性について認識していた。日本では、1975年に天井裏などにアスベストを吹き付ける工法が原則禁止されたが、アスベストの使用そのものは継続し、有害性の高い青石綿と茶石綿の使用が禁止されたのが1995年、白石綿については、2004年にようやく原則禁止（全面禁止は2006年）とされた（以上については、藤倉良・藤倉まなみ『文系のための環境科学入門（新版）』36頁以下参照）。

　2005年6月、尼崎市のクボタ神崎工場で、1979年以降、悪性中皮腫で多くの従業員が死亡し、周辺住民にも被害が出ていることが新聞報道された。同工場では1975年まで毒性の強い青石綿を使っており、1995まで白石綿を使っていた。その後の疫学調査で、工場周辺の住民に中皮腫による死亡率が全国平均を大きく上回ることが明らかとなり、アスベストは社会のいたるところで使われ、現存することから大きな社会問題となった（「クボタショック」）。

　アスベストによる被害は、労災、大気環境の汚染、商品使用、産業廃棄物といった、様々なタイプの汚染（曝露）が複合した社会的（人為的）災害（複合型の社会的災害）であり、また、過去に人体・商品・環境に蓄積した有害物質が

長期間を経て被害を生む、ストック型災害である。被害を受けるタイプも様々で、職場の汚染により労働者が被害を受ける労災型、労働者の家族が被害を受ける（例えば、アスベスト作業場で働いていた労働者の着衣がアスベストによって汚染されて、それが家庭に持ち込まれる）労災関連型、アスベスト関連事業場の周辺の住民に被害が出る公害型、関連事業場が周辺にあるといった事情がないがアスベストが含まれた環境に曝露された（例えば、居住している住宅の天井裏の吹きつけアスベストへの曝露）環境型等、多様に渡っている（アスベスト問題の全体像については、宮本701頁以下参照）。

2　アスベスト被害救済の仕組み

　アスベスト被害のうち、労災型については、労働者災害補償保険法による労災補償が行われる。アスベスト労災と認定されれば、例えば、死亡の場合、一時金や葬祭料のほか遺族補償年金が支払われるなど、比較的手厚い保護が与えられる。しかし、それ以外については、特別の救済制度がなかった。「クボタショック」で、非労災型の被害が顕在化し、2006年に石綿健康被害救済法（以下、救済法）が制定された。

　救済法の対象疾病は、当初は中皮腫ならびに肺がんに限定されており（労災の場合は、石綿肺、肺がん、中皮腫、良性石綿胸水、びまん性胸膜肥厚）、2010年に石綿肺とびまん性胸膜肥厚が追加されたが、それには「著しい呼吸機能障害を伴う」という限定が付されている。救済の対象者として、労災補償適用者は除かれるが、労働者の死亡後5年を経て労災補償が時効にかかっている場合には遺族に給付がなされる。給付にあたっては、アスベスト曝露と疾病との因果関係の認定が必要である。

　給付内容は、医療費や特別遺族年金等だが、労災は休業補償が平均賃金の60％であるのに対し、石綿救済法では一律月10万3870円であり、労災におけるような遺族年金は存在しないなど、大きな差がある。このような差があるのは、石綿救済法による「救済」（補償ではない）が民事責任を前提としないものであることから来るとされる。同法制定当時、環境省は、同制度は、「石綿による健康被害の迅速な救済を図るために、民事責任や国家賠償責任とは切り離した幅広い関係者の拠出による行政上の救済制度として構築されるものであ

る」と説明している。さらに、中央環境審議会は、給付内容の充実を訴える被害者団体からの意見を受けて、制度の基本的考え方と給付内容について検討を行ったが、2011年の答申において、次のように述べて、現行制度の基本的性格を維持するほかないとした。石綿健康被害は、①責任を有する者の特定が極めて困難であり、②基本的には過去の石綿曝露によって生じた健康被害であり、③責任を有する者が不明確であるがゆえに費用負担すべき者を確定できないことから保険（的）制度としての性格にはなじまない。また、④原因者や、排出実態、汚染状況等に関する知見が整っておらず、⑤公害健康被害補償制度でいうところの賦課金といったものの徴収対象者を特定することが難しいため、民事責任を踏まえた補償制度である公害健康被害補償制度と同様の性格とすることは困難である。

　このような制度の性格付けは、その費用負担のあり方にも表れている。本制度では救済費用は、労働者を使用する事業主等からの「一般拠出金」と、石綿との関連が特に深い事業活動を行っていた「特別事業主」からの「特別拠出金」、それに、国の交付金と自治体の拠出金によってまかなわれることになった（同法の制定経過や概要については、大塚直「石綿健康被害救済法と費用負担」法学教室326・71以下参照）。このような費用負担になった原因は、個別的な因果関係を明確にできないことを背景として、「民事責任」とは切り離した制度として作られたからである。アスベスト被害者やそれを支援する団体からは、アスベスト被害についても、被害の実態や構造から見て「責任」を踏まえた制度を作ることは可能であり、これからますます深刻に顕在化するであろう被害に対応するために不可欠であるとの要求が強く出されている。

3　アスベスト被害救済をめぐる訴訟

　(1)　はじめに　　前述のような救済制度の問題点もあり、アスベスト被害救済を求める民事損害賠償訴訟が多数提起されている。そこでは、アスベストの複合的な災害としての特質から、複合的な責任のあり方が問題となるが、企業や事業者の責任は、アスベストの危険を知りながら、その有用性や経済性のために使用し続けてきたことによる責任である。また、国にも、規制を行なうべき事態が生じていたにもかかわらず踏み切らなかったことによる責任が問題と

なる。

　以下では、最高裁判決の出ている泉南アスベスト訴訟と、全国各地で係争中の建設アスベスト訴訟について説明するが、これ以外にも、賃貸建物吹き付けアスベストにより中皮腫を発症した賃借人に対し、建物所有者に民法717条の土地工作物責任を認めたもの（最判平25・7・12判時2200・63）、アスベストを扱う企業の労働者やその出入り業者に対し安全配慮義務違反による賠償を認めたもの、クボタの工場周辺の住民に賠償を認めたもの（大阪高判平26・3・6判時2257・31）など、多数の裁判例が存在する。

　(2)　泉南アスベスト訴訟について

　(i)　泉南アスベスト訴訟とは　　大阪府の泉南地域では、20世紀のはじめから最近になってすべての工場が生産を中止するまで、100年にわたって石綿製品の生産が続けられてきた。最盛期には下請の零細企業まで含めると200社以上、従業員数2000名あまり、石綿製品全国シェアの60〜70％を占める時期もあったとされる。しかし、工場の規模は小規模（従業員数は最大でも40名程度）であり、また、石綿工場が住宅地、農地の中に混在したので、労災型被害と公害型被害が混在し、いわば、地域ぐるみの汚染が発生していた。また、戦前（1930年代）から深刻な汚染が認識され、行政による疫学的・臨床的検査が行なわれ、石綿肺罹患率の高さが確認されている。

　本件訴訟の原告は、元従業員とその家族、近隣住民、近隣で農作業等を行なっていた者等であり、病名は、石綿肺、肺がんなど多様である。この訴訟では、国のみが被告として訴えられているが、その背景には、泉南地域の石綿工場はほとんどが零細業者であり、すでに廃業したり、つぶれているところが圧倒的で、クボタのように、企業の支給による救済が事実上不可能な中で、国による救済がどうしても必要という事情があるが、同時に、戦前から戦後にわたって全国一の石綿生産の集積地であった泉南から国の責任追及の声を上げることの意義、国の産業政策によって石綿産業が集積し、その結果、被害が集積している泉南地域（しかも、行政の調査で被害が明らかとなっている地域）において、国の責任を明確にし、責任を踏まえた救済を行わせることに、訴訟の意義・狙いあった（提訴にいたる事情や意義・狙い等については、挑戦第14章参照。泉南アスベスト事件の顛末については、永尾俊彦『国家と石綿』に詳しい）。

(ii)　本件において国の責任を考える上で留意すべき点　　アスベストの場合、潜伏期間が長く民間ではその危険性を把握する上で限界があるが、反面、国は調査等による情報を独占的に有している。アスベストは、使用が生活のあらゆる面に及んでおり社会全体での取り組みが必要といった特徴があるので、アスベスト被害の場合、国の解明・情報開示の持つ意味合いが大きい。このように、国が関与しないと危険防止が十全にはできない面がある点に国の規制責任の重さがある。

　また、「今日のアスベスト問題の根源はアスベストの有害性に目をつぶりながら、通産省が商社とともにアスベスト、アスベスト製品の輸入を促進し、建設省がアスベスト業界とともに、吹付けアスベストを含めアスベスト含有建材の利用を促進したことにあるのではないか」という指摘がある（中皮腫・じん肺・アスベストセンター編『アスベスト禍はなぜ広がったのか』194頁）が、もし、アスベストの普及によるリスク拡大に国が寄与していたとすれば、それによる被害防止において国は高度の責任を負っていると言えるのではないか。さらに、泉南の場合、中小零細企業や家内業内職等が大部分であり国等の情報提供や啓発がなければ危険を正確には認識し得ない、技術的にも経済的にも単独での対応能力に欠ける、紡織が中心のために、他の利用よりも危険性が高いといった地域特有の事情がある。

(iii)　判　　決

①　大阪地判平22・5・19（判時2093・3百選 NO. 16）　　判決は1959年ころには石綿肺についての、1972年ころには肺がん・中皮腫についての知見が確立したとし、1960年までに、旧労働基準法、労働安全衛生法に基づき、その委任の趣旨に沿った具体的措置を定める省令制定権限を行使し、省令を制定し局所排気装置設置を命ずべきであり、また、1972年の時点において測定とその結果の報告および改善措置を義務づけるべきであったとして、国の規制権限不行使による責任を認めた。

②　大阪高判平23・8・25（判時2135・60）　　本判決は①の控訴審判決だが、判決は、国の責任を認めた第1審判決を破棄し、国の責任を否定した。その理由は、「上記規制権限を行使すべき時期及びその態様等については、労働大臣によるその時々の高度に専門的かつ裁量的な判断に委ねられている」として、

規制権限の行使に関して国の広い裁量を肯定したことにあるが、判決がこのような国の広い裁量を認めたことの背景には、「それらの弊害が懸念されるからといって、工業製品の製造、加工等を直ちに禁止したり、あるいは、厳格な許可制の下でなければ操業を認めないというのでは、工業技術の発達及び産業社会の発展を著しく阻害するだけではなく、労働者の職場自体を奪うことにもなりかねない」とする産業重視の考え方がある。

③　大阪地判平24・3・28（判タ1386・117）　　第二陣訴訟の1審判決である。判決は、（②判決と異なり）国の責任を認めた。

④　大阪高裁平25・12・25（民集68・8・900）　　③の控訴審判決である。判決は以下のように述べて国の責任を認めた。

　　まず、旧労基法と安衛法の目的、省令制定権限付与の趣旨に鑑みると「労働大臣の省令制定権限は、粉じん作業等に従事する労働者の労働環境を整備し、その生命、身体に対する危害を防止し、その健康を確保することをその主要な目的とし、<u>できる限り速やかに、技術の進歩や最新の医学的知見等に適合したものに改正すべく、適時にかつ適切に行使されるべき</u>」である。そして、1958年5月26日時点までに、労働大臣の省令制定権限が適切に行使され、罰則をもって局所排気装置の設置を義務付けていれば、それ以降の石綿工場で働く労働者の石綿関連疾患の被害拡大を相当程度防ぐことができた。

　　さらに、肺がんや中皮腫との関連性に対する医学的知見が集積し、重大な健康被害防止のために、より徹底した石綿粉じん暴露の防止策の実行が求められていたことをも考え併せれば、1972年以降、労働大臣には、新たな科学的、医学的知見や諸外国の規制の動向に即応して、省令や告示の改正によって上記規制の内容を速やかに見直し、強化することが求められていたというべきである。

⑤　最判平26・10・9（民集68・8・799、判時2241・13）　　以上のように、高裁の判断が分かれたが、最高裁は、次のように述べて、国の責任を認めた。

　　「旧労基法及び安衛法が、上記の具体的措置を命令又は労働省令に包括的に委任した趣旨は、使用者又は事業者が講ずべき措置の内容が、多岐にわたる専門的、技術的事項であること、また、その内容を、できる限り速やかに、技術の進歩や最新の医学的知見等に適合したものに改正していくためには、これを主務大臣に委ねるのが適当であるとされたことによるものである。」「以上の上記各法律の目的及び上記各規定の趣旨に鑑みると、上記各法律の主務大臣であった労働大臣の上記各法律に基づく規制

権限は、粉じん作業等に従事する労働者の労働環境を整備し、その生命、身体に対する危害を防止し、その健康を確保することをその主要な目的として、<u>できる限り速やかに</u>、技術の進歩や最新の医学的知見等に適合したものに改正すべく、<u>適時にかつ適切に</u>行使されるべきものである。」

「本件における以上の事情を総合すると、労働大臣は、昭和33年 5 月26日には、旧労基法に基づく省令制定権限を行使して、罰則をもって石綿工場に局所排気装置を設置することを義務付けるべきであったのであり、旧特化則（特定化学物質障害予防規則）が制定された昭和46年 4 月28日まで、労働大臣が旧労基法に基づく上記省令制定権限を行使しなかったことは、旧労基法の趣旨、目的や、その権限の性質等に照らし、著しく合理性を欠くものであって、国家賠償法 1 条 1 項の適用上違法であるというべきである。」

以上によって、筑豊じん肺最高裁判決と水俣国賠訴訟判決における規制権限不行使に関する判断が再確認された。その他の国賠訴訟にも大きな影響を与えるものと思われるが、1971年の特化則制定による局所排気装置義務づけ以降については責任がないとされたこと、近隣曝露や事業主でもあった被害者への責任が否定されるなど、全面的な救済には、なお、課題も残った。なお、本判決後、国の責任が認められた1958年 5 月26日から1971年 4 月28日までの間に、局所排気装置を設置すべき石綿工場内において、石綿粉じんに暴露する作業に従事した元労働者やその遺族が、国に対して訴訟を提起し、一定の要件を満たすことが確認された場合には、国は、訴訟の中で和解手続を進め、損害賠償金を支払うという原告らと国の合意が成立し、厚労大臣は謝罪を表明した。

（3）　建設アスベスト訴訟

（ⅰ）　建設アスベスト訴訟とは　　アスベスト含有建材を使った建設作業に従事した労働者ら（労働者を雇用せず建設作業に自らが従事する事業者（「一人親方」）らを含む。以下、両者を含めて、建設作業従事者と呼ぶ）が、国とアスベスト含有建材のメーカーを相手に起こした損害賠償訴訟が、全国各地で争われている。すでに、横浜地裁（平24・ 5 ・25）、東京地裁（平24・12・ 5 ）、福岡地裁（平26・11・ 7 ）、大阪地裁（平28・ 1 ・22）、京都地裁（平28・ 1 ・29）、札幌地裁（平29・2 ・14）、横浜地裁（平29・10・24）、東京高裁（平29・10・27）同（平30・ 3 ・14）で判決が言い渡されている。

国の責任については、横浜地裁が、国が規制権限を行為するには「医学的知

見の確立」が必要だとして国の責任を認めなかったが、東京判決以降は、規制権限は「適時かつ適切に」「できる限り速やかに」行使すべきとの、筑豊じん肺や水俣国賠最高裁判決の考え方（泉南アスベスト最高裁判決もこれを踏襲）を引いて、防じんマスク着用の義務付けや警告表示の義務付けなどをしなかったことを理由に国の責任を認める判決が続いている（初めての高裁判決である東京高判平29・10・27も国の責任を認め、同平30・3・14も国の責任を認めた）。ただし、これらの判決では、規制権限の根拠を労働安全・衛生関係の法規に求めたことから、自らも作業に従事する零細事業主や、建設作業に多い「一人親方」に対しては責任が認められていないという限界がある（なお、東京高判平29・10・27は、労働者にあたるかどうかは「必ずしも労務提供の法形式にとらわれることなく、指揮監督下の労働という労務提供の形態及び報酬の労務に対する対償性の実質から見た使用従属関係に着目して判断されるべき」としている）。また、国の責任は補充的であるとして（内部負担においてだけではなく被害者との関係でも）、その責任は部分的だとしている。しかし、国の責任を補充的第二次的と見ることは適切であろうか。防火建材としての推奨といった事実から見て、国の責任が第二次的とは言えないのではないか。さらに、かりに国の責任がメーカー等の責任に比して少ないとしても、それは、あくまで、賠償義務者間の内部負担の問題であり、規制権限不行使と損害の因果関係が認められれば（共同不法行為かどうかにかかわらず）被害者との関係では全額について連帯責任を負うと考えるべきではないか。

　これに対し、建材メーカーについては、地裁の判断は分かれている。国の責任については泉南アスベスト訴訟で説明した論点と重なるので、ここでは、メーカーの責任に絞って検討してみよう。

　(ⅱ)　本件の特質　　アスベスト含有建材を製造販売しているメーカーは、建設作業従事者のアスベストへの曝露という危険状態の創出に（少なくともその一部に）何らかの程度において寄与している可能性が高い。しかし、このような構造があるにもかかわらず、アスベスト含有建材を製造販売した建材メーカーは複数存在するため、アスベスト曝露の原因となった建材とそのメーカーを特定することは容易ではないこと、さらに、建設作業従事者は、いくつもの作業現場を転々として作業に従事することが一般的であるため、どのメーカーの建材に含まれたアスベストが当該原告の働いていた建設現場におけるアスベスト

汚染という危険状態作り出したか、また、どの程度において作り出したか（個別的な因果関係）の証明が極めて困難である。この場合、個別的な因果関係が証明されないからといって、メーカーが何らの法的責任を負わず、被害者に救済が与えられないという結果に問題はないのであろうか。複数原因者の責任に関する考え方（民法719条の共同不法行為論）を活用する可能性はないのか。この点に、本件における建材メーカーの責任を考える上での中心的な論点が存在する。

　(iii)　判　　決

①　横浜地判平24・5・25（訟月59・5・1157）　　本件で原告は建設省データベースに登載されていたアスベスト含有建材メーカー44社を被告とする請求を行ったが、判決は、「被告企業44社の石綿含有建材の製造の種類、時期、数量、主な販売先等は異なり、一方で、各原告又は被相続人の職種、就労時期、就労場所、就労態様は異なる。そうであれば、各原告又は被相続人の損害を発生させる可能性の程度は、各被告ごとに大きく変わり得る。それらを捨象して、石綿含有建材を製造等した企業であれば、どの原告又は被相続人に対しても、いわば等価値にその損害を発生させる可能性があるとはいうことができない」として責任を否定した。

②　東京地判平24・12・5（判時2183・194）　　本判決は、石綿含有建材を製造、販売する者として負う警告義務を尽くしたとは認め難いから、この点で、被告企業らには過失があったというべきであり、製造物責任法施行後は、十分な警告表示を伴わなかった点において、製造物である石綿含有建材が通常有すべき安全性を欠いていた（欠陥あり）というべきとした。しかし、判決は、被告の中には「原告等が当該建材に由来する石綿粉じんに暴露した可能性がないか又はその可能性は極めて低いと考えられるものが存在すると認められる」ので1項後段は適用できず、後段の適用ないし類推適用についても、「加害行為が到達する相当程度の可能性を有する行為をした者が、共同行為者として特定される必要がある」が、原告らの主張は「加害行為が到達する可能性がゼロではない限り同項後段の『共同行為者』に該当するという見解に基づくものであ」り、「このような見解は、因果関係の存否の証明責任を転換するという同項後段の効果に鑑みると、責任を負う者の範囲を不当に拡げることになるもので

あって、相当ではな」いとして、責任を否定した。

③　福岡地判平26・11・7（LEX/DB25505227）　　この訴訟で原告は、被告を、「直接取扱建材（＝被災者が建築作業現場において建築作業に従事する際に直接取り扱う可能性又は直接接触する可能性があり、これにより石綿粉じんに直接曝露する危険性がある石綿含有建材）メーカーに絞り込んだが、それは、「被災者が取り扱う可能性のない建材を除外したものにすぎず、被災者が直接取り扱った可能性があるというにとどま」り、「原告らが主張する直接取扱建材が被災者に到達したと推定することが合理的であると認めることはできない」として責任を否定した。

④　大阪地判平28・1・22（判タ1426・49）　　京都と大阪の訴訟では、原告側は、当初の40数社全部に対する請求を取り下げ、原告の職種や従事してきた作業内容等に着目し、各原告にとって「病気発症の危険性が相当程度ある建材」の製造販売企業（大阪訴訟）、「各原告の職種に着目して石綿粉じんを曝露させた相当程度の可能性のある建材を製造販売企業」（京都訴訟）という第一段階の絞り込みに加えて、原告の（どのような建材を使ったかの）記憶や、その種の建材のシェアなどに着目して、「主要原因建材販売企業」（大阪）、「とりわけ可能性の高い建材の製造販売企業」（京都）という第二段階の絞り込みを行い、第一段階の絞り込みを行った企業に対する請求を主位的請求、第二段階の絞り込みを行った企業に対する請求を予備的請求とした。

　しかし、大阪地裁は、主位的請求につき、「各被災者が現実に取り扱った石綿含有建材を具体的に特定するものではな」いとし、予備的請求に対しても、「各被災者の就労期間において製造販売され、各被災者が建築作業に従事した建築現場のうちのどこかで使用された可能性がある石綿含有建材及びそのような建材を製造販売した建材メーカーを特定したにすぎないといわざるを得ず、製造販売行為の一体性を判断するに足りるだけの特定がなされているとはいえない」として、建材メーカーの責任を否定した。

⑤　京都地判平28・1・29（判時2305・22）　　同じく被告の絞り込みを行った京都訴訟で京都地裁は、719条1項後段は、文言上、択一的競合について定めたものであるが、累積的競合、重合的競合等、他の様々な競合であっても、「複数の行為が絡み合い競合したことによって個別的因果関係の立証が困難となる事態」の場合には、同後段を類推適用し、「①各加害行為者が結果の全部又は

一部を惹起する危険性を有する行為を行ったこと、および②それらが競合し、競合行為により結果が発生したことを主張立証すれば、各加害行為者の行為と結果との因果関係は法律上推定され」るとした。

その上で判決は、当該建材が「各被災者に到達した蓋然性が高い」建材メーカーは当該危険を招来した加害行為者として責任を問われ得るとして、結論として、当該建材につき10％以上のシェアを有する企業について責任を認めた。しかし判決は、責任が認められる建材メーカー以外の建材がありうることや、労働者である建設作業従事者を雇用する事業者の責任もあることから、被告企業らの責任が肯定される範囲は、「損害の公平な分担の見地」から、損害の3分の1を限度とするとした。

　＊京都判決について　　京都地裁判決が、「競合行為により結果が発生したことを主張立証すれば、各加害行為者の行為と結果との因果関係は法律上推定され」るとしたことに対しては、「競合行為」という曖昧な概念を介在させて因果関係を推定していることを批判する見解がある（内田貴「近時の共同不法行為論に関する覚書（下）」NBL 1082号37頁以下）。

　　確かに、ここでいう「競合行為」が認められるためには何が要件となるかについては、さらに検討が必要であるが、京都判決が、「各被災者に到達した蓋然性が高い」行為が絡み合って競合している場合、それを「競合行為」とし、それを媒介にして個別の因果関係証明を推定したと理解すれば、十分成り立ちうる考え方である。そして、このように考えれば、「到達の蓋然性が高い」という要件は、個々のメーカーの建材が被害者の作業現場に到達したことの高度の蓋然性をもった証明とは異なり、シェアなどを使った到達の可能性の証明で足りる（10％以上との限定が必要かどうかはともかく）ということになるのではないか。

⑥　札幌地判平29・2・14（判時2347・18）　　判決は、現行の民法719条1項の下では、被告企業らの共同不法行為責任は認められないとして責任を否定した。ただし、判決は、「国家賠償法に基づく法的責任を負う被告国のみならず、被告企業らを含む石綿含有建材の製造販売企業らが、建築関係企業らと共に、本件被災者らを含む建築作業従事者らの被った石綿関連疾患の発症による損害を填補するための何らかの制度を創設する必要があると感ずる」と述べている。

⑦　横浜地判平29・10・24（LEX/DB 25549052）　　判決は、製造・販売する企業が多数に及ぶこと、複合的な作用、暴露から長期間を経過して発症するとい

う特質から、被害者側で寄与した行為者全員の特定は困難であり、特定できたとしても、「寄与度を認定する」ことが極めて困難であるとし、「当該行為者の石綿含有建材を製造・販売する行為が、当該結果を発生させる石綿粉じんへのばく露に寄与したことが認められる場合には、当該行為の寄与の程度が不明であっても、被害者の立証の困難を軽減し、被害者を救済するという観点から、民法719条1項後段を類推適用し、当該行為者に損害賠償責任を認めるのが相当である」とした。

　判決によれば、類推のためには、「行為者の行為が当該結果を発生させる石綿粉じんへのばく露の蓄積に寄与したこと」が必要であり、そのためには、①「当該行為者の製造・販売した石綿含有建材に起因する石綿粉じんへのばく露が当該結果を発生させる可能性があること」、および②「当該被害者が建築作業に従事した現場で当該行為者の製造・販売にかかる石綿含有建材に含まれる石綿粉じんにばく露したこと（到達）を是認しうる高度の蓋然性」を証明すべきとされ、このような要件を充足した数社について責任を肯定した（ただし、シェア20％でも認めなかった）。

⑧　東京高判平29・10・27（判タ1444・137）（①の控訴審）　　判決は、本件事案には、「時間と場所を異にする建築現場において、毎回、組み合わせの異なり得る複数の石綿含有建材による石綿粉じんへの曝露が多数回、繰り返された可能性があることから、各被災者が、各建築作業現場で使用された石綿含有建材及びこれを製造・販売した企業（加害者）を特定し、当該石綿含有建材から発散した石綿粉じんにどの程度曝露したか、さらには、加害行為と疾患の発症との因果関係を立証することが著しく困難な点にこれまでに見られない特質」があるとする。このような特質から、「他の的確な証拠によることができない場合に……各被災者の職種、作業内容、作業歴、建材の製造期間などからみて、現場において通常使用する建材であることの裏付けがあり、主要曝露建材を製造・販売した企業のマーケットシェアに一応の根拠が認められ、被災者が作業した現場数が多数である場合には、これらに基づく確率計算に依拠して、建材の到達とその頻度を推定することも、流通経路の偏り等によって、現実の到達と確率計算に乖離を生じさせる具体的事情がない限り、合理性があるというべきである」。

　その上で、マーケットシェアと現場数からの確率計算で到達とその頻度を推定するという手法を採用し（マーケットシェア10％の場合、20回の現場数で少なくとも１回は当該製品が現場に到達する）、一定範囲のメーカーに責任を認めた。

　＊到達の確率計算　　⑧判決も、⑥判決と同様に、被告のアスベスト含有建材が原告の作業現場に到達したことが証明されたことが必要との立場をとる（ただし、そこでの「到達」は、ある特定の現場への「到達」ではなく、「当該被害者が経験しうる複数の現場」への到達という形で、拡張ないし抽象化されている（石橋秀起「建設アスベスト神奈川訴訟２判決における建材メーカーの責任」環境と公害47・３・65参照））。そして、本判決は、本件の特質を的確にとらえた上で、到達の立証困難を回避するために、到達の立証方法につき、マーケットシェアと現場数からの確率計算で到達とその頻度を推定するという手法（シェアが10％の場合、１回の現場でその製品に出会う確率は10％、出会わない確率は90％だが、２回の場合、出会わない確率は90％の２乗（81％）となり、20回の現場数で１回も出会わない確率は、90％の20乗である12％となる）を採用し、⑥判決よりも広い範囲で到達を認め、それを基礎に救済の範囲を広げている。

　確率計算による方法は、京都地裁でも採用されている。この考え方に対しては、建設作業現場でどの建材を使用するかは、コインを投げて決めるような確率的行動ではないとの批判（内田貴「近時の共同不法行為論に関する覚書（続）（下）」NBL1087・25）があるが、本判決は、このような批判も念頭に置きながら、「現場数が多数である場合には平準化される」ので、「現実の到達と確率計算に乖離を生じさせる個別事情」はメーカーの側が具体的に立証すべきとしている。他に合理的な立証方法がない限り、この方法による「推定」を行い、この方法がとれない理由があれば、被告に反証させるという考え方であり、理に適ったものと言えるのではないか。

　⑷　検　討　　前述したように、本件の場合、どのメーカーの建材に含まれたアスベストが当該原告の働いていた建設現場におけるアスベスト汚染という危険状態作り出したか（到達）の証明が、**第４講**で述べた、大気汚染等の複数汚染源による公害事案にも増して困難である。前述の東京高裁判決（判決⑧）のように、「到達」を、当該建設作業従事者が作業経験を有したと考えられる複数の現場への到達と考え、確率計算等での推論を持ち込めば、救済の範囲は、かなり広がりうる。しかし、そのような証明には限界もあり、大気汚染等において形成されてきた共同不法行為論を踏まえて、本件の特性に見合った理論の構築が求められることになる。

　多くの訴訟が係争中であり、学説も分かれているが、本件において民法719条１項の適用ないし類推適用を考えるとすれば、２つのアプローチがありうる。第１は、被告企業間に関連共同性が認められると考え、その共同不法行為を起点に因果関係を考える（共同行為と被害の因果関係および当該被告の共同行為への参加の立証によって個別的因果関係を擬制ないし推定する）方向である。1975年に石綿の発がん性を踏まえて特化則が改正されて代替化に向けた努力義務が課されたことや、安衛法57条によって石綿含有建材の容器又は包装への警告義務が課されるようになったといった事情から、少なくとも一定の時期以降、一定の企業間において、関連共同性（少なくとも弱い関連共同性）が存在するようにも思われる。あるいは、関連共同性ではなく、京都地裁判決（判決⑤）のように、一定範囲の建材メーカーに「複数の行為が絡み合い競合した」という関係（「競合関係」）を認め、そのような「競合関係」＝「競合行為」を媒介にして因果関係を推定するという考え方もありうる。

　第２は、（関連共同性のない）競合的不法行為と考えた上で、後段の類推適用によって個別建材メーカーの製造・販売行為と当該原告の被害の個別的な因果関係を推定しようとする方向である。その場合、各被告の行為が当該原告の被害発生の危険性を有することが要件となろう。そして、ここでいう危険性は、後段の類推により個別的因果関係を推定するための要件であるから、アスベスト含有建材という危険な製品の製造販売といった当該行為の一般的な危険性ではなく、あくまで、当該原告の被害を発生しうる危険性であり、また、当該被告の行為により当該原告の被害が生じる可能性がゼロではない限り後段の類推が可能だとすると、責任を負う者の範囲を不当に拡げることになってしまう。しかし、具体的ないし現実的危険性を求めると、場合によれば個別的な因果関係の証明と同程度の負担を原告にかけることになってしまいかねない。どの程度の危険性が必要かは、当該事件の特質にもよるが、建設アスベスト事件の場合、生じた被害の深刻性に加え、複数の建設現場において複数のメーカーの建材を使用する建設作業従事者の場合、どのメーカーの建材がアスベスト曝露の原因になっているかの証明が極めて困難であることや、アスベストは少量の曝露でも深刻な疾病を引き起こしうる物質であることなどから、当該被告の建材に含まれているアスベストが当該原告に到達して被害を引き起こす「相当程度

の可能性」がある場合には、後段の類推を認めうる危険性があるとして、後
は、被告の減免責の反証に委ねて良いのではないか（②判決は、このような方向
を示唆する）。

　今後の各訴訟において、裁判所がこの問題にどのような判断を示すかが注目
されるが、加害や被害の実態に適合した規範の創造的適用が求められている
（学説の状況については、淡路剛久「不法行為の新たな類型と規範の創造的適用」立教
法務研究 8 号、石橋秀起「建設アスベスト事例と民法719条 1 項責任の今日の展開」立
命館法学371号、前田達明＝原田剛『共同不法行為論』等参照）。

　＊「一人親方」問題　　建設業においては、労働者を雇用せず事業主が自分自身で作
業に従事する、いわゆる「一人親方」が少なくないが、これらの者に対しても国が責
任を負うかどうかが問題となる。これまで、国の規制権限の根拠法規が労働安全衛生
に関するものであることから、事業主は労働者ではなく労働安全関連法規の保護対象
とするものではないとして、国の責任を否定する裁判例が多かったが、⑧判決は、実
質的に労働者と変わらない「一人親方」に対しては国の責任を認めうるとし、さら
に、東京高判平30・3・14（判例集未登載。②判決の控訴審であり、国の責任は認め
たが、建材メーカーの責任は認めなかった）は、労働者とともに建設現場で作業に従
事する「一人親方」の利益も（労災保険特別加入制度の資格を有する者については）
国家賠償法 1 条 1 項の適用上、「法律上保護される利益」にあたるとして、正面から、
「一人親方」に対する国の責任を認めた。

4　新たな救済制度に向けて

　現在の石綿被害救済法には、(2)で述べたように、給付額が十分でないこと、
費用負担の方法が曖昧であることといった問題点がある。そして、その基礎
に、この制度が「民事責任」と切り離されていることがある。国費の拠出根拠
も曖昧である。これに対し、**第 6 講の補論 2** で説明した公害健康被害補償制度
は、民事責任を踏まえたとものとされる。しかし、この制度でも、大気汚染に
関する第 1 種地域にかかる賦課金は、（事業者の個別的因果関係と結びつけること
なく）「疾病の原因物質を排出する事業者集団の集団的責任」によって根拠づ
けられている。これにならって、アスベスト産業を原因者集団と括り、アスベ
スト曝露による被害者を発症者集団としてまとめ、「集団レベルで前者が後者
に原因者としての責任を負うと考え、集団内では、汚染者は汚染量に応じて負

担を負い、被害者側は被害に応じた支給の分配を受ける」という救済制度を考えるべきとする主張がある（池田直樹「アスベスト訴訟と制度改革」淡路他編『公害環境訴訟の新たな展開』300頁以下）。

　以上のような視点から、新しい救済制度を考える場合、東京地裁判決（②判決）以降の判決が、国の責任を明確に認めている点に注目したい。国に責任が認められる以上、現行制度における公的負担とは異なる、責任を踏まえた国の拠出の仕組みが考えられるべきだからである。建設アスベスト被害については、裁判例の大多数が国の責任を認めていることから、国の（責任を踏まえた）負担による救済制度を構築すべきである。その上で、環境型曝露などにどこまで国の責任を広げることができるかを検討すべきである。

　また、京都地裁判決（⑤）、横浜地裁判決（⑦）、東京高裁判決（⑧）は、限られた範囲ではあるが建材メーカーの責任を認め、また、東京地裁判決（②）も、建材メーカーに過失（ないし製造物責任法上の欠陥）があることは認めている。大気汚染公害の救済制度は、確かに、四日市訴訟におけるコンビナート企業群の共同不法行為責任の肯定を契機に作られたものであるが、この制度に拠出する個々の事業者の排出と健康被害の個別的因果関係が認められること、あるいは、個々の排出事業者に関連共同性があり（個別的な因果関係が証明されなくても）責任を負うことを前提にしたものではなく、「集団的責任」としてのある種の割り切りの下で作られたのである。だとすれば、一連の判決は、建材メーカーが「集団的責任」として被害救済制度の費用を負担すべきことを根拠づけていると見ることができるのではなかろうか。

第12講 廃棄物処分場紛争・土壌汚染

1 はじめに

　廃棄物処分場の設置や操業の差止めを求める裁判（仮処分申請を含む）は、多数、発生している。また、土壌汚染も深刻な公害問題であり、訴訟で争われている紛争事例も少なくない。そこで、本講では、この2つの問題を取り上げてみたい。

　まず、問題を具体的にするために、以下のような事例を設定してみよう。

【設　例】

　産業廃棄物処分業者の許可を得ているAは、B県の山間に取得した土地に産業廃棄物の最終処分場を設置して廃棄物処理業を営もうと考えた。Aの計画では、この処分場は「安定型処分場」に属するもので、処分品目は、ゴムくず、金属くず、ガラス・陶器くず、廃プラスティック、建築廃材の5品目であり、素掘りの穴にそれらを投棄しその上を覆土するというものであった。ところが、この処分場予定地の近く住む住民Cらは、5品目以外のものが持ち込まれ、処分場の廃棄物を通過した雨水が汚染され、その結果、地下水汚染が起こり、自分たちが生活用水に使っている井戸水が利用できなくなるのではないかという危惧を持っている。

　(1)　この場合、Aは、処分場設置にあたり、どのような手続きを踏めば良いか。また、その場合、設置に危惧の念を有するCらの意見はどのような形で反映させることができるのだろうか。

　(2)　Aが所定の手続きを終え、処分場を開設し、その操業を開始したとする。しかし、なお汚染被害について強い疑念を有するCらは、Aに対しどのような法的根拠に基づいてどのような内容の訴訟上の請求を行うことができるか。

　(3)　操業開始後数年たって、処分場の隣地のD所有の土地の井戸水から、環境基準を超える鉛が検出された。処分場から地下浸透した汚染物質による土壌汚染が疑われる。この場合、B県は、土壌汚染対策法上、誰に対して、どのよ

うな措置を命ずることができるか。

　⑷　近隣に土地を持っていたEは、その土地をFに売却した。Eは、Dの井戸から汚染物質が検出されたことは聞いていたが、自分の土地は少し離れているので大丈夫だろうと思い、売却にあたってはFにこれらの事実は告げていない。事情を知らないで土地を購入したFは、その土地に家を建てようと考えたが、知り合いから近隣での土壌汚染の話を聞き、不安になって調査したところ、その土地の土壌が、環境基準を越える鉛に汚染されていることが分かった。この場合において、FはEに対してどのような法的主張ができるか。

　⑴と⑵が廃棄物処理場をめぐる問題であり、⑶と⑷が土壌汚染問題である。以下では、それぞれに関する環境法がどうなっているかを概観した上で、これらの事例が裁判になった場合の問題点を検討してみたい。

2　廃棄物処理に関する法制度

　廃棄物処理に関して基本となる法律は、「廃棄物の処理及び清掃に関する法律」（廃掃法）である。この法律の前身は、1954年に制定された清掃法（公衆衛生保持を目的として汚物の衛生的な処理を市町村の事務とした法律）だが、1970年の公害国会で本法が制定され、そこでは、環境の保全が目的に追加された。本法は、廃棄物をいかに安全に環境への負荷が少ないかたちで処理するかが主要な法目的で、廃棄物の抑制やリサイクルといった視点はなかったが、1991年改正で、リサイクルやゴミの発生抑制の視点が目的規定に入った。

　同法において、廃棄物とは、「ごみ、粗大ごみ、燃え殻、汚泥、ふん尿、廃油、廃アルカリ、動物の死体その他の汚物又は不要物であって、固形状又は液状のもの」（廃掃法2条1項）とされる。

　それでは、「不要物」とは何か。行政上は、1971年厚生省通知が、客観的に汚物又は不要物として観念できるものであるとして、占有者の意思によって異なるものではないとした（客観説）が、1977年同通知改正は、占有者の意思、その性状等を総合的に勘案すべき（総合判断説）とした。このように、占有者の意思をも考慮要因とすると、占有者が「不要物」と考えるかどうかによって廃棄物になるかどうかが異なってくることになる。この「盲点」をついたのが後述の「豊島事件」であり、廃棄物処理業者が自動車破砕くずや廃油を豊島に

持ち込んだが、県は、これらは原材料であり廃棄物であるという業者の言い分を認めて、何の措置もとらず、大量の廃棄物が不法投棄された。その後、「占有者の意思」は「客観的要素からみて社会通念上合理的に認定しうる」意思であるとして（2000年廃タイヤ通知）、野積みされた使用済みタイヤなどは、占有者の主観的な意思ではなく客観的に判断すべきとされている（この点については、ケースブック243頁以下参照）。

　＊おから事件　　被告は廃棄物処理業の許可を受けていなかったが、「おから」の処理委託を受けたため、廃掃法違反（14条1項・4項）により起訴された。被告は、「おから」は食用や家畜の飼料にもなりうるもので、不要物ではないと主張した。

　最高裁は、総合判断説を採用し、考慮要因として、①性状、②排出の状況、③通常の取引形態、④取引価値の有無、⑤意思を挙げて、本件おからは「不要物」にあたるとした（最判平11・3・10刑集53・3・399百選 NO. 46）。最高裁がそのように判断した理由は、腐敗しやすいという性状、大部分が無償で牧畜業者等に引き渡され、あるいは、有料で廃棄物処理業者にその処理が委託されているという通常の取引形態、そして、本件おからも被告は処理料金を徴していたことなどである。

　＊＊「リサイクル」との関係　　循環型社会形成推進基本法（2000年制定）は、廃棄物問題の解決のために、「リサイクル」（再利用・再生使用）を進めることをうたっている。このような視点から、例えば、食べ残し等で廃棄される食品を家畜のえさや堆肥の原料として引き渡すといったことが行われることがある。問題は、この行為が廃棄物の排出にあたり、引き渡し先が廃棄物処理業の許可を得ていない場合、廃掃法違反にならないのかである。廃掃法14条は、「専ら再生利用の目的となる産業廃棄物のみの処分を業として行う者」は許可がいらないとしているが、行政解釈では、それは、「古紙、くず鉄（古銅等を含む）、あきびん類、古繊維」に限るとされている。それ以外の、例えば、食べ残し食品などについては、それが廃棄物とされれば、許可を得ていないでこれを引き取って再生利用する業者が廃掃法違反に問われる可能性がある。廃棄物にあたるか否かは、上記の最高裁判決の基準が適用され、それが市場価値を持ち、有償で引き取られる場合は、不要物（廃棄物）ではないとも考えられるが、そうでなくても、再生利用目的の場合は、廃棄物として扱われない可能性がある。ただし、判例は、その場合には、「再生利用が製造事業として確立されたものであり継続して行われている」ことを要するとしている（東京高判平20・4・24判タ1294・307①事件百選 NO. 64）。主観的意図だけで判断すると基準が曖昧になることから、「事業として確立されたものであり継続して行われている」という客観的要素の裏付けを求めたものであり、このような客観的要素があれば、当該物件が不法に投棄され

たり、衛生的な問題等が発生する危険性がないということになろう。

　廃棄物は、産業廃棄物（事業活動にともなって生じた廃棄物のうち、燃え殻・汚泥・廃油等20種類のもの）と、それ以外の一般廃棄物に分類される。このうち、産業廃棄物は排出事業者が処理責任を負うが、一般廃棄物は市町村が処理責任を負う。これは、公衆衛生の維持向上は市町村の公共サービスであるという沿革によるものである。したがって、基本的には処理費用は公費（税金）でまかなわれるが、一般廃棄物のうち、事業活動からでる廃棄物については処理手数料がとられることが多く、家庭から出るゴミについても、いわゆる粗大ゴミについては手数料をとる自治体もある。さらに、近時、ゴミの抑制をねらって、家庭ゴミの収集を有料化する自治体も増えている。

　産業廃棄物は、事業者が自分で処理することが原則だが、事業者が処理費用を負担して処理自体を他人（処理業者）に委託することができる。処理業者は都道府県知事の許可制であり、保管基準や収集運搬処理に関する基準、処理業者に委託する場合の基準等が政令や規則で細かく定められている。処理方法は、中間処理（焼却等）を経て最終処分場へ送られるが、最終処分場は、投入する廃棄物の性質によって３種類に分かれる。設例の「安定型」とは、水に溶けない腐らない安定型の廃棄物の処分場であり、廃棄物がそのまま土に埋められる（遮水シートや汚水対策などは不要）。その他、有機性の汚水が生ずるおそれがある廃棄物「管理型」処分場（遮水シートを敷き、汚水処理施設を備える）と、有害な産業廃棄物の処分場で、コンクリート等により封じ込めて雨水や土に接触させない「遮断型」処分場がある。

　設例のような産業廃棄物処理場については都道府県知事の許可が必要（廃掃法15条）である。施設の規模が大きければアセス法の対象になりうるが、アセス法の対象とならない規模の処理場についても、許可手続きの中でアセスメント（いわゆるミニアセス）を行わなければならないとする規定がある。すなわち、事業者は、周辺地域の生活環境の調査結果書類を添付しなければならず（同法15条３項）、その内容は公衆に縦覧され（同４項）、市町村長からの意見聴取（同５項）がなされるとともに、利害関係人は意見書を提出できる（同６項）。この制度は、1997年改正で導入されたものであるが、改正前は、許可は申請者と行政の二面関係であり、関係住民等の意見を聞く機会が保障されていなかっ

たため、許可の後で紛争になることが少なくなかった。そこで、改正でミニアセスの手続が導入され、利害関係人は意見が言えるようになったのである。したがって、設例の(1)について言えば、Cらは、この手続によって、意見を述べることができる。

しかし、このミニアセス手続には限界がある。まず、影響調査の範囲が廃掃法の目的が「生活環境の保全及び公衆衛生の向上を図ること」（廃掃法1条）とされていることから、生活環境への影響に限定されている。また、住民に知らされるのは許可申請後であり、住民が意見を出せるのは調査が終わってからとなっているなど、アセスが行われるタイミングが遅い。さらに、意見を出しうる者が限定（「利害関係人」）的であり、住民の意見は行政に言うことになっているので、住民と事業者の対話の機会が保障されないという問題点も指摘されている。多くの自治体は、この制度ができる前から、条例や要綱で独自の手続を採用してきたが、それらの制度は、その後も存続している。その中には、条例や要綱で公聴会の開催や住民の同意を条件づけているものもある。しかし、判例は、このような一種の上乗せ規制を認めず、要綱に従わないことにより申請を受理しなかったり不許可にした場合、違法だとされる（ミニアセス、住民の同意の問題については、ケースブック236頁以下参照）。

　＊**行政指導による上乗せ規制の適法性**　　滋賀県は要綱で、廃棄物処理場の許可にあたって地元住民の同意又は公害防止協定の締結を求めており、それにしたがって行政指導していたが、地元自治会の同意が得られない状況が明確になったので行政指導を打ち切り、許可申請書を返却した。これに対して、処理業者が国家賠償法1条に基づき県の責任を追及。原審は請求を棄却したが、大阪高判平16・5・28（判時1901・28百選 NO. 56）は、違法な行政指導として賠償を認めた。

3　廃棄物処分場の操業差止め

　設例の(2)のように、住民が廃棄物処分場の操業の差止めを求める場合、県に対して許可の取消等を求める行政訴訟と事業者に対して差止めを求める民事訴訟（本訴もしくは仮処分）の2つが考えられる。前者の場合、法規等に照らして行政の行為が適法か否かが判断されるので、何らかの法規違反があれば、具体的な被害発生の可能性を立証することは必ずしも必要でないという住民側に

とってのメリットがあるが、適正な手続にのっとって行われていた場合、当該許可等を違法とする主張立証は困難である。これに対し、民事訴訟の場合、被害発生の可能性を主張立証する点で（特に、稼働前の施設の場合）住民にとって大きな困難があるが、それが立証できた場合、後述するように、適正な手続を経て許可を受けた施設についても差止めが認められることがありうる。以下では、民事訴訟について検討する。

＊廃棄物処分場をめぐる行政訴訟　施設が稼働し、安定型以外の廃棄物が投棄されるような法規違反等があった場合、知事は、改善命令や使用停止命令を出すことができ（廃掃法15条の2の6）、また、一定の要件のもとで許可を取り消すことができる（同法15条の3）ので、知事が取り消さない場合、住民は、義務づけ訴訟（行訴法3条6項2号）を起こすこともできる。取消要件が充足されているとして取消の義務づけ求める訴えを認容した裁判例（福島地判平24・4・24判時2148・45。この判決は、本件の取消事由が廃掃法15条の3第1項であることに着目し、これらが義務的取消事由とされている趣旨（「産業廃棄物処理施設の設置者等に一定の資質及び社会的信用性を求めることで、適切な業務運営を期待できない者を排除し、ひいては当該施設の周辺に居住する住民に健康又は生活環境の被害が発生することを防止し、良好な生活環境を保全すること」）から、義務づけ訴訟の要件である「重大な損害のおそれ」を、一般的・類型的に判断している）や、処理基準不適合の処分がなされたことにより生活環境保全上の支障のおそれがあるとして措置命令を求める義務づけ訴訟が認容された裁判例（福岡高判平23・2・7判時2122・45）がある。

　行政訴訟の場合、原告適格が大きな争点となるが、廃棄物処理場や処理業の許可処分の取消訴訟における原告適格について、最近のものとして、次のような最高裁判決がある。

【最判平26・1・28民集68・1・49】

　一般廃棄物収集運搬業許可処分を受けている原告が、市長が他の業者に対してした一般廃棄物収集運搬業許可処分の取消しを求めた事件で、最高裁は、廃棄物処理法に明示的には訂正配置や需給調整の規定はないものの、「許可業者の濫立により需給の均衡が損なわれ、その経営が悪化して事業の適正な運営が害され、これにより当該区域の衛生や環境が悪化する事態を招来し、ひいては一定の範囲で当該区域の住民の健康や生活環境に被害や影響が及ぶ危険が生じ得るものといえる」ので「同法は……その事業に係る営業上の利益を個々の既存の許可業者の個別的利益としても保護すべきものとする趣旨を含むと解するのが相当である」として、既存の許可業者の原告適格を認めた。

【最判平26・7・29民集68・6・620】

　　住民が産業廃棄物の最終処分場の許可処分の無効確認及と取消処分の義務付け並びに許可更新処分の取消しを求めた事案で最高裁は、「産業廃棄物等処分業の許可及びその更新に関する廃棄物処理法の規定……の趣旨及び目的に鑑みれば、産業廃棄物の最終処分場の周辺地域に居住する住民に対し、そのような最終処分場からの有害な物質の排出に起因する大気や土壌の汚染、水質の汚濁、悪臭等によって健康又は生活環境に係る著しい被害を受けないという具体的利益を保護しようとするものと解されるのであり、上記のような被害の内容、性質、程度等に照らせば、この具体的利益は、一般的公益の中に吸収解消させることが困難なものといわなければならない」とした上で、「本件処分場の種類や規模等を踏まえ、その位置と……居住地との距離関係などに加えて、環境影響調査報告書において調査の対象とされる地域」に原告らが居住していることを重視して、「本件処分場から有害な物質が排出された場合にこれに起因する大気や土壌の汚染、水質の汚濁、悪臭等による健康又は生活環境に係る著しい被害を直接的に受けるものと想定される地域に居住するものということができる」として原告適格を認めた。

　　生活環境影響調査（いわゆるミニアセス）に着目して、その調査範囲内の住民に原告適格を認めたものであるが、これに関し、北村511頁は、生活環境影響調査は「生活環境に影響を及ぼす恐れがある地域」が調査区域なのであり、その区域内であるからと言って、最高裁のように「健康又は生活環境に係る著しい被害を直接的に受けるものと想定される地域」と解することには疑問があるとしている。

　民事上の差止めもしくは仮処分を求める場合、差止めの根拠ないし仮処分の被保全権利をどう考えるかが問題となる。この点に関して、平穏生活権が主張されることがあり、いくつかの裁判例・決定は、それを認めている。例えば、丸森町決定（仙台地決平4・2・28判時1429・109百選 NO.53）は、「客観的には飲用・生活用水に適した質である水を確保できたとしても、それが一般通常人の感覚に照らして飲用・生活用に供するのを適当としない場合には、不快感等の精神的苦痛を味わうだけではなく、平穏な生活をも営むことができなくなるというべきである。したがって、人格権の一種としての平穏生活権の一環として、適切な質量の生活用水、一般通常人の感覚に照らして飲用・生活用に供するのを適当とする水を確保する権利がある……。そして、これらの権利が将来侵害されるべき事態におかれた者……は、侵害行為に及ぶ相手方に対して、将来生ずべき侵害行為の差止めを請求する権利を有するものと解される」として

いる。この「平穏生活権」は、**第3講**で詳述したように、従来、基地航空機騒音公害事件（**第10講**）や暴力団の組事務所の使用禁止を近隣住民が求めた事例で認められてきた権利だが、廃棄物処分場の操業差止めが問題となった事例においても、認められるようになってきた。このような人格権の新しいタイプとしての平穏生活権が差止めの根拠となりうるとすれば、生命、身体に対する侵害の危険が一般通常人を基準として深刻な危険感や不安感となって精神的平穏や平穏な生活を侵害していると評価される場合には、身体侵害が生じていなくても差止めを認めることができることになる。

　許可を受けた処分場の場合、許可基準を充足し許可されたことは民事上の差止めにおける受忍限度判断にどう関わるかが問題となる。この点、基準を満たしたからといって直ちに受忍限度内とは言えないと考えるべきである。なぜなら、まず、知事の許可や廃棄物処理法の基準（公法上の基準）と差止めを認めるかどうかの（私法上の）受忍限度判断は別のものだからである。第2に、許可基準は全国一律のものだが、当該処分場の個別事情を考慮すべきであり、例えば、設例のケースでは、生活用水に使っている井戸水の汚染の可能性といった事情があり、基準をクリアしているだけでは適法になるとは限らない。さらに、許可は申請の時点で、しかも、業者が基準を遵守することを前提にしてなされているが、実際の操業でそれらが守られないことはありうることであり（例えば、安定型の処分場にその他の廃棄物が紛れ込むことはありうるし、現に多くの事例がある）、差止めを認めるべきかどうかは、そのような違反があっても住民の健康等に影響が出ないような措置を講じているかどうかについてまで判断すべきである。

　この点について重要な判断を示したのが、全隈町産業廃棄物事件判決（東京高判平19・11・29 LEX/DB25463972百選 NO. 62）である。この事件では、被告が水戸市全隈町に産業廃棄物の安定型の産廃査収処分場の建設を計画し、茨城県はいったん、予定地が水戸市の水源地帯にあることなどを理由に不許可にしたが、被告が厚生大臣に審査請求をし、厚生大臣は、許可申請が法令基準に適合している以上は知事は許可しなければならないとして不許可処分を取り消し、これを受けて茨城県は、一定の条件をつけて許可した。そこで、水戸市内の住民らが建設、使用、操業の差止めを求めて提訴した。東京高裁は、以下のよう

に述べて、原告らの請求を認めた。

「産業廃棄物処理施設が設置される場所付近に水源地がある河川から取水する水道施設により水道水の供給を受ける者が、当該産業廃棄物処理施設の設置等によりその生命、身体、健康が侵害されるおそれがあることを理由に、人格権に基づき、当該産業廃棄物処理施設の設置等の差止めを請求する場合には、当該産業廃棄物処理施設の設置場所と水源地との距離関係、現地の地形その他の地理的状況等に照らし、当該産業廃棄物処理施設に有害物質が搬入されれば水源地が汚染され、自分に供給される水道水が有害物質によって<u>汚染される蓋然性があることを主張立証すれば、これにより</u>、産業廃棄物処理施設が設置される場所付近に水源地がある河川から取水する水道施設により水道水の供給を受ける者の生命、身体、健康が侵害されるおそれがあることが<u>事実上推定される</u>ことになるというべきであって……上記の主張立証がされれば、当該産業廃棄物処理施設を設置しようとする者が、科学的知見、専門技術的見地を踏まえ、総合的に判断して上記の危険を有効に制御することができることを特段の事情として主張立証することにより上記の事実上の推定を動揺させる必要が生ずるというべきである。」

「当該産業廃棄物処理施設を設置しようとする者が上記の特段の事情を主張立証するに当たっては、設置等の差止めの請求の対象とされている施設が廃棄物の処理及び清掃に関する法律に基づき産業廃棄物の最終処分場としての設置の許可を受けたことは、当該施設が上記の危険を有効に制御する上で最低限度必要とされる条件を満たしていると判断する上で有力な事情となる。……しかし……あくまでも危険を制御するための合目的的観点から、<u>有力な事情として働くにとどまるものである。……同法及び下位法令の定める基準に適合するものであっても、当該施設の設置及び運営が人間の営みにより行われる以上、法令に違反した行為が行われることがあることや、手落ち、判断ミスが発生することは不可避的であり、上記の危険が重大かつ持続的及び不可逆的な結果をもたらすものであるという特質にかんがみると……当該施設の設置又は運営上手落ちや判断ミスが発生しても、それをカバーし、危険が現実化することを防止することができるようなセーフティーネットをあらかじめ設けておくことが必要であると考えられる。したがって、そのような効果的なセーフティーネットを備えていると評価することができる場合にはじめて、上記の危険を有効に制御することができる十分条件を満たしていると判断することができるというべきである。</u>」

この判決は、原告の立証程度を「汚染される蓋然性があること」でよいとし、事実上の推定という考え方をとっている。また、判決は、許可を得ていることは事故がない有力事情として働くにとどまるとし、その上で、当該施設の

設置又は運営上手落ちや判断ミスが発生しても、それをカバーし、危険が現実化することを防止することができるようなセーフティーネットをあらかじめ設けておくことが必要であるとする。すなわち、「許可を受けたというのは、審査時点において基準をクリアしたという意味であって、まさに、「最大瞬間風速」であり、操業後において関係基準を遵守してはじめて、環境に対して問題のない活動が可能になる。「基準を充たしたこと（瞬間・点）」と「基準を充たし続けられること（継続・線）」とは異なるのである」（北村510頁以下）（産廃処理施設の差止めについては、ケースメソッド第２編５参照）。

4　土壌汚染

(1)　土壌汚染に対する法的規律　　土壌汚染は、浄化しないと半永久的に持続するストック汚染であり、除去・浄化措置が重要であること、水や大気を通じて人体にも影響が及ぶこと、多くの汚染土壌が私有地であるため、大気汚染や水質汚濁と異なり、土地に関する私人の権利との調整が必要であるといった特徴がある。

法制度としては、1970年の公害対策基本法改正で典型公害に土壌汚染が加わり、その実施法として同年、農用地土壌汚染防止法が制定されたが、それ以外の土壌汚染に対する法の整備は遅く、1992年に、ようやく、土壌汚染に関する環境基準が設定され、1999年にダイオキシン類対策特別措置法が、2002年に土壌汚染対策法（土対法）が制定された（同法は、2009年と2017年に改正）。

土対法は、特定有害物質（政令で指定。鉛、ヒ素、トリクロオチレン等）による健康被害の防止が目的（２条）であり、知事は、有害物質の取扱工場等の廃止時や用途変更時（３条）、土壌汚染によって健康被害が生ずるおそれがあると認められた場合（旧４条、現５条）に調査を命ずることができる（設例の(3)の場合、井戸水からの環境基準を超える鉛の検出なので、調査を命ずることができよう）。さらに、2009年改正によって、一定規模以上の土地であって土壌汚染のおそれのある土地について、形質変更時に調査命令が可能となった（４条）。これは、調査機会の少なさが批判されたことによる（旧法３条調査と４条調査はわずか（２％）であり、87％は自主調査（残りは、自治体の条例や要綱による調査）であるといわれている）。調査の主体は土地の所有者、管理者または占有者であり、原因者ではない

((3)の場合、原因者と考えられる廃棄物処分場事業者ではなく土地の所有者であるＤ）。

　汚染があると分かった場合はリスク管理として、要措置区域（6条）ないし形質変更時要届出区域（11条）の指定が行われる（両者の区別のポイントは汚染濃度ではなく、曝露可能性である）。そして、要措置区域については、知事は除去等の措置を命令することができる（7条）。その相手は原則として土地の所有者等であり、例外的（原因者が明らかで、土地所有者等に異議がない場合）に原因者である。このようにすることによって、原因者が不明の場合にも対応可能となるが、原因者でない所有者等が浄化等をしなければならないという点ではPPP からややはずれる。なぜ所有者等は浄化責任を負うかについては、この責任は（民法717条などと同様の）状態責任だとされる（大塚211頁）。この命令による措置の費用は原因者に求償できる（8条1項。大塚212頁は、これによってPPP は維持されているとするが、第一次的には原因者ではなく所有者等なので PPP ではないとの見方もある）。なお、この求償は（汚染のときではなく）措置を講じかつ原因者を知ったときから3年、または措置を講じたときから20年間で消滅する（8条2項）。

　　＊所有者の対策責任と財産権保障　　所有者に対策責任を課す土対法は、同法施行前に土壌汚染を知らずに土地を取得した土地所有者に予測不可能な損失を与え、憲法29条の財産権保障に反するとして、国に対し、土汚対法の制定を理由とする国家賠償が請求された事案がある。この事件で東京地判平24・2・7（判自361・74）は、「汚染原因者でない土地所有者等を措置命令の対象とすることは、土壌汚染による健康被害を防止するという立法目的を実現するためには有益なことであり……措置命令の対象となる者に法施行前に土地を取得した者を含めるかどうかということも、当該対象者の負担とこのような立法目的の実現との兼ね合いにおいて決せられるべき立法裁量に属する」として、請求を斥けた。

　　これについては、「真の原因者ではなく、購入時に汚染に関して善意無過失な土地所有者に対策の責任が問われる法制度の合憲性には疑問がある」とする意見もある（北村425頁）。

(2)　**有害物質で汚染された土地の取引**　　設例の(4)は、土地取引に関する紛争だが、土壌汚染対策法はこの問題について、特別の規定をもっていない（法の目的（1条）に土地取引への配慮は入っていない）。そこで、基本的には取引法（民法や商法）の問題となる。売買された土地に汚染があった場合、以下のよう

なことが問題となりうる。

（ⅰ）　錯誤の主張　　土地の性状に関する錯誤と考えれば、動機の錯誤となり、動機の錯誤は表示され法律行為の内容となった場合には考慮される（改正された民法によれば、「表意者が法律行為の基礎とした事情」に関する錯誤は、「法律行為の基礎としていることが表示されていた」場合には、錯誤による「取消」原因となる（改正95条））。この場合、表示とは何か、例えば、住宅地として利用するといった購入目的の表示で足りるのかといった点が問題となる。また、要素の錯誤となるか、それを考える上で環境基準は意味を持つかも問題となる。環境基準は行政の目標値であるがそれを超える汚染は、例えば、要素性の判断に意味を持つかといった点である。なお、錯誤の効果は無効（改正法では取消）なので、汚染された土壌の除去等を求めることはできない。

（ⅱ）　瑕疵担保責任の追及　　土地が汚染されていることを売買目的物の瑕疵として、売主の瑕疵担保責任を追及することが考えられる（民法改正によって、瑕疵担保責任は、目的物が「契約の内容に適合しない」場合における問題に統合された。汚染土壌の売買についても、「契約不適合」として売主の責任を追及することはありえよう。改正法については、潮見佳男『基本講義債権各論Ⅰ（第3版）』83頁以下参照）。

土壌汚染で瑕疵担保責任を認めた裁判例は多数存在する。例えば、東京地判平20・7・8（判時2025・54）は、事業者間で行われた工場敷地の売買契約において、土地中に埋設物（廃プラ、コンクリートガラ等）および有害物質（ダイオキシン、PCB 等）による汚染土壌が存在した事例で、瑕疵担保責任を肯定し、対策費用等の損害賠償を認めている。この場合、土壌汚染は隠れた瑕疵と言えるかが問題となるが、この判決は、「汚染された土壌が……環境基準を超過したものである場合には、当該汚染の拡散の防止その他の措置をとる必要があるから、環境基準を超過した土壌汚染が本件土地の瑕疵に該当することはあきらか」としている。環境基準以下だが、心理的嫌悪感（いわゆるスティグマ）が生ずる場合にも、当該土地の利用目的によっては、瑕疵と認めるべきであろう。土対法との関係について言えば、「土壌汚染対策法の指定区域の指定基準と同等又はこれを超える汚染が存する場合には、原則として、瑕疵が存在すると判断されることになる」が、「指定基準に達しないからといって当然に瑕疵には該当しないと判断すべきではなく、契約において予定された使用目的に適する

かどうかによって判断されるとするのが一般的である」（「土地取引における土壌汚染問題へのあり方に関する報告書」ケースブック226頁）。瑕疵担保責任の効果は、（契約の目的を達成できない場合の）解除のほか、損害賠償だが、損害賠償の範囲については、一般的には、瑕疵担保による損害賠償は信頼利益に限られるとされたが、裁判例は（汚染と相当因果関係あるものとして）賠償を認める傾向にある（この点での民法改正による変化については、潮見前掲書94頁以下参照）。ただし2009年改正が、掘削除去が必要以上のコストがかかり、かつ、汚染土の処分に関わる問題も発生することから、できるだけ掘削除去を減らす方向での規定を設けた（形質変更時要届出区域制度や汚染土壌の搬出等に関する規制など）ことから、掘削除去費用のすべてを賠償することには消極的な見解もある（大塚直「土壌汚染に関する不法行為法及び汚染地の瑕疵について」ジュリスト1407・66）。

＊瑕疵の基準時　　最判平22・6・1民集64・4・953（百選 NO. 45）は、フッ素による汚染土地の売買事例において、瑕疵担保責任を認めた原審（東京高判平20・9.25）を取り消して、フッ素に汚染された土地の売買において、規制基準をこえるフッ素が含まれているが、売買契約当時にはフッ素が規制の対象となっていなかった場合に、「売買契約当時の取引観念上、それが土壌に含まれることに起因して人の健康に係る被害が生じるおそれがあるとは認識されていなかったフッ素」が含まれていたとしても民法570条に言う瑕疵にはあたらないとした。瑕疵の基準は契約時の取引観念だが、当時の取引観念では（環境基準が設定されずに規制の対象となっていなかった）フッ素による汚染は瑕疵とは認められないとしたのである。

　この判決によれば、売買契約後に有害性が社会的に認識されたり規制が始まった場合には、瑕疵担保責任の成立は難しいことになる。売買契約においては、契約当時の当事者の意思が瑕疵判断の基準となることから、基準時は契約当時の取引観念とならざるを得ないが、かりに、取引当時にはまだ基準が定められて規制がなされていない物質による汚染だとしても、その汚染が客観的に見て危険性を有し、かつ、そのことが社会的に知られていたような場合には、なお、瑕疵として扱われることはありうると考えるべきであり、規制対象となっていたかどうかは唯一の基準と考えるべきではなかろう。また、有害性が生命・健康をそこなうような著しい場合には、少なくとも、関係者においては知見があり、当事者も綿密な検討をすれば対処し得たような場合には、かりに社会的な認識になっておらず、また、規制がなされていなくても、瑕疵を認めることができるのではないか（大塚489頁は、生命・身体・健康をそこなうような危険については、通常の取引慣行を超える最善の注意義務を売主に求める考え

　方を導入することが考えられるとする）。

　(iii)　説明義務違反　　東京地判平18・9・5（判時1973・84）は、鉛とフッ素で汚染された土地を購入した買主が、錯誤無効、瑕疵担保責任、債務不履行責任による代金返還と損害賠償を請求事案について、転売目的で購入したことが契約の内容になっていないとして錯誤を否定し、瑕疵担保責任も商法526条の期間制限で否定（引渡しから6カ月を経過している）したが、「売主において土壌汚染が生じていることの認識がなくとも、土壌汚染を発生せしめる蓋然性のある方法で土地の利用をしていた場合には、土壌の来歴や従前からの利用方法について買主に説明すべき信義則上の付随義務を負うべき場合もある」として、説明義務違反による売主の賠償責任を認めた。この判決は、1970年の公害対策基本法改正で土壌汚染が典型公害に加えられたことや、1993年の環境基準の設定等により、取引当時（2000年）には、土壌汚染についての認識が形成されてきていたことを指摘しているが、現在では、土対法が施行されているので、信義則上の説明義務が認められる可能性は、より高まっていると言えよう。問題は賠償範囲だが、上記判決は、調査費用の賠償を認めず（それは買主が行なうべきことなので）、説明義務の不履行によって商法526条の検査義務を果たせずに瑕疵担保責任を行使する機会を失ったとして、浄化費用相当額の賠償を認めた（土壌汚染については、ケースメソッド第2編6およびケースブック第11章Ⅱ参照）。

補論　豊島事件——公害紛争処理法による解決

　廃棄物による土壌汚染を訴訟ではなく公害紛争処理法によって解決した事件がある。豊島事件である。そこで、補論として、公害紛争処理法の概要を説明し、豊島事件において（裁判ではなく）この制度が活用されたことの意味を考えてみたい。

　(1)　**公害紛争処理制度の概要**　　1960年代、公害とそれをめぐる紛争が深刻な問題となり、四大公害訴訟に代表されるような民事裁判も数多く提起されたが、裁判の場合、解決まで長期の時間がかかる。また、裁判では、主張・立証は当事者の責任と負担でなされるが、当事者とりわけ被害者にとって公害被害と被告の行為の因果関係等の証明が容易でない。他方で、行政への被害者らの苦情申立、陳情に基づく行政機関の事実上のあっせんや勧告といったインフォーマルな解決も多くみられたが、それらでは、妥協的な解決になったり、加害企業の責任があいまいにされたりした。そこで、1967年の公害対策基本法は、公害紛争のあっせん、調停等の紛争処理制度を確立するための必要な措置を講じなければならないとの規定を設け（同法2条1項。環境基本法もこの規定を継承し、31条に、国は、公害紛争に関するあっせん、調停その他の措置を効果的に実施し、公害紛争の円満な処理を図るために必要な措置を講じなければならないことを規定している）、それを受けて、1970年に制定されたのがこの法である。本法はさらに1972年に改正され、公害紛争に関する法律的判断（「裁定」）をも行うことができるようになるなど、その内容が充実強化された。

　同法による紛争処理機関は、国に置かれる公害等調整委員会と都道府県に置かれる公害審査会であり、前者が、重大事件、広域処理事件、県際事件（2以上の都道府県にまたがる事件）を扱い、それ以外が後者による（ただし、後者は、裁定は扱えない）。紛争処理の方法は、①あっせん（当事者の話合い・交渉が円滑に進むよう仲介し側面から援助する）、②調停（当事者からの申請に基づいて、調停委員会が当事者間の話合いに積極的に介入調整して紛争の解決をはかる手続であり、調停委員会が提示した調停案を受諾するかどうかは当事者の任意であるが、当事者が受諾すれば当事者間に合意が成立したことになる。ただし、民事調停と異なり、確定判決と同一の効力を持つものではなく、和解契約の性質を有することになる）、③仲裁（仲裁委員

会が当事者からの申請に基づいて仲裁判断を行うものだが、当事者があらかじめ仲裁判断に委ねることを約束しなければならず、そのかわり、出された仲裁判断は当事者にとって、確定判決と同様の効力を持つ）、④裁定（裁定委員会が証拠調べなどの手続を経て法律的な判断を下すもの）の４つである。

　1972年改正で加わった裁定について言えば、損害賠償責任の有無および損害額を判断する責任裁定（裁定書が当事者に送達された日から30日以内に損害賠償に関わる訴えが提起されないとき、またはその訴えが取り下げられたときは、当事者間に同一内容の合意が成立したものとみなされる）と、加害行為と被害の発生の因果関係の存否について判断する原因裁定がある。原因裁定は、因果関係についての公の判断を示すものだが、当事者間の権利関係を確定するものではない。それは、因果関係の問題を専門的、集中的に審理し（専門委員の活用、国の費用負担による職権調査が可能）、早期に判断を下すことによって、当事者間の紛争を事実上解決しやすくする（当事者がこれを基礎として調停等によって解決をはかることが可能）ことをめざしているが、損害賠償その他関連訴訟において裁判官を拘束するものではない。ただし、証拠として提出することはでき、事実上影響をあたえることはある。運用実態としては調停が大部分を占めるが、最近では、化学物質による被害など、公害紛争事例が複雑化しており、裁定（特に原因裁定）が増えている。

　裁判と対比した場合、この制度には、以下のような特徴が見られる。まず、申立段階では、実体法上の請求権の有無にこだわらず、公害に関する紛争を広く対象とすることができる。例えば調停の場合、「民事上の紛争が生じた場合」が申請要件とされているが（同法26条１項）、この要件は緩やかに運用されており、積雪寒冷地域において普及したスパイクタイヤが、道路を損傷し粉塵の発生と騒音の増大をもたらし社会問題となっていた中、1987年４月に、長野県在住の弁護士62名が、スパイクタイヤメーカーに対しスパイクタイヤの販売停止を内容とする調停申請を行った事件において、委員会は、本法の「民事上の紛争が生じた場合」という要件を緩やかに解し、申請を認め、スパイクタイヤの製造販売の中止、スタッドレスタイヤの開発普及、スパイクタイヤの使用禁止に関する法制化および行政施策がはかられるように国や地方公共団体に働きかけること等を内容とする調停が成立している（百選 NO. 110）。また、現実に被

害が発生しない段階（いわゆる「おそれ公害」）でも申立が受理されている。さらに、手続利用費用が裁判に比べて安価である。

審理段階について見れば、当事者が提出する証拠によって判断を下す訴訟の場合と異なり、委員会自身の職権による調査（例えば、調停委員会や仲裁委員会の立ち入り調査権（同法33条、40条）、裁定における職権による証拠調べおよび事実調査（同法42条の16）や研究機関への調査の委託等）を行うことができ、また、専門的知見を活用できる（公害等調整委員会委員には、法律の専門家のほか医系や理科系の専門家が任命されており、また、専門事項を調査するための専門委員を任命したり、関連する行政機関の協力をうることができる）。さらに、紛争処理の手続に必要な費用の大部分が国または都道府県の負担となる。

解決内容としては、あれかこれかの解決ではなく、量的な解決も可能であり、また、救済内容として様々な対策を組み合わせた総合的な措置を盛り込むことができる。しかし、反面、（裁判に比しての）解決の効力の弱さが指摘されている。調停は、当事者の受諾が必要であり、原因裁定は、裁判所を拘束しない。また、責任裁定も、不服な当事者は民事訴訟を起こすことができ（訴訟が提起されない（あるいは取り下げられる）場合に同一内容の合意が成立したものと見なされるのみ）、その裁判において　裁判所は裁定に拘束されない。

(2)　豊島産業廃棄物公害事件（百選 NO. 112）　瀬戸内海にある豊島（香川県）に廃棄物処理業者が大量の産業廃棄物を持ち込み付近が汚染された事件である。この事件では、廃棄物処理業者が自動車破砕くずや廃油を豊島に持ち込んだが、県は、これらは原材料であり廃棄物であるという業者の言い分を認めて、何の措置もとらず、約50万 t を超える廃棄物が、結果として不法投棄されることになった。

これに対し、住民らが、1993年、処理業者、排出業者、香川県知事に対し、廃棄物の撤去、損害賠償を求める調停を申請した。そして、2000年 6 月に県との間で、2016年度末までに廃棄物を島外に搬出するという内容の調停が成立し、さらに、同年 1 月までに、（廃棄物処理法の適用では困難だった）排出事業者との間でも、対策費用の一部負担を内容とする調停が成立した。その後、廃棄物の除去と無害化事業が行われて、2017年 3 月にようやく搬出が終わり、6 月に無害化処理も完了した（処理量は最終的に約90万 t に上った）。

　この事件で、訴訟ではなく、公害紛争処理法上の調停という手段がとられた
ことの理由として、以下のような事情が指摘されている。まず、投棄場所は処
理業者の土地であり、そこの廃棄物の撤去を住民が求める場合、訴訟だと、例
えば、住民の請求の法的根拠は何か（瀬戸内海の汚染を理由に住民が請求できるか
どうか）、県や排出業者に撤去や費用負担を求めることができるのか等、様々
な困難が予想されたが、調停手続では、事案全体の解決が優先された。また、
投棄された廃棄物の有害性の内容や程度、環境への影響を、住民が住民の負担
で証明することは極めて困難（ボーリング調査だけでも多額の費用を要する）だ
が、手続では専門委員等を活用し、また、調査費用がすべて国費負担で行われ
た（訴訟とこれらは原則として原告負担となってしまう）。さらに、調停内容におい
ても、環境への影響を押さえた撤去方法、処理事業の実施に関する協議会（住
民が参加する）の設置等、訴訟では実現が困難な内容が盛り込まれた（豊島事件
については、挑戦第12章参照。また、それに関わった大川真郎弁護士による『豊島産業
廃棄物不法投棄事件—巨大な壁に挑んだ二五年のたたかい』も興味深い）。

第13講 眺望・景観保護

1 はじめに

　ヨーロッパの伝統ある都市を訪れた際に感ずるのは、美しく整った街並み、古い建物と新しい建物が調和した都市空間の快適さである。このような美しい風景や街並みは、我々の生活のアメニティにとって重要な要素であり、近時、わが国でも、アメニティに関する人々の関心が高まるにつれて、これらを享受する利益（景観利益）の保護が重要な課題として認識されるようになってきている。通常、景観は、建築や都市計画をコントロールする行政法規や自治体の条例等によって保護されるが、それらによる保護が十分でない場合、裁判で景観の保護が争われることが少なくない。本講では、景観とそれに密接に関連した眺望に関する訴訟を取り上げる。

2 景観保護をめぐる法制

　従来のわが国の景観保護法制は、自然の風景地保護のための自然景観保護法制、歴史的景観を文化財として保護するための文化財保護関係法制、都市内の景観保護のための都市計画法制の３つに大別された。都市景観を保護する法としては都市計画法が重要であり、それによれば、都市は、市街化区域、市街化調整区域といった区域にゾーニングされ、区域ごとに建築行為に制限が加えられる。また、建築基準法によれば、建築にあたっては、同法および関連法令への適合性が求められるが、法適合性の判断においては、建物の安全性とならんで、周囲への影響をも考慮しなければならないことから、同法による規制は景観保護にも関係がある。

　従前の法制度については、以下のような問題点が指摘されてきた。第１は、わが国の都市開発法制では、行政法規等によって規制されない限り所有権行使として建築行為は許されるという考え方（「建築自由の原則」）が強く、このため、行政法規等による規制が景観や眺望を十全に保護しうるものでない限り、

景観利益が保護される保障はないことになる。第2に、規制がなされる場合でも、日照等の最低限の生活アメニティは一定保護されるが、景観保護のための規制は極めて不十分であること、加えて、それが保護される場合でも、自然公園におけるすぐれた風景や古都の歴史的遺跡といった、第一級の景観のみが保護されるだけで（「重点保護主義」）、単に良好な景観や地域的特色を有する景観、整った街並みといった程度では保護の対象とされて来なかった。第3に、都市計画法や建築基準法の中には、開発行為や建築確認手続をめぐり、あらかじめ近隣との利害関係を調整するような制度が存在しない。そのため、しばしば許認可が下りた段階で、近隣と景観をめぐって紛争が起こることになってしまうという問題点もあった（景観保護に関する従前の法制度の特徴と問題点については、亘理格「景観保護の法と課題」ジュリスト増刊『環境問題の行方』214頁以下参照）。

　このような中で、生活のアメニティの重要な要素としての景観への人々の関心の高まりを背景に、2004年に景観法が制定された。この法律は、わが国ではじめて景観保護を正面からうたった法である。同法は、その目的として、都市、農山漁村等における良好な景観の形成の促進をあげ、景観保護を正面に掲げ、そのための総合的施策を講ずることを規定している（1条）。そして、基本理念として、良好な景観を「国民共通の資産」とした上で、「現在及び将来の国民がその恵沢を享受できるよう」その整備を図る必要があるとして、将来世代をも見すえた景観保護の必要性をうたい（2条1項）、さらに、良好な景観は地域の特性と密接に関連することから、「地域住民の意向を踏まえ」てその形成が図られねばならないとして、住民の意向重視の姿勢を示している（同3項）。

　保護の具体的な手法としては、景観行政団体（指定都市・中核都市は法律上当然に「景観行政団体」となり、その他の市町村は都道府県知事との協議を経て「景観行政団体」となる。残りの地域は都道府県が「景観行政団体」として施策を講ずる）が、「現にある良好な景観」「地域の自然、歴史、文化等からみて、地域の特性にふさわしい良好な景観」（第一級の景観には限定されない）を保全するために景観計画を定めて区域を指定し（8条1項）、その区域内の土地では建物の建築や開発行為に規制（届出制、変更命令や勧告、違反建築物等に対する原状回復命令等）がなされる。また、市町村は、「市街地の良好な景観の形成を図るため」に、都市計画において「景観地区」を定めることができる（61条1項）。市町村が「景観

地区」と決定すれば、その地区内において、容積率や建ぺい率といった通常の規制に加えて、建築物の形態意匠、高さ、敷地面積等が規制される。

　景観法は、国民や住民の景観に関する権利（景観権）については明記せず、また、景観の保全や景観利益侵害の救済を国民・住民が訴訟によって求めるための規定は有していなし。しかし、この法律が、景観を、「国民共通の資産」として保護すべきことをうたったことは、景観利益の保護を求める訴訟にも大きな影響を与えた（景観保護に関する法と政策について、詳しくは、ケースブック第14章Ⅱ参照）。

3　眺望・景観をめぐる裁判

　(1)　**眺望利益と景観利益**　　眺望と景観は区別せずに論じられることがあるが、その法的保護を考える場合、両者は区別しておいたほうが分かりやすい。辞書によれば、眺望とは、「ながめ、見晴らし」を言い、景観とは、「風景外観、景色」のことだとされる。両者は類似しているが、眺望は特定の地点からのながめを、景観は、特定の地域の形状をさすものとして使われているように思われる。この区別は、法的保護を考える上でも重要である。眺望が上のようなものだとすれば、眺望利益とは、特定の地点からよい景色やながめを享受できる利益ということになり、享受主体が明確となる。これに対し、景観が地域の形状という客観的な状態を言うとすれば、景観利益とは自然的、歴史的、文化的要素から形成される客観的状態に関する利益であり、特定の個人に帰属するものではなく、公共的性格を有する利益であるということになり、通常は、その維持には公共団体が責任を負うものとなる。

　このような違いから、後述するように、個人の眺望利益が法的に保護されることについては、比較的早くから認められてきたが、景観利益を個人が享受することを侵害された場合、その保護をどのようにして行うかは、その利益の公共的性格のゆえに（今日なお）議論がある。ただし、両者は密接に関連していることに注意する必要がある。ある行為（例えば建物の建築）が地域の景観を破壊するとともに、特定の個人または業者（観光業者等）の眺望利益をも害することがあり、また、複数の地点からの眺望の保護が地域の景観保護につながる。その意味で、景観を眺望の集合体ととらえる考え方もある。

(2)　眺望をめぐる裁判　　眺望は、それを享受する主体が特定されている場合（例えば、自分の家の窓からの眺望）と、見晴台からの眺望のように不特定多数の者が享受する眺望に分かれる。後者については、景観との区別は微妙になり、また、そのような利益の享受主体が特定されていないため、民事訴訟によりその保護を求めることには困難もあるが、前者については、この侵害を理由に損害賠償を認めたり、場合によれば、侵害の原因となった建築物の収去まで認める事例もかなり以前から存在する。

　比較的古くから認められてきたのが、眺望の良さを売りものにしてきた旅館や料理飲食店等の営業が眺望侵害で阻害される場合である。次のような事例がある。

　＊京都岡崎有楽荘事件（京都地決昭48・9・19判時720・81百選 NO.73）　　本件の申請人は京都・岡崎円勝寺町で「有楽荘」という飲食業ならびに料理旅館を営む者である。この地区は東山の麓にあり、京都の観光・散策の中心地区である。問題となった建物の建築地の北側には疎水が流れ、その沿岸の桜並木は春には人々の目を楽しませるというように、美しい景色、風趣ある景観の一角をなしていた。被申請人は、申請人の東隣に土地を取得し、そこに、鉄筋コンクリート5階建ての建物をたて始めた。

　申請人は、本件建築物が計画通りに完成すれば、東山の眺望が遮られ、東山を借景とする名園を売りものとする有楽荘は回復しがたい営業上の損害を被る、本件のような美観地区においては所有者は景観を守る義務がある、建物の完成によって景観が著しく害されるなどとして、（すでに2階部分のコンクリート打ち込みが完了していたので）3階以上の工事中止の仮処分を申請したが、京都地裁は、3階以上の工事中止の仮処分を命じた。

　この事件では、直接的には申請人の営業する料理旅館の営業が問題となっており、それを保護することを認めたものと考えられる。しかし、同時に、申請人は、「本件建築地は、東山山麓の美しい景色、風趣ある景観の一角をなしている」として、同地区の景観の侵害をも問題としており、その意味では、（眺望と結びついた形ではあるが）景観保護を認めた先駆的な例として見ることも可能であろう。

　一般住民の眺望利益については、生活上の利益ないし人格的利益の性格を強く帯びるが、これについても、少なくとも損害賠償による保護は認められている。次のような事例がある。

　＊横須賀野比海岸事件（横浜地横須賀支判昭54・2・26判時917・23百選 NO.74）

文筆業を営む夫婦（原告）は、横須賀市野比海岸から約300mはなれた丘陵の中腹に住居を建築し、昭和41年から居住していた。居室から「眼下に半農半漁のひなびた家並みと松林、中間に浦賀水道の潮の流れとそこをいきかう様々な船舶、遥か東に房総半島の山々、西に三浦海岸から剣崎に至る丘陵をパノラマ式に見渡すことができ」た（判決理由より）。ところが、隣接地を昭和42年に購入した被告は、原告土地の南側にピロティを有する総二階建て高さ9.2mの鉄筋コンクリート造りの建物を建設し、昭和46年に完成させた。その結果、原告の住宅からの眺望が著しく阻害されることとなった。そこで、原告が、主位的には被告の建物の2階部分の収去を予備的に損害賠償（慰謝料）各100万円を請求した。

　判決は、収去請求は棄却したものの、慰謝料については満額を認めた。判決は「眺望も、地域の特殊性その他特段の状況下において、右眺望を享受する者に一個の生活利益としての価値を形成しているものと客観的に認められる場合には、濫りにこれを侵害されるべきではないという意味において法的保護の対象となると解すべきである」として眺望利益の要保護性を認めた上で、本件の場合、原告に法的保護に値する眺望利益があり、被告によるその侵害は受忍の限度を超えるとして、損害賠償を認めた。

(3)　**景観保護をめぐる裁判**　　眺望利益に比べ、私人の権利性、利益性の点で難しい問題のある景観利益の場合、民事訴訟においてその保護が正面から認められることは稀であった。裁判自体が少なく、提起されても主張は裁判所において認められていない。代表的事例として、以下のようなものがある。

　＊日比谷公園事件　　東京・日比谷公園の南側の隣接地に、Yが30階120mの超高層ビルの建築を計画したが、これに対し、東京都民9名が建築禁止の仮処分を申請した。申請人は、当該ビルの建築は、日比谷公園の歴史的文化的環境としての価値、景観、日照等を損なうとして、被保全権利としては、公園利用権、人格権、環境権等を主張した。

　これに対し原審（東京地決昭53・5・31判時888・71）は、「本件において申請人らが侵害されていると主張する権利ないし利益は、それ自体、申請人ら個人が具体的に有する私法上の権利ということができないのはもちろん、法的に保護された利益ということもできない」「申請人らが本件公園を利用することによって享受する反射的利益にすぎない」として申請を却下した。

　申請人らが抗告したが、東京高決（昭53・9・18判タ370・50）は、「地方公共団体の設置する都市公園は住民ないし一般公衆の共同使用に供せられる公の施設であって、何びとも他人の共同使用を妨げない限度において自由にこれを使用することがで

きものであるけれども、その使用は公法関係におけるいわゆる一般使用に該当るものであり、都市公園の管理はこれを設置した地方公共団体が公園管理者として行ういっをものであって、一般使用者たる個人は当然には右のごとき差止を求める根拠となる権利ないし利益を有するものではない」と述べて、抗告を棄却した。

＊ **京都仏教会事件**（京都地裁平4・8・6判時1432・125百選 NO.76）　問題となった建物は京都市内のホテルである。このホテルのある周辺地区は高さ制限が45m以上の空き地を有する建物について高さ規制を緩和するもの）に基づいて60mの建物が可能として、改築を申請し、建築確認を受けた。これに対し、京都の歴史的・文化的環境、景観をうちなうものとして強い反対運動がおこった。その中心が京都仏教会（京都府下において仏教文化の発展・普及、歴史的環境の保護を目的として京都府下の寺院等によって構成される権利能力なき社団）であり、仏教会は同ホテルの宿泊客の拝観を停止を宣言するなどの強い反対運動を展開した。その結果、一時は、両者の間で着工延期、計画の見直し等の合意が成立したかのように伝えられたが、ホテル側は着工に着手した。そこで、仏教会が協定違反と「宗教妨害」を理由として建築禁止の仮処分を申立てた。

京都地裁は、古都の歴史的風土の保全については「最終的には、民主的手続に従って制定された法律によって定められるべき問題」である、本件建物についても「総合的な審査がなされており、そこに違反を点までの手続において景観の保全を含む総合的な確認を得る「宗教的・歴史的文化環境権（景観権）」は、その内容、要件等が不明確であって、私法上の権利として認めることができないとして、申請を却下した。

4　国立景観訴訟

（1）　**事実の概要**　東京都国立市のいわゆる「大学通り」は、JR国立駅から南方にまっすぐに延びる、幅約44mの広い通りであり、その両側には、約20mの桜と銀杏の並木が美しく並ぶ、建物も低層の店舗と住宅が立ち並んで落ち着いた景観を形成していく。この地域のほとんどは、建築物の高さが10mないし12mに規制される第一種低層住居専用地域になっているが、問題となった土地は例外的に、高さ規制のない第二種中高層住居専用地域になっていた。この土地を取得した被告が、高さ55m（18階建て）の高層マンションの建築を計画し、国立市は、周辺の建築物や20mの高さで並ぶ銀杏並木と調

和するよう、建物の高さを制限するように行政指導したが、被告は、高さを43.65m（14階建て）に変更して建築確認を申請し、建築確認を得た上で建築に着工した。市は、本件土地を含む地区について、高さを20mに制限する条例を作ったが、この条例施行時には、本件建物はすでに「根切り工事」段階にあった。

当該マンションの全景と大学通りの並木

(出典)『環境法入門（第4版）』（2013年刊）247頁。

写真撮影・提供：日置雅晴

　住民らは反対運動を展開し、その過程で、行政に適切な措置をとることを求める行政訴訟も提起されている（本件における訴訟の種類とその特徴については、山下竜一「景観をどうやって守るか」法学セミナー616・18以下参照）。しかし、これらも功を奏することはなく、その後、工事は完成し（上の写真参照）、分譲が開始された。そこで周辺住民ら（周辺の土地所有者や近隣に学校を設置する学校法人、ならびに同校に通う教職員や生徒ら）は、高さ20mを超える部分の撤去と慰謝料を求めて本件訴訟を提起した。

　(2)　**第1審および控訴審判決**　　第1審は、以下のように述べて、不法行為責任を認め、その効果として高さ20mをこえる部分の撤去と慰謝料支払いを命じた（東京地判平14・12・18判時1829・36）。

　①　建築基準法違反について　　本件建物は、条例が施行された時点で建築基準法3条2項の「現に建築……の工事中の建築物」に該当するので、建築基準法に違反する建物ではないが、建築基準法は「最低の基準」にすぎないから、「本件建物の建築により他人に与える被害と権利侵害の程度が大きく、これが受忍限度を超えるものであれば、建築基準法上適法とされる財産権の行使であっても、私法上違法と評価されることがある。」

　②　景観利益の保護可能性　　「ある特定の地域や区画において、当該地域内の地権者らが、同地域内に建築する建築物の高さや色調、デザイン等に一定の基準を設け、互いにこれを遵守することを積み重ねた結果として、当該地域に独特の街並み（都市景観）が形成され、かつ、その特定の都市景観が、当該地域内に生活する者らの間のみならず、広く一般社会においても良好な景観であると認められることにより、前記

の地権者らの所有する土地に付加価値を生み出している場合がある。」「特定の地域内において、当該地域内の地権者らによる土地利用の自己規制の継続により、相当の期間、ある特定の人工的な景観が保持され、社会通念上もその特定の景観が良好なものと認められ、地権者らの所有する土地に付加価値を生み出した場合には、地権者らは、その土地所有権から派生するものとして、形成された良好景観を自ら維持する義務を負うとともにその維持を相互に求める利益（景観利益）を有するに至ったと解すべきであり、この景観利益は法的保護に値し、これを侵害する行為は、一定の場合には不法行為に該当すると解するべきである」。

③　受忍限度　　被告は、「本件土地購入時において既に近隣住民の反対を十分に予期し、その上で、公法上の強制力を伴う規制がないことを奇貨として、住民がいかに強固に反対しようとも、法的には自らの建築計画が否定されることはないと考えて本件土地を購入し、軽微な計画変更しかしないまま強硬に建築を押し進め、本件建物の分譲に踏み切ったものである。」本件建物が公法上は違法建築物ではないことや被告が当初の18階建から14階建てに計画を変更したことを考慮しても、本件建物の建築は、原告ら3名（原告のうち、通りの両側20m以内の土地の地権者）の「景観利益を受忍限度を超えて侵害するものであり、不法行為に当たる。」

　本判決は、これまで正面から認められることのなかった景観利益の私法（不法行為法）上の保護を肯定し、建築済み建物の上階部分の撤去を認めたものである。その特徴の第1は、本件景観が、「特定の地域内において、当該地域内の地権者らによる土地利用の自己規制の継続により」生み出されたものであるとして、その形成・維持における地域住民の役割を重視したことである。そして、第2の特徴は、以上のような景観の持つ特質を踏まえた上で、地権者らの所有する土地に付加価値が生み出されており、地権者らは、その土地所有権から派生するものとして、景観利益を有するとしていることである。第3に、本判決は、受忍限度判断において、被告の行為を「公法上の強制力を伴う規制がないことを奇貨として、住民がいかに強固に反対しようとも、法的には自らの建築計画が否定されることはないと考えて本件土地を購入し……強硬に建築を押し進め、本件建物の分譲に踏み切ったものである」として、その問題性を厳しく批判している（判決は、「大学通りの四季が、あなたの風景になる」などと記載して国立の当該地域の経験の良さをうたった被告のパンフレットの存在等から、「自らは、本件景観の美しさを最大限にアピールし、本件景観を前面に押し出したパンフレッ

トを用いるなどしてマンションを販売したことは……その社会的使命を忘れて自己の利
益の追求のみに走る行為であるとの非難を免れない」とする）。

以上の第 1 審判決に対し、控訴審は以下のように述べて、原告の主張を退け
た（東京高判平16・10・27判時1877・40）。

①　景観利益保護のあり方　「良好な景観の形成は……行政が主体となり、地域の
自然、歴史、文化等と人々の生活、経済活動等との調和を図りながら、組織的に整備
されるべきものであり」、「特定の景観の評価について意見を同じくする一部の住民に
対し、景観に対する個人としての権利性、利益性を承認することは、かえって社会的
に調和のとれた良好な環境の形成及び保全を図る上での妨げになることが危惧される
のである。」

②　景観利益の性質　「景観は、対象としては客観的な存在であっても、これを観
望する主体は限定されておらず、その視点も固定的なものではなく、広がりのあるも
のであ」り、「景観についての個々人の評価は……極めて多様であり、かつ、主観的
であることを免れない性質のものである。」

③　被告の行為について　「私企業が合法的に営利を追求するのは企業論理として
当然のことであり」、「本件建物の仕様について、被告の対応に不十分な点があったと
しても、その責任は専ら被告のみにあるとして、本件建物の建築が社会的相当性を欠
く違法なものであるということはできない。」

控訴審判決の特徴の第 1 は、環境利益の主観性・多様性を強調し、そのよう
な主観的で多様な利益は私権の対象となりえないとしているのである。その上
で判決は、現行法上個人に景観利益を享受する権利等を認めた法令が見当たら
ないことなどから景観利益の個人帰属性を全面的に否定し、良好な景観の形
成・保全は行政が主体になって行うべきであり、住民はそれに参加することに
よってかかわるのであり、一部の住民に景観に対する個人としての権利性、利
益性を承認することはかえって社会的に調和のとれた良好な景観の形成・保全
を図る上での妨げとなるとして、原告の主張を退けた。さらに、控訴審判決の
大きな特徴は、「私企業が合法的に営利を追求するのは企業論理として当然の
ことであり……本件建物の建築が社会的相当性を欠く違法なものであるという
ことはできない」として、第 1 審判決と異なり、被告の行為をそれほど問題の
あるものとは見ていないことである。むしろ判決は、原告ら住民は、高さ20m
以下への抑制に「腐心する余り一切妥協せず」、被告の立場を考慮する「柔軟

な姿勢を全く示さなかった」とすら述べている（前述した被告のパンフレットについては、このようなパンフフレットを作りそこに本件建物を大学通りとともに撮影した写真を掲載していることは、被告が、「本件建物が大学通りの景観と違和感なしに調和するものである」ると考えていることを推認させるとして、このパンフレットの存在を、被告には景観を侵害する認識がなかったことの根拠としてあげている）。

（3）**最高裁判決**　最高裁は、以下のように述べて、上告を棄却した（最判平18・3・30民集60・3・948百選 NO. 75）。

①　景観利益の法的保護　「都市の景観は、良好な風景として、人々の歴史的又は文化的環境を形作り、豊かな生活環境を構成する場合には、客観的価値を有するものというべきである。」良好な景観は条例や法律（景観法）で保護・保全がはかられている。「そうすると、良好な景観に近接する地域内に居住し、その恵沢を日常的に享受している者は、良好な景観が有する客観的な価値の侵害に対して密接な利害関係を有するものというべきであり、これらの者が有する良好な景観の恵沢を享受する利益は、法的保護に値するものと解するのが相当である。もっとも、この景観利益の内容は、景観の性質、態様等により異なり得るものであるし、社会の変化に伴って変化する可能性のあるものでもあるところ、現時点においては、私法上の権利といい得るような明確な実体を有するものとは認められず、景観利益を超えて『景観権』という権利性を有するものと認めることはできない。」

②　民法709条による景観利益保護　本件のような建物の建築が景観利益の違法な侵害となるかどうかは、「被侵害利益である景観利益の性質と内容、当該景観の所在地の地域環境、侵害行為の態様、程度、侵害の経過等を総合的に考察して判断すべきである。そして、景観利益は、これが侵害された場合に被侵害者の生活妨害や健康被害を生じさせるという性質のものではないこと、景観利益の保護は、一方において当該地域における土地・建物の財産権に制限を加えることとなり、その範囲・内容等をめぐって周辺の住民相互間や財産権者との間で意見の対立が生ずることも予想されるのであるから、景観利益の保護とこれに伴う財産権等の規制は、第一次的には、民主的手続により定められた行政法規や当該地域の条例等によってなされることが予定されているものということができることなどからすれば、ある行為が景観利益に対する違法な侵害に当たるといえるためには、少なくとも、その侵害行為が刑罰法規や行政法規の規制に違反するものであったり、公序良俗違反や権利の濫用に該当するものであるなど、侵害行為の態様や程度の面において社会的に容認された行為としての相当性を欠くことが求められると解するのが相当である。」

③　違法性判断　本件建物が違法な建築物であるということはできず、「相当の容

積と高さを有する建築物ではあるが、その点を除けば本件建物の外観に周囲の景観の調和を乱すような点があるとは認め難い。」また、「本件建物の建築が、当時の刑罰法規や行政法規の規制に違反するものであったり、公序良俗違反や権利の濫用に該当するものであるなどの事情はうかがわれない。以上の諸点に照らすと、本件建物の建築は、行為態様その他の面において社会的に容認された行為としての相当性を欠くものとは認め難く、上告人らの景観利益を違法に侵害する行為には当たるということはできない。」

　本判決の最大の意義は、景観法制定等の動きを受けて、景観利益を私法上（不法行為法上）保護される利益であることを明確に承認したことである。景観利益を民法709条の要保護利益とする考え方をとる下級審判決はすでに存在した（高層マンションの建築による景観利益侵害が問題となった事件で、京都地判平16・3・25やその控訴審である大阪高判平17・3・16（いずれも、判例集未登載）は、景観利益を享受することが人格権の内容となっていると解する余地があり、それが受忍限度を超えて侵害されたときは不法行為上の法的救済を受けることができるとしている（ただし、当該事件については否定））が、そのことを最高裁が明言した意味は大きい。景観法が制定され、都市景観が生活のアメニティに関わって重要となってきている今日、画期的意義を有する判断である。最高裁によれば、は、景観利益が私法上保護されるための要件は、①（「客観的価値」を有する）良好な景観、②近接する地域内に居住、③その恵沢を日常的な享受、の３つということになる（大塚400頁参照）。

　しかし、最高裁は、本件においては、違法性を否定した。この点、本判決は、具体的な違法性判断において、高いハードルを課したものであるとの評価が一般的である。最高裁判決の違法性判断の仕方は以下のようである。まず、景観利益は権利とは言えず、権利ではなく「法律上保護される利益」である景観利益の侵害が違法となるかどうかの判断に当たっては、被侵害利益である景観利益の性質と内容、侵害行為の態様や程度等を総合的に判断すべきであるが、それが、生活妨害や健康被害を生じさせるものでないことや、景観利益保護のためには財産権の制限が必要なこと等から、その侵害行為が刑罰法規や行政法規の規制に違反するものであったり、公序良俗違反や権利の濫用に該当するものであるなど、侵害行為の態様や程度の面において社会的に容認された行

為としての相当性を欠く場合にのみ違法と判断される。刑罰法規や公序良俗違反、権利濫用などもあげられているが、ここでは事実上、行政法規違反が重視されている。しかし、本事件の経過自体が示すように、行政の規制が立ち遅れることは良くあり、その場合にこそ、民事訴訟の意義があるのだと考えれば、判決のような行政法規重視には疑問もある（この点については、後に再度触れる）。

　さらに、最高裁が、本件の場合、高さと容積「の点を除けば本件建物の外観に周囲の景観の調和を乱すような点があるとは認めがたい」として、違法性判断における重要な考慮要素である侵害の程度を、それほど重大でないように評価していることにも疑問がある。ここで問題となっているのはまさに建物の高さであり、その点を除いて景観との調和を論ずるのは、大いに疑問である。高さを考慮すれば、この建物が周囲の景観に相当程度重大な侵害を与えていると見るのが常識的ではないのか。また、被告の行為の態様に関して見れば、前述したとおり、第１審と第２審のこの点での判断が180度異なっている。最高裁は、事実審としての控訴審の判断を尊重した結果、侵害行為の態様は悪質ではないとの前提に立って違法性を否定したと思われるが、もしかりに、１審のような被告の行為の評価を行なった場合には、そして、被害の程度が重大であるとの認識に立てば、最高裁の判断枠組みの中でも、違法性判断が異なってくる可能性もあったのではないか（国立景観訴訟判決については、拙著『環境法の現代的課題』第Ⅰ部第２章参照）。

(4)　**最高裁判決の影響**

(ⅰ)　**民事訴訟における「高いハードル」**　京都市北部の船岡山周辺の景観が南側斜面に建てられたマンションによって侵害されたとして周辺住民らが提訴した「船岡山景観訴訟」において、京都地判平成22・10・５（判時2103・98）は、次のような判断を示し、原告の請求を棄却した。

①　「景観利益の保護とこれに伴う財産権等の規制は、第一次的には、民主的手続によって定められた行政法規や当該地域の条例等によってなされることが予定されているものということができることなどからすれば、ある行為が景観利益に対する違法な侵害に当たるといえるためには、少なくとも、その侵害行為が刑罰法規違反や行政法規の規制に反するものであったり、公序良俗違反や権利の濫用に該当するものであるなど、侵害行為の態様や程度の面において社会的に容認された行為としての相当性を

欠くことが求められると解するのが相当である。」

② 「本件地域の景観は、良好な風景として、人々の歴史的又は文化的環境を形作り、豊かな生活環境を構成するものであって、少なくともこの景観に近接する地域内の居住者は、上記景観の恵沢を日常的に享受しており、上記景観について景観利益を有するものというべきである。」

③ 「本件マンションの建築が、条例に違反することはあったものの、その違反の程度は重大なものであるとまではいえず、本件地域や原告らの景観に対する影響は少なかったといえる。そして、本件マンションは、本件地域においても相当の高さと容積を有する建物であるといえるが、その点を除けば周囲の景観の調和を乱すような点があるともいえず、他に公序良俗違反や権利の濫用に該当するものであるなどの事情は認められず、その行為の態様や程度の面において社会的に容認された行為としての相当性を欠くものとまでは認められない。よって、原告らの景観利益が違法に侵害されたものとはいえない。」

この事件では、都市景観が問題となった国立事件とは異なり、歴史的な景観が問題となっているが、判決は、それをも、住民の「法律上保護される利益」として認めた。景観利益が（公共性を持つとは言え）住民の利益で（も）あることは、もはや判例上、定着したと言えるのではないか。しかし、この判決は、その侵害に対し不法行為を認めなかった。それは、最高裁が違法性判断において課した高いハードル、特に、行政法規重視の考え方によるものである。確かに、多数の住民らの利害が関わる景観問題において行政法規の役割は重要である。しかし、行政法規が必ずしも迅速かつ柔軟な対応をするとは限らない実態において、また、権力的コントロールをともなう行政法規はしばしば最低限の基準であることから、景観問題では、その他の諸規範、特に、地域の慣行等のルールも重要である。行政法規を過度に重視した場合、規制の厳しい、したがって、私法上の保護を問題にする必要性が少ない地域では景観侵害が行政法規に触れ違法と判断されるが、緩い、したがって、私法上の保護の必要性が高い地域では違法判断ができないという結果を招きかねない。景観紛争に関しては、行政法規に加えて、当該地域のルールにも注目すべきではないか。

＊景観保護における地域的ルールの重要性　　景観の形成やその維持にとって、当該地域における土地や空間の利用に関する地域の慣行やルールが重要な意義を有する。それは、以下の理由による。まず第1に、景観は地域の地権者や住民の土地および空

間利用のあり方に依存するが、地域の関係者の行動において、行政法規だけではなく（場合によれば、それよりも重要な意味を持つものとしての）地域の慣行的ルールが重要な役割をしめるからである。第2に、地域の土地や空間利用をコントロールするにあたって、都市計画法や建築基準法、関連する条例や規則等の行政法規は重要な役割を果たすが、それには、迅速かつ柔軟な対応の点で限界がある。また、地域の住民の意見や慣行をくみ上げて、地域の特性に応じた適切かつ十分な規制を行うといった点でも問題がある。地域の景観を保全する住民らの自主的な取り組みが美しい景観を形成し、それを維持保存してきた例は全国に少なくないが、そのような行動を支えてきたのは、行政法規ではなく、むしろ、地域の自主的に形成されてきたルールや黙示の合意である。また、必ずしも、意識的な取り組みがなされてきたとは言えない場合であっても、一定の景観が維持されてきている地域には、何らかの地域的慣行・ルールが存在し、それを尊重する地域住民らの行動があるのである。

　以上のような理由で、都市景観の形成や維持にとって、住民の自己抑制を含む様々な取り組みと、そこで妥当しているルールとしての地域の慣行や地域的ルールは重要な意味を持つ。むしろ、このような地域的ルールを最低基準である行政的規範がサポートして、全体として良好な景観を形成し維持していくことが必要なのではないか（景観保護における地域的ルールの意義については、拙著『環境法の現代的課題』第Ⅰ部第3章参照）。

(ⅱ)　行政訴訟への影響　　以上のように、民事訴訟における景観利益保護については、行政法規を重視する最高裁の「高いハードル」を越えることには困難があるが、国立最高裁判決は、行政訴訟による景観保護において重要な役割を果たすようになってきている。行政訴訟では、第7講で述べたように、原告適格として、当該行政行為に関し「法律上の利益」を有することが求められる（行訴法9条）が、国立最高裁判決に従って、景観利益は私法上の法律関係において法律上保護に値するものとし、そのことを前提に住民に行政訴訟上の法律上の利益を有するものとして原告適格を認める裁判例が現れているのである。鞆の浦訴訟判決（広島地判平21・10・1判時2060・3百選NO.78）がそれである。

【鞆の浦訴訟】

　広島県福山市の「鞆の浦」は、古くから景勝地として知られ、歴史的にも価値が高い港町である。しかし、市街地の道路事情が悪く、交通渋滞も深刻であったことから、広島県と福山市は港の一部を埋め立てて道路や駐車場を創ることを計画し、広島県知事に公有水面法に基づいて埋立免許を出願した。しか

し、この埋立が実施されると、鞆の浦の景観が侵害されるとして、住民らが、埋立免許の差止訴訟（行訴法 3 条 7 項）を提起した。広島地裁は、以下のように述べて、原告の請求を認容した。

①　（国立最高裁判決を引用した上で）鞆の浦の景観は、「これに近接する地域に住む人々の豊かな生活環境を構成していることは明らかであるから、このような客観的な価値を有する良好な鞆の浦の景観に近接する地域内に居住し、その恵沢を日常的に享受している者の景観利益は、私法上の法律関係において、法律上保護に値するものというべきである。」

②　「公水法及びその関連法規の諸規定及び解釈のほか、前示の本件埋立及びこれに伴う架橋によって侵害される鞆の浦の景観の価値及び回復困難性といった被侵害利益の性質並びにその侵害の程度をも総合勘案すると、公水法及びその関連法規は、法的保護に値する、鞆の浦の景観を享受する利益をも個別的利益として保護する趣旨を含むものと解するのが相当である。したがって、原告らのうち上記景観利益を有すると認められる者は、本件埋立免許の差止めを求めるについて、行訴法所定の法律上の利益を有する者であるといえる。」

③　「景観利益は、一度損なわれたならば、金銭賠償によって回復することは困難な性質のものであることなどを総合考慮すれば、景観利益については、本件埋立免許がされることにより重大な損害を生ずるおそれがあると認めるのが相当である。」

　　ここでは、景観利益が私法上保護される（公益一般に解消されない）原告らの利益であるとした上で、当該処分に関する法令（本件の場合は公有水面法）が景観利益の保護をもその範囲に含めていると解することができれば、その景観に私法上保護される利益を有する原告は行政事件訴訟法上の法律上の利益を有すし原告適格があるという考え方が取られている。このことから、行政訴訟の場面で、「景観利益の法的保護生を認めた国立判決はわが国の景観訴訟の可能性を拓いた」と評されている（越智敏裕『環境訴訟法』163頁）。なお、行政訴訟における原告適格の要件としての（公益一般に解消されない）個別利益性は訴訟要件であり、その利益侵害に対し不法行為法上の保護を与えるかどうかに関する要件である民法709条の「法律上保護される利益」を同じものと解する必要はなく、前者の方がより広い利益を含むという指摘がある（大塚462頁）（景観をめぐる訴訟については、ケースブック第14章Ⅱも参照）。

第14講　自然保護

1　はじめに

　自然保護訴訟を考える前提として、そもそも、自然は何のために保護するか、自然の何を保護するかという点が問題となる。これに関しては、2つの考え方がある。まず、人間のために自然を保護するという「人間中心主義」の考え方である。これによれば、人間の利益が保護すべき自然の対象を決めることになるので、人間に役立つ自然、人間の関心の高い自然（美しい自然、かわいい動物等）を保護することが中心となる。これに対し、自然はそれ自体として保護に値する（人間の利益にどう関係するかは保護の必要度には関係がない）という「自然中心主義」の考え方がある。これによれば、自然はできるだけ全体として、しかもありのまま保護すべきことになる。

　従来の自然保護法は人間中心的な自然観に立っている。これは、自然を人間の活動の客体としてとらえる（自然は人間のためにあるという考え方）ものであり、近代になって支配的になった考え方である。そこでは、科学技術の発達を基礎に、人間の自然に対する働きかけ（利用・支配）が強まり、自然は人間の生産や生活のために利用されるものという考え方が強まった。しかし、この考え方は、自然に対する人間の働きかけを肯定的に見るために、自然環境破壊をもたらしやすい。特に、人間の利益として経済的利益が強調される時、その弊害は著しい。もちろん、人間の利益といっても、それを経済的利益に限ることなく、良好な環境に暮らす利益を重視すれば、この考え方に立っても自然環境の保全をはかることは可能である。しかし、人間の利益から出発した場合、保護されるのは人間にとって意味のある自然に限定されるという限界がある。

　法律の中の自然保護観を見るならば、例えば、1957年に制定された自然公園法は、すぐれた自然の保護の目的を、「国民の保健、休養及び強化に資すること」においており、前者の自然保護観に立っている。ただし、最近の環境法においては、基本は人間中心的ではあっても、一定の（しかし重要な）変化が見

られる。まず、近時の環境法では、将来世代の利益の考慮（ないし将来世代に対する現在の世代の義務）を重視する考え方がとられ、自然は、将来の世代の生存や生活を維持する上でも保全されなければならないという考え方が打ち出されて来ている。その嚆矢は1972年の自然環境保全法であり、同法１条は、自然環境の保全は「将来の国民に自然環境を承継できるように」なされなければならないことを明示している。第２に、近時は、生態学的考え方、すなわち、自然は様々な生物からなる生態系を形成しており、人間のその一部を形成しているとして、自然それ自体の保護は人間の生存の基盤の保護でもあるという考え方がとられている。環境基本法はこの立場に立っており、同法３条は、環境が生態系の微妙なバランスの上に成り立っており人類の生存の基盤であることを明記し、そのような自然が（現在および将来世代のために）維持されなければならないと規定している。第３に、生物多様性の保全の重要性が確認されてきている。生物多様性とは、「様々な生態系が存在すること並びに生物に種間及び種内に様々な差異が存在すること」（生物多様性基本法２条１項）であり、このような多様性自体が価値を有し保全されるべきと考えられるようになってきたのである。

　しかし、これらにおいても、自然保護の主要な目的は人間の生存や生活のためという点が基本とされており、その意味では人間中心的である。人間社会のルールとしての法が人間中心的であることはある意味では当然であり、自然中心的考え方にまで進むべきかどうかはなお慎重な議論が必要である。しかし、人間も自然の生態系の中に生きるものであり、自然と人間は本来的に対立する存在ではないと考えれば、この主張も大いに検討に値する提起を含んでいる。かりに、人間を中心に考えるにしても、その利益を考えるに際しては、人間の生存は結局は自然と結びついていること、さらにその利益は決して目先の経済的利益に限定されるべきでないことは間違いない。そして、このように、人間の利益を「現在の人間の」「経済的な利益」というように狭く考えるのではなく、「将来世代に生存の基礎としての自然を継承すべき」というように考えれば、両者は、絶対的に対立するものではないことにも留意すべきである。人間も自然の一部であるから、生態系としての自然そのものの保護は人間の利益にも合致するのである（自然環境保護に関する法・法政策について、詳しくは、ケースブック第13章Ⅱ参照）。

2　自然保護の法的仕組み

(1)　**全体像**　　環境基本法3条は、前述したように、生態系が微妙なバランスを保つことで成り立っていることから、人類の存続の基盤である環境が将来にわたって維持されなければならないと規定し、同法14条は、自然環境保護の3つの目標をかかげている。

① 　自然環境は人の健康や生活環境とともに保全の対象となり、自然環境保全のためにも大気・水・土壌等の環境の自然的要素が良好な状態に保持されるべきこと。

② 　生態系の多様性の確保、野生動物の種の保存その他の生物の多様性の確保が図られるとともに、森林・農地・水辺地等における多様な自然環境が地域の自然的社会的条件に応じて体系的に保全されるべきこと。

③ 　人と自然の豊かな触れ合いが保たれること。

　このような理念や目標を実現するために多くの法律が存在するが、以下、主要なものを略説する。

(2)　**自然公園法**

(ⅰ)　**はじめに**　　世界最初の国立公園は、アメリカのイエローストーン・ナショナルパーク（1872年）とされているが、日本では、1931年に国立公園法が制定され、戦前には瀬戸内海、雲仙、霧島、阿寒など指定された。戦後になって、国定公園や都道府県立自然公園などの制度が設けられ制度が混乱したことから、1957年に自然公園法が制定され、整理された。

　自然公園法の目的は、同法1条によれば、すぐれた自然の風景地の保護と利用の増進による国民の保養である。すぐれた風景地の保護という点で、自然そのものの生態系上の価値ではなく人間の目からみて美しい自然の保護が目的とされており、しかも、国民の保養のための利用もその目的とされている（したがって、たくさんの人が利用しやすい場所が選ばれる）など、自然保護法としては限界があった。しかし現実には、日本の自然の保護に大きな役割を果たしている（自然公園の面積は国土の約14%に及んでいる。後述の自然環境保全法に基づく保全地域の面積は、国土の0.3%にとどまる）。

　自然公園の区域は規制の程度が異なるいくつかの種類に区分される。

①　特別保護区：自然景観が原生的な地区で厳重に保護する必要がある地区。建物の建設や木の伐採、動植物の採取や捕獲等が厳しく規制され、原則として人為的な現状変更は行われない。

②　特別地域：第 1 〜 3 種に分かれ、順に規制が緩くなるが、基本的に、工作物の建築や木の伐採等を環境大臣の許可なく行うことが禁止されている。

③　普通地域：禁止行為はなく、一定の行為をする前に知事に届け出れば良い。

(ii)　2002年改正　　本法の保護は、すぐれた自然の風景地が対象となる。そのために、景観的にすぐれたものでない自然地地域は、それが自然保護の観点や学術的な価値からは貴重なものであっても、保護の対象にならない（ただし、新しい国立公園である釧路湿原（1987年指定）は、その特徴的な生態系の価値を重視して指定されている）。この点、2002年の改正では、自然公園に生息・生育する動植物が風景の保護に重要であることが明記され、生態系の重要性が指摘されるなど、景観中心主義からの脱皮がはかられつつある。

　自然公園を設ける場合、最も良い方法は、その地域を、もっぱら公園として利用するための土地として管理することであろう。しかし、国土の狭い日本ではこの方法がとれないため、他の目的に利用されている地域を自然公園として指定するという方法をとる（国立公園の約25％は民有地）。そのため、自然公園としての保全と他の目的との調整が困難な場合が出てきたり、産業活動が自然保護より優先されるといったことが生ずる。

　さらに、自然公園は国民の利用を前提としているために、過剰利用による自然破壊の問題が生ずる。また、自然公園に指定されることが観光客を呼んで過剰利用につながるという面もある。この点でも2002年改正が重要で、湿原のように環境保全に特別な配慮が必要な場所については、環境大臣が立ち入り規制区域を指定できるようになり、また、利用方法（人数、滞在期間、利用時期、等）を定める利用調整地区制度が作られた。

　さらに重要な2002年改正は、公園管理団体制と協定の導入であろう。環境大臣（国立公園）と都道府県知事（国定公園）は、自然公園の管理を行う団体を公園管理団体として指定できる（同49条）。この制度が導入された趣旨は、国立公

園・国定公園の管理は公園管理者のみが行うのではなく、地元住民が環境NPOと協議をしつつ、よりよい管理をすることが自然公園法の制度趣旨にもかなっていること、また、国や公共団体の自然公園管理の人的物的負担も軽減できることにあるとされる。

> ＊公園管理団体の原告適格性　　第7講で述べたように、判例は、行政訴訟において原告適格が認められるためには、公益と区別された個別的利益を有することが必要だとされ、伊場遺跡事件で最高裁は、遺跡研究団体のメンバーの学術上の利益は国民一般の文化財の保存活用から受ける利益を超えるものではないとして、同遺跡研究者の原告適格を否定した（最判平元・6・20判時1334・201百選 NO.88）。これに関し、公園管理団体に指定されて自然公園の自然の保護活動等を行っている場合（あるは、指定されていなくても、実質的にそれと同等の活動を行っている場合）には、当該団体の当該自然公園との関わりの程度や活動実績によっては、自然公園の環境保全への団体の密接な関わりを理由に原告適格を認めるべき場合があるとの主張がある（ケースブック204頁）。

(3)　**自然環境保全法**　　自然公園法と同様に、地域指定とそこにおける行為の規制によって自然を保護する法律である。ただし、そこで保護される自然は、自然公園法とは異なり、原生の自然や希少な自然といった自然そのものの価値に着目して指定される。また、自然公園法のように利用を前提にはしていない。具体的には、次の2種類の地域を定めて、そこにおける開発や市民の行為を制限している。

① 　原生自然環境保全地域：自然環境が人間活動の影響を受けることなく原生の状態を保っている地域が指定対象。ここでは、人間活動が加えられない自然状態を維持するために開発行為は一切禁止される。

② 　自然環境保全地域：原生自然環境保全地域についで貴重な自然が残されていて、自然的社会的諸条件からみて自然環境を保全することが特に必要な地域を指定。

(4)　**野生動物の保護**

（ⅰ）　鳥獣保護法　　大正時代に制定された、最も古い野生生物保護法だが、その目的は、鳥獣保護・狩猟の適正化による鳥獣の数を増やすことと有害な鳥獣の数を減らすこと、そのことを通じて生活環境の改善と農林水産業の振興をはかることにある。この目的から明らかなように、本来は、狩猟の対象として

の鳥獣の管理（減りすぎないよう増えすぎないように個体数を維持管理）と害獣の駆除を目的とした狩猟ないし農林水産に関する法である。しかし、野生動物の保護法としても機能してきた。2002年に改正され、目的に生物の多様性の確保が加えられ、鳥獣の保護という性格が、より明確になった。

　具体的内容としては、鳥獣とその卵は原則として捕獲、採取、損傷してはならないという立場がとられる。その上で、捕獲等が許される鳥獣が指定され、狩猟についても、狩猟期間や方法等に一定のルールが設定される。また、鳥獣を保護するために鳥獣保護区が設定できる。

　＊自然保護の手法
　　①面的保護の手法：一定の地域を保護区として指定し（ゾーニング）、そこにおいて自然に対する影響を与える行為を規制する手法。自然保護の有効かつ主要な方法だが、問題は、その地域の地権者の利益との調整である。とりわけ私有地の場合、所有者の財産権との関係で問題が生ずる。
　　②点的保護の手法：一定の動植物（例えば、絶滅のおそれのある動植物）に着目して、これを保護対象として指定し、指定された動植物の採取や捕獲・殺傷を禁じたり制限したりする手法。この手法は、生息地の保護といった面的手法と組み合わせなければ実効性に欠ける。なぜなら、動植物個別に生息しているのではなく、一定の環境条件を有する地域（生息地）の中で生きているため、生息地の保全が図られなければ個々の動植物の種を保全することはできないからである。

　(ⅱ)　天然記念物　　これも古くから（大正期から）ある制度であるが、現在は文化財保護法に基づく。指定されるのは、わが国にとって学術上価値が高い動物（生息地や繁殖地等を含む）、植物、鉱物であり、その中には、イリオモテヤマネコやニホンカワウソ、トキのような絶滅の危機に瀕している動物が含まれている。

　指定されれば保護の対象になる。基本は点的保護だが、その生息地もいっしょに指定することができ、これがなされれば面的な保護も可能である。ただし、生息地とセットで天然記念物に指定されている動物は少ない。さらに、あくまで学術的価値が高いものの保護であって、生物の多様性に基づく生態系としての自然保護という視点に欠けるという限界がある。

　(ⅲ)　希少野生動植物種の保存法　　以上の古くからある動植物保護法と異なり、1992年にできた新しい法律であり、野生動植物が生態系の重要な構成要素

であり自然の一部として人類の豊かな生活に不可欠という視点に立って、数が
減少して絶滅の危機に瀕している動植物の保護を目指した法律である。鳥獣保
護法のように、一定数での管理という視点ではなく、絶対的な保護を行ってい
る。

　保護の対象は、絶滅のおそれがある国内および国際的に希少な野生生物で政
令で指定したものであり、指定された種は捕獲、採取、殺傷や損傷が規制さ
れ、取引も禁止される。また、生息環境を保全するために、必要に応じて保護
区が指定され（面的手法の導入）、この地区内では建物の建築や樹木の伐採等の
行為は規制される。

　これまでにない積極的（自然保護の理念の明確化）かつ強力な（点的手法と面的
手法の組み合わせ）制度だが、保護の対象が希少な動植物のみで、しかも、指定
が進まないことと、生息地の保護区への指定も地権者の利害との調整のために
生十分な広さを確保できないこと（そのために、指定地域以外からの汚水の流入に
よる被害の発生といった問題が生じている）といった限界も指摘されている。

3　自然保護をめぐる訴訟

　(1)　はじめに　　近時、森林・野生動物・生態系等の、自然そのものの保護
を目的とした訴訟が多数提起されている。これらの訴訟は、従来の公害・環境
訴訟が、住民の生命・健康・財産等を環境汚染から守る（あるいはそれらに生じ
た被害を救済する）ものであったのに対し、自然環境そのものを保護しようとす
る点で、やや異なる特色を有している。そこで問題となっているのは、必ずし
も個人の権利（利益）の対象とはなっていない、自然それ自体であるため、不
法行為や民事差止めによる保護については、当該自然環境について訴訟を提起
する私人や団体が権利ないし法益を有するか、行政訴訟による場合には、原告
適格の要件としての法律上の利益を有するかどうかが問題となり、この困難を
克服するために様々な工夫が行われている。ここでは、行政訴訟に絞って、2
つの訴訟を取り上げる。

　(2)　奄美自然保護訴訟

　(i)　概　要　　奄美大島には、亜熱帯気候の中で本土に見られない自然が存
在する。離島であるため、独自に進化した固有種が認められるなど、国際的に

みても種の多様性が豊富な地域である（東洋のガラパゴスなどとも呼ばれる）。問題となった種の1つであるアマミノクロウサギ（写真参照）はウサギ科アマミノクロウサギ属に分類され、世界中でも奄美大島と徳之島にのみ生息している（文化財保護法で国の特別天然記念物に指定）。

アマミノクロウサギ

撮影・提供：常田　守

　1987年総合保養地域整備法（いわゆるリゾート法）が成立し、バブル経済を背景に空前のリゾート開発ブームが起こった。このような中で、1990年頃、奄美大島内の住用村（すみようそん）と龍郷 町（たつごうちょう）にゴルフ場開発が計画された。同地は奄美大島でも良好な自然が残る地域で、住用村には前述のアマミノクロウサギが高密度に生息している。そのため、地元住民・自然研究者・野鳥観察家などの奄美大島の環境保護グループがまず反対を表明し、さらに、全国的・国際的にこれを支援する動きが見られた（哺乳類学会が建設反対の決議を上げ、世界自然保護基金（Worldwide Fund for Nature）も支援した）。

　開発地域は森林法によって開発には知事の許可が必要な地域であったが、1992年3月には住用村地区につき、1996年12月には龍郷町地区につき、鹿児島県知事の許可がなされた。そこで、1995年2月に、野鳥観察グループを中心にした人々によって、開発許可の取消を求める訴訟が提起された。その際、アマミノクロウサギほか4種の野生生物を原告として表示したことで注目された。これは、アメリカにおける「自然の権利」の考え方を参考にしたものである。自然の権利とは、自然は法的保護に値する固有の価値を持つが、それが適正に法的手続に反映されないために、自然破壊が進行しつつあり、このような状況を改変するには、固有の価値を有する自然物自体に権利の主体としての資格を認め、自然破壊はそのような自然物自体の権利（「自然の権利」）が侵害された

と考え、（自然物は自分でその権利主張ができないため）環境保護団体やそのメン
バーが自然物を代弁して、自然物の名において（したがって、原告として自然物
を記載）訴訟を提起しうるという主張である。アメリカで、1972年のシエラク
ラブ対モートン事件（国有林のある渓谷でのリゾート開発計画に対し、環境保護団体
であるシエラクラブが開発許可の違法を主張して差止めを求めた訴訟）において、連
邦最高裁のダグラス判事が少数意見として、訴訟の真の当事者は当該渓谷自体
であり、シエラクラブはその代弁者であると述べたことをきっかけとして主張
された考え方である。その後、自然自体と環境保護団体が共同原告となった訴
訟で原告が勝訴した連邦地裁判決が出ている（ただし、これらは緩やかな要件に
よって環境保護団体に原告適格を認めたものであり、自然物単独で訴訟適格を認めたも
のではないとされる（越智敏裕『環境訴訟法』（日本評論社、2015年）359頁、大塚51頁
等））。

　(ii)　判決（鹿児島地判平成13・1・22 LEX/DB28061380百選 NO. 81）　　鹿児島
地裁は、まず、原告の主張を、「市民や環境 NGO は、国民が豊かな自然環境
を享受する権利としての『自然享有権』を根拠に『自然の権利』を代位行使し
原告適格を有するとする主張」と解した上で、以下の理由から、「自然の価値
を侵害する人間の行動に対して、市民や環境 NGO に自然の価値の代弁者とし
て法的な防衛活動を行う地位があるとして訴訟上の当事者適格が一般に肯定さ
れると解すること、そしてその根拠として『自然享有権』が具体的権利として
憲法上保障されているとまで解することは」困難であるとした。

　「原告らの主張する『自然享有権』」に具体的な権利性を認め得るか否かについて
は、自然破壊行為に対する差止請求、行政処分に対する原告適格、行政手続への参加
の権利等の根拠となるような『自然享有権』の具体的な範囲や内容を実体法上明らか
にする規定は環境の保全に関する国際法及び国内諸法規を見ても未整備な段階であっ
て、いまだ政策目標ないし抽象的権利という段階にとどまっていると解さざるを得な
い。」「また、自然に影響を与える行政処分に対して、当該行政処分の根拠法規の如何
にかかわらず、『自然享有権』を根拠として『自然の権利』を代弁する市民や環境
NGO が当然に原告適格を有するという解釈をとることは、行政事件訴訟法で認めら
れていない客観訴訟（私人の個人的利益を離れた政策の違憲、違法を主張する訴訟）
を肯定したのと実質的に同じ結果になるのであって、現行法制と適合せず、相当でな
いと解される。」

　さらに、森林法の保護法益との関係でも、「当該開発行為の対象となる森林及びその周辺の地域の自然環境又は野生動植物を対象とする自然観察、学術調査研究、レクリエーション、自然保護活動等を通じて特別の関係を持つ利益を有し、これが林地開発許可制度による保護の対象となりえるとしても、これらの諸活動は一般に誰もが自由に行いうるものであって、その『開かれた』性質からすると、不特定多数の者が右利益を享受することができ、また、森林との関係を持つ利益の内容もまた不特定である。そうすると、当該開発行為の対象となる森林及びその周辺の地域の自然環境又は野生動植物を対象とする自然観察、学術調査研究、レクリエーション、自然保護活動等を通じて人間が森林と特別の関係を持つ利益について、森林法10条の２第２項３号が保護していると解することができるとしても、この不特定多数者の利益をこれが帰属する個々人の個別的利益として保護する趣旨まで含むと解することは困難であると考えざるを得ない」とし、原告らには行政訴訟上の「法律上の利益」がない。

　以上の結果、原告の訴えは原告適格を欠くものとして却下されたのであるが、判決理由の中で、「個別の動産、不動産に対する近代所有権が、それらの総体としての自然そのものまでを支配し得るといえるのかどうか、あるいは、自然が人間のために存在するとの考え方をこのまま押し進めてよいのかどうかについては、深刻な環境破壊が進行している現今において、国民の英知を集めて改めて検討すべき重要な課題というべきである」、原告らの提起した「自然の権利」という考え方は、「人（自然人）及び法人の個人的利益の救済を念頭に置いた従来の現行法の枠組みのままで今後もよいのかどうかという極めて困難で、かつ、避けては通れない問題を我々に提起したということができる」という指摘を行っている。

　(iii)　その後の推移　　この事件は、控訴審でも同様の判断がとられたが（福岡高宮崎支判平14・３・19 LEX/DB25410243）、開発業者は、紛争の長期化や経済状況の悪化から、開発を断念した。また、アマミノクロウサギは、2004年に国内希少野生動植物種に指定され、同年、文部科学省・農林水産省・環境省が「アマミノクロウサギ保護増殖事業計画」を策定し、さらに、2015年には、保護増殖事業10ヶ年実施計画が策定されるなどして、保護が本格化してきている。

　(iv)　「自然の権利」訴訟が提起したもの　　「自然の権利」の主張そのものについては、裁判所はこれを否定し、学説においても、なおこれを正面から肯定するものは少ない。それは、伝統的な権利観との大きなギャップによる。しか

し、このような考え方に基づく訴訟が、環境法理論やさらには今日の環境保護のあり方に対して提起したものは少なくない。

　＊自然の権利を主張したその他の訴訟　　本訴訟以外に、自然物を原告として表示した訴訟として、諫早湾第二次訴訟（ムツゴロウや諫早湾）、神奈川県の北川湿地を原告表示した北川湿地事件などがあるが、いずれも、自然物を原告とする訴えは不適法とされている（長崎地判平17・3・15 LEX/DB 28102025、横浜地判平23・3・31判時2115・70）。

　「自然の権利」訴訟の最大の意義は、その自然観にある。従来の自然保護法の自然観は人間中心的な自然観に立っている。これに対して、自然を権利主体として主張することにより、自然中心的な考え方を強く打ち出したことがこの訴訟の特徴である。前述したように、自然の権利が提起しているような自然中心的考え方にまで進むべきかどうかはなお慎重な議論が必要である。しかし、人間も自然の生態系の中に生きるものであり、自然と人間は本来的に対立する存在ではないと考えれば、この主張も大いに検討に値する提起を含んでいる。

　さらに、奄美自然保護訴訟のそもそもの問題は、自然環境を保護しうる規定の存在にもかかわらず（反対者の意見を十分聞くことなく）開発許可が（開発する側の財産権を重視して）なされたことにある。つまり、そこでは、地域の環境のありかたが、もっぱら地権者の意向のみで決定されてしまうという状況が存在するのである。しかし、地域の環境のあり方には様々な利害が関係しており、そもそも自然環境について、地権者である私人はどこまで自己の利益のためにそれを独占的に利用しうるかという問題もある。「自然の権利」の主張は、自然と開発という問題について、より広い意見や利害を調整しながら、しかもその場合、人間の（現在の）経済活動だけを考えるのではなく、生態系の維持という視点を、もっと重視すべきであり、同時に、そのような考慮を可能とする手続きや仕組を作るべきこと、この面で、わが国の法制は極めて不備であることを明らかにした点で、大きな意義がある（自然の権利の主張については、山村恒年・関根孝道編『自然の権利』に詳しい）。

　(3)　泡瀬干潟訴訟

　(i)　住民訴訟の活用　　住民訴訟とは（第8講で述べたように）、地方公共団体の機関による財務会計上の行為が違法（例えば、不当な目的の支出があったよう

な場合）で、地方公共団体の財産に損害を及ぼす行為について、住民がその是
正を求める訴訟である（地方自治法242条の２）。この訴訟では、個々の市民の権
利や利益の保護が要件とならない（訴訟の目的は違法な支出等を是正することであ
り、取消訴訟と違い原告適格の立証は不要）ことから、環境訴訟として利用される
ことがある。例えば、環境に悪影響を与える埋立事業について、それに対する
公金の支出を差し止めるというように、環境に悪影響を与える地方公共団体の
行為について、それが、自治体の会計に違法な影響を与えるとして、その是正
を求め、結果として環境に悪影響を及ぼす行為を防ごうとするわけである。

(ii)　泡瀬干潟事件　　住民訴訟の形態をとったものとして、泡瀬干潟埋立費
用支出差止訴訟がある。この訴訟は、沖縄本島の泡瀬干潟とその周辺の海域を
埋め立ててリゾート施設をつくるという事業について、住民らが住民監査請求
（却下）経て、この埋立は環境影響評価がずさんでかつ経済的合理性がないと
して、当該事業への沖縄県ならびに沖縄市の公金支出等を差し止めることを
（住民訴訟（１号訴訟））として提訴したものである。泡瀬地区は、沖縄本島中南
部の東海岸に位置する中城湾港の北部に存し、沖縄市の東部に接している。本
件事業に係る埋立地及びその周辺海域は、約265 haの干潟（泡瀬干潟）及び約
353 haの藻場が大規模に存在する浅海域となっており、海藻草類、底生生物及
びトカゲハゼ等の生息・生育の場となっているとともに、干潮時には多くのシ
ギ・チドリ類、サギ類等が飛来し、良好な採餌、休憩の場ともなっている。

原告らの訴えに対し、１審（那覇地判平20・11・19判自328・43）と控訴審（福
岡高那覇支判平21・10・25判時2066・3百選 NO. 86）は、一部認容判決を言い渡し
た。控訴審の当該判断に係る判決理由は以下の通りである。

「沖縄市で検討中の上記土地利用計画は、従前の土地利用計画を前提とするもので
はあるが、原判決が適切に説示するとおり、従前の土地利用計画自体、経済的合理性
を欠くとはいえないまでも、その実現の見込み等について疑問点も多々存在すること
からすると、これを前提とする上記土地利用計画に経済的合理性があると直ちに推認
することはできない。また、従前の土地利用計画は、平成12年当時に定められたもの
であり、現時点まで約９年が経過していること、この間、その基礎となった経済的事
情等に大きな変化が生じていることからすると、なお一層、上記推認を働かせること
は困難といわざるを得ない。」「上記土地利用計画に経済的合理性があるか否かについ
ては、従前の土地利用計画に対して加えられた批判を踏まえて、相当程度に手堅い検

証を必要とするといわざるを得ないのであり、そもそも上記土地利用計画の全容が明らかとなっていない現段階においては、これに経済的合理性があると認めることはできないといわざるを得ない。」

「現時点においては……経済的合理性の調査・検討がされていない以上、今後策定される予定の土地利用計画を前提として、本件埋立免許及び承認の変更許可が得られる見込みがあると判断することは困難である。そうすると、控訴人らは、裏付けとなる法律上の根拠（本件埋立免許及び承認の変更許可）が得られる見込みが立っていないのに、本件埋立事業等を推進しようとしていると評価せざるを得ないから、本件埋立事業等に係る財務会計行為（本件各財務会計行為）は、予算執行の裁量権を逸脱するものとして、地方自治法2条14項及び地方財政法4条1項に違反する違法なものというべきである。」

この方法の特徴は、原告適格が緩やかに認められることであるが、自治体の補助金を受けない事業や国が補助する事業には使えない。また、自治体の公金の支出や財産の取得・管理・処分等に関し、その適正を確保するためのもので、行政のあらゆる活動を争えるわけではなく、1号の要件としての「財務会計上の行為」をどう解するかによって、その射程の広狭が決まってくる。現実に訴訟では、住民訴訟の対象となる「財務会計行為の特定」がないから訴えは不適法であるとされるケースや、支出は違法ではないとして請求が棄却されるケースも少なくない（住民訴訟の環境保護への利用可能性については、ケースメソッド11参照）。

＊**泡瀬干拓埋め立て事業のその後**　　泡瀬干潟の埋め立て事業は、この判決確定後中断されたが、その後、沖縄市長による利用計画の見直しが行われ、平成23年10月から、変更許可を受けて工事が再開された。これに対し、あらためて住民訴訟が提起されたが、那覇地判平27・2・24 LEX/DB 25506239は、会計行為として違法とは言えないとした。その際、判決は、「支出の対象とされた普通地方公共団体の施策そのものの当否については……これらの利益・不利益が帰属する住民が，地方選挙を通じて判断すべきものである」としている。

(4)　**まとめ**　　以上見てきたように、自然保護のために法的手段として必要なことは、まず第一に、自然影響を与える開発行為等の意思決定過程への住民や環境保護団体等の参加を促進する制度を整備することである。そのような制度が整備されておれば、天然記念物に指定された希少なアマミノクロウサギの

生息地にゴルフ場を建設する開発が、あっさりと許可されることは考えにくい。

　訴訟に関して言えば、住民らの自然環境に関する権利や法益の拡大（自然享有権（さらには環境権））と、それを基礎にした行政訴訟における原告適格の拡大および民事訴訟における差止請求可能性の拡大が求められている。その際の手がかりとなるのが、景観保護に関する判例の展開である。第13講で述べたように、最高裁は、特定の個人に帰属するものではない景観利益について、「都市の景観は、良好な風景として、人々の歴史的又は文化的環境を形作り、豊かな生活環境を構成する場合には、客観的価値を有する」、「良好な景観に近接する地域内に居住し、その恵沢を日常的に享受している者は、良好な景観が有する客観的な価値の侵害に対して密接な利害関係を有するものというべきであり、これらの者が有する良好な景観の恵沢を享受する利益は、法的保護に値するものと解するのが相当である」と述べて、民法709条による保護可能性を認めた（最判平18・3・30民集60・3・948百選 NO. 75）。そして、そのことを手がかりに、歴史的な景観に関し、それを日常的に享受している住民に、行政訴訟（差止訴訟）における原告適格を認めた裁判例も登場している（広島地判平21・10・1判時2060・3百選 NO. 78）。これらにおいて、民法709条の権利ないし法益、行政訴訟における法律上の利益を有するとされるための要件は、①（「客観的価値」を有する）良好な景観、②近接する地域内に居住、③その恵沢を日常的な享受、の3つとされている（大塚400頁参照）。この考え方を自然環境に押し及ぼせば、当該自然環境が客観的価値を有し保護すべきものであり、当該自然環境の利益を利用ないし享受している住民、あるいは、当該自然環境の保全に関与している住民は、その自然環境利益を民法709条の権利ないし法益として主張することができ、あるいは、行政訴訟法の法律上の利益を有する者として原告適格を有すると考えるべきではないか（同旨、大塚直「環境訴訟における保護法益の主観性と公共性・序説」法律時報82・11・112）。

　＊「**自然風致景観利益**」　　国定公園に一般廃棄物処理施設を建設することに対する知事の自然公園法20条3項に基づく許可の行政訴訟としての差止を求めた事案で大阪高判平26・4・25（判自387・47）は、近隣住民に、自然公園法が保護の対象とする「自然風致景観利益」を享受しているとして、原告適格を認めた。

　以上に加えて、立法的な課題として、環境保護団体に団体訴訟を認める制度の新設が必要である。団体訴訟とは、一定の資格を有する団体に、その団体が保護の対象とする利益に関し訴訟資格を認める制度であるが、わが国でも、消費者団体訴訟制度が消費者契約法によって導入されており、ドイツ等では、環境団体訴訟の制度がある。さらに、国連欧州経済委員会で採択された、「環境に関する、情報へのアクセス、意思決定における公衆参加、司法へのアクセスに関する条約」（オーフス条約）は、「十分な利益を有する関係市民」は一定の許可決定等の（実体的・手続的）適法性を争う訴訟が提起できるとし（同条約9条2項）、この「関係市民」には、各国の国内法の条件を満たす環境保護団体が含まれるとしている（同2条5項）（オーフス条約とドイツの環境団体訴訟については、大久保規子「オーフス条約とEU環境法」環境と公害35巻3号参照）。これらにならって、環境団体訴訟の導入が検討されるべきであろう（環境団体訴訟については、大塚49頁、越智前掲書360頁以下参照。また、最新の国際動向については、大久保規子「環境民主主義の国際潮流」世界2017年4月号191頁以下参照）。

第15講　原発訴訟

1　はじめに

　第1講および第2講で述べたように、環境基本法13条は、放射性物質による大気や水質の汚染を扱わないことを明記し、それにともない、例えば、環境影響評価法52条1項は放射性物質による大気や水質、土壌の汚染については同法を適用しないとし、廃棄物処理法2条1項も放射性物質及びこれによって汚染されたものを同法の廃棄物から除外するなど、原子力発電所の問題は（環境基本法を中心とする）環境法体系には入らないとされてきた。その結果、わが国の原子力法制が環境法として発展してこなかったため1970年代から発展が止まっているように見えるとの指摘がなされてきた。

　しかし、原発問題はエネルギー問題でありエネルギー問題は重要な環境問題であること、原発の廃棄物は極めて危険性の高い廃棄物でありその処理は直接的に環境に関係すること、そして、2011年3月の福島第一原発の事故が示したように、事故は（深刻かつ重大な）大気汚染、水質汚染、土壌汚染をもたらすことなどから、本来、環境法の重要な分野としては位置づけられるべきものである。事故後の2012年6月、環境基本法13条は削除された。

　本講では、原発の問題を重要な環境問題として位置づけた上で、原発をめぐって争われている訴訟につき、福島第一原発事故被害の救済に関する訴訟（民事損害賠償訴訟）と設置・稼働差止訴訟（民事訴訟、行政訴訟、仮処分）について、そこでの争点を検討する。

2　福島原発事故損害賠償訴訟

　(1)　はじめに　　2011年3月11日の東日本大震災を契機に発生した福島第一原子力発電所事故は、広範かつ深刻な被害をもたらしている。原発事故は、放射線物質による大気汚染・水質汚濁・土壌汚染を引きおこしており、その本質において公害問題である。この事故により生じた被害は、①放射線被曝そのも

事故直後（2011.3.16）の福島第一原子力発電所
（出典：東京電力ホールディングス）

の、②被曝を避けるための避難による被害（避難生活の身体的負荷、避難生活の精神的苦痛、仮設住宅等での生活にともなう被害、長期化する避難生活による被害）、③地域社会を破壊され生活の地を奪われたことによる被害（ふるさとの喪失、事業と生計の断絶、生活の潤いの喪失、寺社・地域文化とのつながりの切断）などに整理できる。そして、これらの被害全体の特徴としては、①類例のない被害規模の大きさ、②被害の継続性・長期化、③暮らしの根底からの全面的破壊、④被害の不可予測性などがあげられることが多い（小島延夫「福島第一原子力発電所事故による被害とその法律問題」法律時報83・10・55以下、他）。

　これらのうち特に重要なことは、この事故によって地域における生活が根底から破壊されていることである。われわれの生活は地域コミュニティの中において、様々な生活基盤に支えられて存在する。今回の事故は、このような生活基盤を毀損し、あるいは劣化させたのである。

　本件事故によって、福島県調査では最大約16万人の住民が避難を余儀なくされた（避難指示等の区域については、次頁の地図（経済産業省ウェブサイト「避難指示区域の概念図」（2014年10月１日時点）より）参照）。

　その後、政府による避難指示の解除が進み、2017年の時点で、指示区域の面積は３分の１に縮小した。しかし、なお多くの住民が避難を続けている。また、メルトダウンを起こした原発の廃炉作業は遅々として進まず、周辺の広大な地域が荒廃したままの状態である。「帰還」に関しては、多くの住民が、「帰りたくない」「元のまちになるまで帰りたくない」と各種の調査に回答している。例えば、「福島第一原発事故第６回避難住民共同調査」（朝日新聞2017年２月28日付）によれば、帰りたいかという問に対し、「元のまちのようにならなく

ても帰りたい」とする人は18％にすぎず、「元の町に戻らないから帰りたくない」が23％、「元の町に戻っても帰りたくない」が13％、「元のまちのようになれば帰りたい」が35％となっている。「帰りたくない・帰れない」とする理由は、福島第一原発の現在の状態への不安であり（朝日新聞調査では、「まだ危険な状態」とする人が43％、「安心できる状態にはない」とする人が51％）、高い放射線量への不安であり、さらには、避難指示解除によっても容易に改善し

避難指示区域の概念図

平成26年10月1日時点

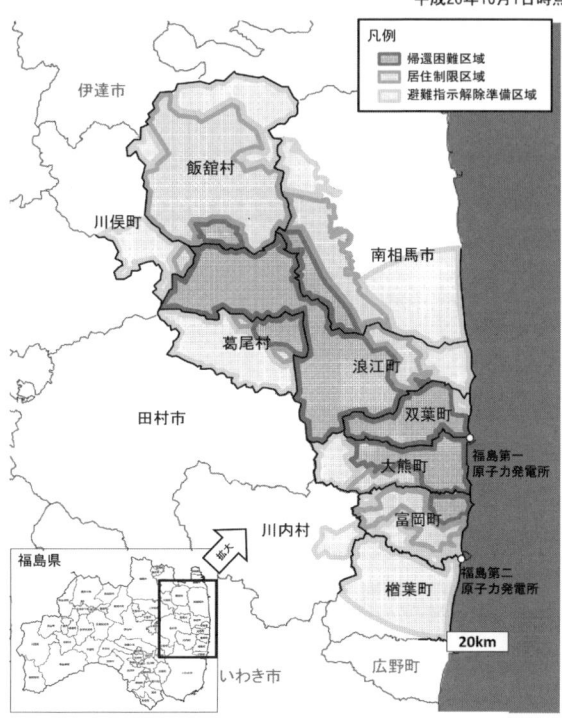

注）帰還困難区域（年間被ばく放射線量50mシーベルト超）　居住制限区域（年間被ばく放射線量20mシーベルト超、50mシーベルト以下）　避難指示解除準備区域（年間被ばく放射線量20mシーベルト以下）
出典　経済産業省 HP

ない「帰還」先の生活環境の劣悪な状態である。なお、避難者の中には、政府の避難指示等によって避難させられた者と、放射線被曝への不安等から政府指示によらずに避難した者がいるが、いずれも、原発事故によって避難を強いられた者である（政府指示等によらずに避難した者を、「自主避難者」と呼ぶことが多いが、好き好んで避難したわけではなく、事故により避難を余儀なくされた者であり、正確には「避難指示等区域外からの避難者」というべきであろう。指示によらずに避難したことや、避難指示解除後も、廃炉作業が遅々として進まない福島第一原発の状態や放射線への不安、あるいは、地域の荒廃等のために「帰還」しないことを、「本人の（自己）責任」と見るのは誤りである）。

(2)　被害の救済と訴訟の動向

（ⅰ）　はじめに　　この事故による被害の賠償については、後述する、原子力損害賠償法（原賠法）に基づき賠償の指針を策定するために設置された原子力損害賠償紛争審査会（原賠審）の指針にしたがった賠償や、和解を仲介するために作られた原子力損害賠償紛争解決センター（原発 ADR）を通した賠償が行われ、東京電力（東電）はすでに約8兆円（2018年2月末現在）の賠償を支払ったといわれているが、他方で、東電の（原賠法の無過失責任ではなく）過失責任や国の国家賠償法上の責任を問う（多数の原告が集団的な提訴を行った）集団訴訟が全国で約30件提訴されて係争中である（原告総数は1万2000人に上っている）。これとは別に、個別の訴訟も多数に上っており、これら個別訴訟についてはすでにいくつもの判決が出ている。集団訴訟についても、2017年末の時点で、すでに、前橋地裁（平29・3・17）、千葉地裁（平29・9・22）、福島地裁（平29・10・10）で判決が言い渡されている。以下、これらの集団訴訟を中心に、そこでの争点を検討したい（福島原発事故被害の損害賠償全般については、淡路剛久・除本理史・吉村良一編『福島原発事故賠償の研究』、淡路剛久監・大坂恵里・下山憲治・除本理史・吉村良一編『原発事故被害回復の法と政策』参照）。

＊原子力損害賠償法について　　「原子力損害」について「原子力事業者」（電力会社等）に無過失責任を負わせる民法・不法行為法の特別法として、原子力損害賠償法（1961年制定）がある。本法は、昭和30年代に原子力の「平和利用」へと政策の舵が切られようとしている時期、原発の導入のための制度を整えるという意図の下に制定されたものである。

　①　本法は、「被害者の保護」に加えて「原子力事業の健全な発達」を目的としている（1条）。後者の目的が付加されていることが、被害者の救済を目的としたその他の不法行為特別法とは異なっている点である。これは、前述のような本法の制定の背景（原子力の「平和利用」の推進）によるものであるが、福島原発事故が生じた現在となっては、立法論的には問題がある。また、解釈論としても、この目的が、被害者保護を制限することがないように本法の運用を行うべきであろう。

　②　本法は、原子力事業者に無過失責任を課している（3条1項本文）。原発等が持つ高度の危険性を理由とする危険責任の考え方に基づくものである。ただし、事業者は、原子力損害が「異常に巨大な天災地変又は社会的動乱」による場合に

は免責される（同項ただし書）。問題は、何が「異常に巨大な天災地変又は社会
的動乱」にあたるかだが、後者は戦争や内乱等のことであり、テロ行為によるも
のはこれにあたらないとされる。前者については、立法段階では、「いまだかつ
てない想像を絶した地震」などであり、「およそ想像ができる、あるいは経験的
にもあったというのは……含まれない」などと説明されていた。

③　本法では、原子力事業者以外の者は責任を負わないとされる（4条）。このよ
うな規定が設けられた理由として、責任者が集中することにより補償交渉がやり
やすくなるといった説明がなされる。しかし、実際には、原発メーカー（当時は
すべて外国のメーカー）等に責任が負わされることは原子力事業の推進にとって
望ましくないとの判断が背景にあったとの指摘がある。

④　本法によれば、原子力事業者は損害賠償の支払いを確実にするために損害賠償
措置（保険契約の締結および政府との補償契約の締結または供託）を講ずる必要
がある（6条、7条1項）。ただし、福島原発事故前に設定されていた金額は1
事業所あたり1200億円であり、実際に生じた被害の賠償には極めて不十分なもの
であった。

⑤　賠償額が措置額を超え、かつ、原賠法の目的を達成するために必要と認められ
る場合、政府は、原子力事業者に必要な援助を国会の議決に基づき行うこととさ
れ（16条）、また、3条1項但書で原子力事業者が免責される場合、被災者の救
助および被害拡大防止のために必要な措置（あくまで救助や被害拡大防止なの
で、被災者が補償を受けられるわけではない）を講ずるべきものと規定されてい
る（17条）。

　　立法段階では、国が全面的に責任を負うべきという意見も強かったが、本法は
この考え方をとらなかった。それは、原子力事業者といえども私企業であり、私
企業が第三者に損害を及ぼした場合に、被害者に対して国が賠償する責任を負う
ということはないと考えられた（このような考え方が現在にも妥当するかどうか
については疑問がある）ことによる。しかし、原発事故により生じうる巨額の賠
償義務を事業者が果たせないことがある。そこで、国策の上から原子力事業を助
成する必要があるのであれば、国が賠償のために援助することはさしつかえない
として、16条が規定されたのである。その結果、国の位置は事業者の賠償だけで
は不十分な場合の補助的なものとなった。福島原発事故被害の賠償について制定
された原子力損害賠償・廃炉等支援機構法も、事業者が賠償責任を負い、国等が
それを支援するという、このような原賠法の構造を前提としている。

⑥　原子力損害の賠償に関して紛争が生じた場合の和解の仲介および当事者の自主
的解決に資する指針の策定のための審査会（原賠審）が設置される。福島原発事

　故でもこの審査会が設置され、賠償に関する指針が策定されている。

＊＊原発事故賠償請求権の期間制限　　原賠法は、原子力損害に対する賠償請求権につき、特別の期間制限はおいていない。したがって、民法724条の適用が問題となる。もしかりに、同条前段の３年の消滅時効が2011年３月から起算されるとした場合、その３年後に期間が満了してしまったことになる。しかし、本件事故による損害賠償請求権の３年の消滅時効や後段の20年の除斥期間（除斥期間ではなく前段と同じく消滅時効と考えるべきとするのが現在の多数説）は2011年３月から起算されるとすべきではない。なぜなら、福島原発事故被害は継続的・長期的なものであり、また、事故は収束しておらず、避難を強いられている被災者には現在も損害が発生しているからである。さらに、被ばくによる将来の健康危険は、その多くが、いまだ潜在的なものである。また、もしかりに、東電や国が消滅時効を援用したとしても、このような大規模な被害を発生させ、必ずしも迅速な救済を行っているとは言えない東電や国が時効を援用することは、援用権の濫用とされる余地がある。しかし同時に、時効等による混乱が生じないようにするためには、立法による対応が望まれ、2013年12月に、３年の消滅時効につき時効期間を10年とし、20年の除斥期間の起算点を「損害発生の時」とする特例法が制定された。

　(ⅱ)　責任論　　本件被害の救済については、まず、東電の責任が問題となるが、同時に、原発政策を推進し、その安全確保について大きな権限と責任を負う国の責任も問題にされるべきである。

　東電については、原子力事業者に無過失責任を課した原賠法３条の責任が問題となる。本件事故に同法が適用されることに争いの余地はなく、各訴訟においてもこの点は争われていない。唯一問題となりうるのは（訴訟において東電は主張していないが）、「異常に巨大な天災地変」による場合に責任を免じた３条但書である。しかし、立法作業に携わった担当者が、「いまだかってない想像を絶した地震」としていることから見て、本件は、但書免責にはあたらないと考えるべきであろう（大塚直「福島第一原子力発電事故による損害賠償」高橋滋・大塚直編『震災・原発事故と環境法』68頁以下参照）。その上で問題は、東電は民法上の不法行為責任をも負うことはないのかどうかである。現在、東電に提起されている集団訴訟で原告は、民法709条による責任をも追及している。これは、不法行為法の過失責任を問うことにより、東電の様々な注意義務違反を明らかにし、その責任の重大性をより明確にしようとする意図があるものと思われ

る。無過失責任法があてはまる場合にも民法の規定の適用を排除しない裁判例があることから見て、民法の適用を機械的に排除すべきではなかろう（同旨、中島肇「原子力損害の賠償に関する法律」能見善久・加藤新太郎編『論点体系　判例民法7　不法行為（第2版）』300頁）。また、無過失責任の場合においても、効果論（特に、慰謝料の算定）との関係で被告の義務違反の内容や程度は重要な考慮要素であり（大塚直「東海村臨界事故と損害賠償」ジュリスト1186・38参照）、したがって、原賠法においても、東電に過失があったのか、あったとすればそれはどのような過失があったかどうかといったことは問題になりうる。

　国が責任を負うとすれば、その根拠は、国家賠償法1条の、いわゆる規制権限不行使による責任である。規制権限不行使による国の責任については、**第7講**や**第11講**で述べたように、事業者等の危険な活動に対し、それを監督し規制すべき権限を適時・適切に行使しなかった場合に、国家賠償法1条の責任を負うとするのが、現在の判例の立場であり、本件においても、事故の実態を踏まえて規制権限を明らかにし、それが、適時・適切に、速やかに行使されたのかどうかが問われることになる。その際、留意すべきは、本件においては、水俣病やアスベスト被害のような規制権限不行使一般とは異なる特質があることである。それは、第1に、原発という危険源が国策によって設置運営されているおり（＝国の積極的な関与の存在）、国の損害発生防止のための責任は重いという点であり、さらに、原発の場合、設置認可の段階から運転の各段階において、国は様々な関与をしており、この点で、他の危険な活動一般の場合と異なることである。これらの要素を踏まえて、規制権限不行使の違法性が判断されるべきである。

　国の責任については、原子力損害に対する責任を原子力事業者に限った原賠法4条（責任集中規定）との関係が問題となるが、この条文は、国の国賠責任を免除するものではないと考えるべきである。なぜなら、責任集中規定の趣旨は、関連業者を免責することによって原子力産業への参入を促進するとともに、責任保険引受キャパシティーを原子力事業者に集積することにあるとされていることや、そもそも、本法が制定される時期には、国の規制権限不行使による責任という議論はなかったのであり、本法の立法者も、国の責任が責任集中原則で免責されるとは考えていなかったからである。また、本法の責任集中

規定によって国の責任が否定されるとすれば、それは、国家賠償責任を定めた憲法17条違反の疑いを生じさせる（大塚直「福島第一原発事故による損害賠償と賠償支援機構法」ジュリスト1433・40）。

　東電と国の責任については、2017年秋の時点ですでに３つの集団訴訟判決が出ている。以下、その概要を見てみよう。

　＊三判決の詳細　　群馬訴訟判決（前橋地判平29・3・17判時2339・4）について、詳しくは、吉村良一「福島第一原発事故について国の責任を認めた群馬訴訟判決」法学教室140号、「小特集　福島原発事故賠償訴訟の現段階と課題」法律時報89巻8号、淡路剛久「判例詳解　前橋地判平29.3.17」論究ジュリスト22号、千葉訴訟判決（千葉地判平29・9・22 LEX/DB 25449077）と生業（「生業をかえせ、地域をかえせ！」）訴訟判決（福島地判平29・10・10判時2356・3）については、「小特集　福島原発事故損害賠償訴訟・千葉判決と生業判決の検討」環境と公害47巻3号等参照。

　その最初のものである前橋地裁判決は、まず、東電の責任につき、原賠法は民法の特別法として、原子力損害の賠償については民法709条の適用を排しているとして、民法709条責任は否定した。しかし、本件事故の予見可能性や回避可能性は、（慰謝料算定要素としての）非難性を基礎づける事情として考慮されるとして、それらの有無を検討している。そして、東電は、2002年には敷地の地盤面の高さを超える程度の津波を予見可能であり、2008年の自身の試算によって実際に予見していたとする。そうすると、配電盤及び空冷式非常用ディーゼル発電機の建屋上階へ設置等の措置が確保されておれば事故は発生しなかった（これらの措置は期間及び費用の点からも容易）が、これらの回避措置はとられず、その点で東電には「特に非難するに値する事実」が存在するとした（「経済的合理性を安全性に優先させたと評されてもやむを得ないような対応をとってきた」ともいう）。

　また、国について、国には遅くとも2002年7月31日から数カ月後の時点において予見可能性があり遅くとも2007年8月ころには、結果回避措置のいずれかを講じる旨の技術基準適合命令を発し、あるいは省令号を改正して技術基準適合命令を発すべきであり、同月頃に規制権限を行使すれば本件事故を防ぐことは可能であったのであり、行使しなかったことは国賠法1条1項の適用上、違法であるとした。さらに判決は、（これまで規制権限不行使による国の責任を認めた

判決において一般的であったものとは異なり）本件において国の責任が東電に比し
て補充的なものということはできず、東電と全額について連帯して責任を負う
とした（判決は、「国は、原子力の平和利用を主導的に推進する立場にあるものとして
……規制権限を適時適切に行使して原子力災害の発生を未然に防止することが強く期待
されていたにもかかわらず……規制権限の行使を怠り続けたもの」であり、「権限を行
使しないことが不合理であることの著しさは……被告東電に対する非難の強さに匹敵す
る」という）。なお、判決は、原賠法 4 条 1 項の責任集中によって国は免責され
ない（憲法17条参照）とした。

　次に、千葉地裁判決は、東電の民法709条責任を否定し（なお、判決は、敷地
を超える津波の発生は2006年時点で予見可能であり、2008年には推計も行っていたこと
としつつ、慰謝料の増額要素となる重大な過失はないとする）、原賠法による責任の
みを認め、また国については、遅くとも2006年までに、敷地の高さを超える津
波の発生は予見可能であったが、その知見は確立したものではなく、資金や人
材の有限な中ですべてのリスクに対応することは不可能であり、結果回避措置
の内容や時期は規制庁の専門的判断に委ねられているなどとして、規制権限不
行使による責任を認めなかった。判決は、「仮に、確立された科学的知見に基
づき、精度及び確度が十分に信頼することができる試算が出されていたのであ
れば……直ちにこれに対する対策がとられるべきであるが、規制行政庁や原子
力事業者が投資できる資金や人材等は有限であり、際限なく想定しうるリスク
すべてに資源を費やすことは現実に不可能であり、かつ、緊急性の低いリスク
に対する対策に注力した結果、緊急性の高いリスクに対する対策が後手に回る
といった危険性もある以上、予見可能性の程度が上記の程度ほどに高いもので
ないのであれば、当該知見を踏まえた今後の結果回避措置の内容、時期等につ
いては、規制行政庁の専門的判断に委ねられる」として、国の広い裁量を認め
ている。

　福島地裁判決は、2002年 7 月31日に発表された（阪神・淡路大震災後に作られ
た政府の地震調査研究推進本部の）『長期評価』に基づき O.P.（Onahama Peil（福島
県小名浜港の基準水面））＋15.7ｍの津波を予見することが可能であり、同年末
までには電気事業法40条の技術基準適合命令を発することが可能であったにも
かかわらずこれを行わなかったとして、国の責任を認めた（ただし、国の責任は

２分の１とした）。千葉判決との違いは、千葉判決が、『長期評価』について、異説があり通説的見解と言えるまでに至っていないとしたのに対し、福島地裁判決は、『長期評価』による予見を踏まえて、15.7ｍの津波を基準に適合命令を出すべきであったとしている点である。また、判決は、非常用電源設備の安全性対策（水密化等）は、防潮堤の設置に比してコストはそれほど大きいわけではなく、これらの措置を講じておれば事故は回避できたとする。

　2011年８月に成立した原子力損害賠償支援機構法（後に、原子力損害賠償・廃炉支援機構法として改正）は、東電が賠償責任を負いそれを国が支援するという構造となっているが、前橋地裁判決と福島地裁判決が国の責任を認めたこと（千葉判決も予見可能性は肯定している）を受け止めるならば、国には法的責任がないことを前提に、東電を「支援」することとされている、現在の機構法の構造を再検討することも必要なのではないか。

　(iii)　損害論

　(a)　基本的考え方　　原賠法は、損害賠償の範囲や内容については規定を置いていない。したがって、民法や国家賠償法の責任が問われる場合はもちろん、原賠法の責任についても、基本的には、不法行為法の規定や考え方が適用されることになる。原賠審もこのような理解から、「本件事故と相当因果関係のある損害、すなわち社会通念上当該事故から当該損害が生じるのが合理的かつ相当であると判断される範囲のもの」が原子力損害として賠償されるという考え方を基本においている。そして、避難にともなって生じた様々な損害は、避難行動が「合理的」ないし「相当」なものである場合には賠償され、また、「風評被害」も、消費者による当該商品やサービスを放射性物質による汚染の危険性を懸念し敬遠したくなる心理が「平均人・一般人」を基準として「合理性」を有する場合には賠償されるとしている。

　このような「合理性」「相当性」の判断にあたっては、放射線被害の特質、特に、予測・把握困難（不可能）性を踏まえるべきである。放射性物質汚染は、目にも見えず、匂いがするわけでもなく、人間の五感では把握できない。また、その影響は、科学的にも未解明な部分も少なくなく、福島第一原発事故においても、安全性の基準についての「専門家」の意見は分かれ、また、政府の出した基準も二転三転した。そのような中、福島県やその周辺に生活していた

住民は強い不安や避難するかどうかをめぐる葛藤にさらされることになったのであり、このような点は、「合理性」「相当性」についての判断においても考慮すべきである。このような考え方は、**第 1 講**で述べた、「科学的に因果関係を証明することができない場合であっても、人の健康や環境に対して重大かつ不可逆的な損害が発生するおそれがあるときは、予防的な措置をとることが正当化される」という考え方（「予防原則ないし事前警戒原則（precautionary principle）」）からも根拠づけることができる。

　(b)　訴訟での争点　　本件各訴訟における原告の請求内容は、集団訴訟に限っても多様である。これは、当該訴訟の原告の特性（事故前の居住地域や生活状況、事故後の行動、その他）が多様であることや、原告・弁護団の訴訟戦略・戦術が様々であることに由来する。原告らの被った精神的苦痛（避難生活による苦痛や将来の健康不安等）に対する慰謝料のみを請求している訴訟（群馬訴訟はこのタイプ）、慰謝料以外に財産的損害の賠償をも請求している訴訟（千葉訴訟はこのタイプ）、原状回復（空間線量率を自然線量である毎時0.04 mSv 以下にせよ）や除染を請求している訴訟（生業訴訟がこのタイプ）などがある。

　これらに対し、損害賠償に関する被告の主張は、各訴訟で共通している。その第1は、本件事故については、原賠審によって賠償指針が作られているので、それによって賠償すべき（それ以外の損害項目やその指針の額を超える賠償を認めない）というものであり、第2は、年20 mSv 以下の被ばくでは健康被害が発生しないのだから、それ以下での避難ないし避難の継続には合理性がなく、それ以下での被曝に対する不安は科学的根拠を欠く極めて主観的なものであり、賠償の対象とされるべきようなものではないという主張である。

　前述したように、原賠法18条に基づいて原賠審が設置され、そこが、賠償に関する指針を出している（指針の内容については、中島肇『原発賠償中間指針の考え方』125頁以下参照）。東電と被害者の交渉においても今回の事故に関する紛争を処理するために作られた原発 ADR においてもこの指針が大きな役割を果たしている。原賠審が早期に指針を示したことは、本件原発事故被害の救済に一定の道筋を付けたものとして意義を有するが、それは、あくまで、原賠法にあるように（同法18条は、審査会の目的を、「和解の仲介及び当該紛争の当事者による自主的な解決に資する一般的な指針の策定」と規定する）自主的解決や和解の促進のた

めのものであり、原賠審自身も、「中間指針で対象とされなかったものが直ちに賠償の対象とならないというものではなく、個別具体的な事情に応じて相当因果関係のある損害と認められることがあり得る」という点を強調している。訴訟においては、被害の実態に即した賠償額の算定論が追求されなければならない。

　具体的には、まず、この事故で生じた前述したような多様で広範な被害をどうとらえるかが問題となる。指針は交通事故における賠償を参考に、個別の損害項目の積み上げを行っているが、果たして、このような考え方によってこの事故被害の全体像が泊できるのか。この点について、「本件原子力事故によって侵害された法益は、地域において平穏な日常生活をおくることができる生活利益そのものであることから、生存権、身体的・精神的人格権—そこには身体権に接続した平穏生活権も含まれる—および財産権を包摂した『包括的生活利益としての平穏生活権』が侵害されたケースとして考える」べきとの主張（淡路剛久「『包括的生活利益としての平穏生活権』の侵害と損害」法律時報86・4・101）が注目される。

　個別的な論点としては、指針が1人当たり月10万円（避難所の間は12万円）とした避難者慰謝料の当否、いわゆる「自主避難者」への賠償の可否やその内容、放射線量の高い地域に滞在した者に対する賠償、被曝による将来の健康影響や不安に対する補償、本件事故によって居住用不動産等の生活基盤としての財物に重大な被害を受けた者の賠償や山林や農地被害に対する賠償をどう考えるのか、休業や廃業を余儀なくされたことによる逸失利益や追加的費用の賠償、取引先を失ったことによる営業損害、いわゆる「風評被害」の賠償等、様々な課題がある。また、原発被害を苦にして「自殺」した人に対する賠償といった問題もある（福島地判平26・8・26判時2237・78は、自死と本件事故の因果関係を肯定し、遺族の損害賠償請求を認めた。また、福島地裁は、2018年2月20日に、事故から1か月後に居住地域が避難指示区域に指定されたことをテレビで知り、翌朝、自宅で首をつって死亡しているのが発見された当時102歳の男性につき、原発事故による耐え難い精神的負担が自殺の決断に大きく影響を及ぼしたとして、遺族の請求の一部を認める判決を言い渡している）。

　本件で発生し、かつ、これまでの損害賠償論では十分にとらえきれない重大

な被害として、「ふるさと喪失」被害がある。原発事故によって、それまで定住圏の中に一体となって存在していた諸機能（自然環境、経済、文化）がバラバラに解体され、「ふるさとの喪失」という重大な損失が発生し、その結果、住民は、そのバラバラにされてしまった機能のうちどれをとるかというきわめて困難かつ理不尽な選択に直面した（除本理史「原発事故による住民避難と被害構造」環境と公害41・4・36）が、このような、おそらくこれまで損害賠償法が直面して来なかった被害をどうとらえて損害論・損害賠償論の議論の俎上に載せていくのかが問われている。

　(c)　群馬訴訟判決　　群馬訴訟において原告（避難指示区域及びそれ以外の区域から群馬県に避難してきた者137名）は、被ばくしたことの不安及び将来の健康不安、従前の生活や生業の破壊、避難にともなう様々な被害、ふるさとの喪失等々の重大な精神的損害が発生し、それらは原賠審の指針に基づく慰謝料によっては補てんされていないとして、全員の精神的損害に共通する部分の一部請求として一律1000万円の慰謝料を請求した（総額約15億円）。これに対し判決は、原告らの侵害された法益は平穏生活権であり、平穏生活権は多くの権利法益を内包するが、中核は「自己実現に向けた自己決定権」であり、それが避難を強いられたことにより侵害されたとする。また、原賠審の指針については、それは「任意に賠償すべきとの指針を提示する役割を持ち」、裁判所としては、「指針等が定めた損害項目及び賠償額に拘束されることはなく、自ら認定した原告らの個々の事情に応じて、賠償の対象となる損害の内容及び損害額を決することが相当である」とする。その上で判決が認めた慰謝料額は、原告全員の総額で約4億5000万円だが、このうち約4億2000万円はすでに東電により支払われているとして、多くの原告の請求が棄却され、認容された総額は約3855万円であった。

　判決は、原賠審の指針の性格（限界）を明確にした上で、避難指示区域外からの避難者にも一定の慰謝料を認容しており、また、避難指示が解除されても帰還しないことが合理性を欠くといった判断はしていない。しかし、判決が認容した慰謝料は少額にとどまっている。その原因の1つとして考えられるのは、判決が、被侵害法益を平穏生活権としつつ、それを、「自己決定権」を中核とするもの（避難を強いられたことが自己決定権の侵害となる）としたことにあ

るのではないか。自己決定権を中核とした精神的被害において、避難生活にともなう物心両面の不自由や苦悩、いつ元のような生活に戻れるかが分からないことによる不安、コミュニティの破壊やふるさと喪失による精神的な打撃等の被害を適切に把握することができるのであろうか。このような、判決の被侵害法益に対する理解の狭さが、低額の慰謝料の原因となったことが考えられるのではないか。

　(d)　千葉訴訟判決　　本訴訟において原告（千葉県内への避難者とその家族18世帯45人であり、避難指示等対象区域からの避難者が中心だが、自主的避難等対象区域や福島県内のその他からの避難者を含んでいる）は、①避難慰謝料として一律月50万円、②ふるさと喪失慰謝料として一律2000万円、③居住用不動産等の財物損害の賠償（原告ごとに異なる額）を請求した（総額約28億円）。

　判決は、原告のうち17世帯42人に（支払い済みの賠償金約6億5000万円に上積みして）計約3億7600万円を支払うよう命じた。判決は、まず、算定の考え方として、「本件事故と相当因果関係のある損害の発生及び金額については、原告らが具体的に主張立証しなければならない」として、相当因果関係、原告による具体的主張立証という伝統的な考え方をとっている。しかし、「損害の主張立証をすることが極めて困難である場合があり得る」とし、指針とそれに基づいて東電が認める金額が最低限であり、それを超える部分については原告が「損害の発生及び金額」を原告が立証すべきとする。このことは、抽象的損害計算の一種である指針や東電基準を最低限として、個別事情による上積みの可能性を認めるという点で、事実上の抽象的損害計算方法（このような算定方法については、吉村②157頁以下参照）の採用と見ることもできないではない。

　精神的損害について判決は、被侵害法益は、「居住・移転の自由を侵害されるほか、生活の本拠及びその周辺の地域コミュニティにおける<u>日常生活の中で人格を発展、形成しつつ、平穏な生活を送る利益</u>を侵害されたということができる」とする。ここでは、避難を余儀なくされて居住・移転の自由を侵害されたことに加えて、「生活の本拠及びその周辺の地域コミュニティにおける日常生活の中で人格を発展、形成しつつ、平穏な生活を送る利益」という包括的な利益を侵害されたとし、しかも、それを、「日常生活の中で人格を発展、形成しつつ、平穏な生活を送る利益」としている。このことが、避難生活にともな

う精神的損害だけではない精神的損害を被っているとの理解につながったと思われる。そして、判決は、「従前暮らしていた生活の本拠や、自己の人格を形成、発展させていく地域コミュニティ等の生活基盤を喪失したことによる精神的苦痛」や「長年住み慣れた住居及び地域における生活の断念を余儀なくされた……ことによる精神的苦痛」などについて賠償を認めたが、これは、事実上、「ふるさと喪失慰謝料」を認めたことになる（認容額は最高で1000万円であり、避難元の居住地の避難指示が解除ないし解除の予定があるかないかで額が異なる）。

　また、判決は、避難指示等によらずに避難をした人々につき、「本件事故当時の居住地と福島第一原発及び避難指示区域の位置関係、放射線量、避難者の性別、年鈴及び家族構成、避難者が入手した放射線量に関する情報、本件事故から避難を選択するまでの期間等の諸事情を総合的に考慮して判断することが相当である」とし、「自主避難者」についても、一定の場合に避難の合理性を肯定した。さらに、低線量被ばくのリスクと避難の合理性について判決は、「100mSv 以下の放射線被ばくにより、健康被害が生じるリスクがないということも科学的に証明されていない」ので、「放射線量等の具体的な事情によっては、自主的避難等対象区域外の住民であっても、放射線被ばくに対する不安や恐怖を感じることに合理性があると認められる場合もあり、自主的避難等対象区域外であることによって直ちに避難の合理性が否定されるわけでもない」とした。

　(e)　生業訴訟判決　　本訴訟は、福島県の全市町村や隣接する宮城県、茨城県、栃木県の住民約3800人（うち約９割が福島県内の避難者と滞在者。また滞在者と避難者の割合は７：３）が国と東京電力に、原状回復（空間線量を0.04μSv/h以下とせよ）と総額160億円の損害賠償などを求めたものである。損害賠償については、全員一律に月５万円の慰謝料と、40名の帰還困難区域からの避難者について、「ふるさと喪失慰謝料」として2000万円が請求された。これに対し判決は、原状回復請求については、実現方法が特定されていないこと、および、実現可能な執行方法が存在しないことを理由に却下し、損害賠償については、総額約５億円の慰謝料を認めた。

　判決は、本件における被侵害法益を、「平穏生活権侵害」だとする。そして、「人は、その選択した生活の本拠において平穏な生活を営む権利を有し、社会

通念上受忍すべき限度を超えた大気汚染、水質汚濁、土壌汚染、騒音、振動、地盤沈下、悪臭によってその平穏な生活を妨げられないのと同様、社会通念上受忍すべき限度を超えた放射性物質による居住地の汚染によってその平穏な生活を妨げられない利益を有しているというべきである」として、従来型の公害における「平穏生活権」侵害事例を対比事例としてあげ、平穏生活権侵害の成否の判断枠組みとして、「放射性物質による居住地の汚染が社会通念上受忍すべき限度を超えた平穏生活権侵害となるか否かは、侵害行為の態様、侵害の程度、被侵害利益の性質と内容、侵害行為の持つ公共性ないし公益上の必要性の内容と程度等を比較検討するほか、侵害行為の開始とその後の継続の経過及び状況、その間に採られた被害の防止に関する措置の有無及びその内容、効果等の諸般の事情を総合的に考慮して判断すべきである」として、従来の公害事例（特に、騒音公害）における受忍限度判断の定式を採用している。その上で、判決では、一定の範囲で指針とそれに基づく東電の賠償を超えた賠償が認めたが、「ふるさと喪失」に基づく損害賠償請求について判決は、原賠審中間指針が第４次追補で示した「長年住み慣れた住居及び地域が見通しのつかない長期間にわたって帰還不能となり、そこでの生活の断念を余儀なくされた精神的苦痛等」に対する慰謝料（「帰還困難慰謝料」）によって填補されているとして全員の請求を棄却した。

　本判決が、指針では認められなかった時期や地域の慰謝料が認めた点は大きな意義を有する。県外を含む避難指示等が出なかった区域にも一定範囲で認められたが、このことは、たとえ認容された慰謝料額がわずかであっても、それらの住民も本件の被害者であることが認められたことを意味するのであり、「自主避難者」の救済を拡大していく上で、大きな意義がある。

　本判決において検討されるべきは、被害や被侵害法益のとらえ方の点で、前述したように、従来型の公害被害（特に騒音被害）との（ある意味で安易な）対比がみられることである。本件が本質において公害であることには疑いがないが、本件被害には、従来の公害概念ではとらえきれない特質がある。判決が参照判例としてあげている航空機騒音被害と比較するならば、広範囲の住民に影響が出ている点で一定の類似性はあるが、同列視できない違いがある。それは第１に、騒音と異なり放射線は五感では感知し得ず、また、その影響について

も未知の部分が多い（それだけに住民の不安は大きい）ことであり、第２に、騒音被害は、騒音が止めば地域の平穏な生活が復活するが、本件では、地域生活が根こそぎ損壊しており、かりに、除染等で放射線量が低減しても、元の生活が容易には戻らないことである。判決は、侵害された法益を「平穏生活権」とし、それが賠償されるかどうかはについて賠償すべきかどうかについては、上記のような、広範な利益較量をすべきとしている。このような侵害行為の公共性を含む利益較量は、通常の公害においても、被害が生命身体や健康への侵害である場合や、平穏生活権でも「身体権に接続した平穏生活権」ではとるべきでないとする説が有力であるが、本件の被害を「平穏生活権」ととらえたとしても、そこで生じている深刻な被害から見て、このような判断枠組みは適切であろうか。

　＊指針見直しの必要性　　以上のように、集団訴訟の３つの判決は、程度の差はあるが、いずれも、原賠審指針で賠償の対象とされる範囲を超える原告に、指針の額を超える賠償を認容した。このことは、指針自身が、「中間指針に明記されない個別の損害が賠償されないということのないよう留意されることが必要である」「この中間指針は、本件事故が収束せず被害の拡大が見られる状況下、賠償すべき損害として一定の類型化が可能な損害項目やその範囲等を示したものであるから、中間指針で対象とされなかったものが直ちに賠償の対象とならないというものではなく、個別具体的な事情に応じて相当因果関係のある損害と認められることがあり得る」と述べている指針の性格から見て当然のことではあるが、指針を超える賠償を認める判決が積み重なってきたこの段階で、あらためて指針の見直しや救済制度の再構築進むべきではないのか。

　＊＊被曝線量と避難ないし帰還拒否の相当性・合理性　　被告側が主張する20mSv未満での避難や帰還拒否には合理性がないという主張について言えば、福島県郡山市に居住し３月13日に「自主避難」した原告らが、「自主避難」費用、精神的疾患に罹患したことによる賠償等を求めた訴訟において京都地判平28・２・18（判時2337・49）は、「国際的合意に準拠したＷＧ報告書において、放射線防護や放射線管理の立場から採用されたLNT（低線量被ばくの発がんリスクには閾値がないという）モデルに従っても、年間 20mSv の被ばくによる発がんリスクは、他の発がん要因（喫煙、肥満、野菜不足等）によるリスクと比べても低いこと……ICRP によって、本件事故に関し、計画的な被ばく線量として20ないし100mSv の範囲で参考レベルと設定することが勧告されていることなどから窺える科学的知見等に照らせば……年間 20mSv

を下回る被ばくが健康に被害を与えるものと認めることは困難といわざるを得ない」として、平成23年8月末以降の避難にともなう損害については相当因果関係がないとした。

　この点に関しては、福島県の県民健康調査により多くの甲状腺がんが見つかり、しかも、その数が1回目の調査より2回目の調査で増えているという事態の中で、本件事故による被ばくのリスクが大きなものではないという前述のような主張の根拠が問われるべきである。また、この判決は、LNTモデルに従ったとして年20mSv被ばくの発がんリスクは高くない（喫煙、肥満、野菜不足等に比べて低い）としているが、LNTモデルによる低線量被ばくの発がんリスクは小さなものではなく、また、そのリスクが「がん死亡」という重大なリスクであることに鑑みれば、決して住民に受容ないし受忍を強いるような小さなものではない（LNTモデルでは、積算（1年あたりではない）100mSvによって「がん死亡」のリスクが0.5%増加するとされており、20mSvでは0.1%増となる。この数値は、1000人に1人が、がんで死亡するリスクが増加することを意味し、その他の発がん物質の規制基準などと比較しても、小さなものではない）。だからこそ、公衆被ばく限度が年1mSvとされ、また、汚染対処特措法では、20mSvを下回る地域についても1mSv以上の地域については除染の対象としているのであろう。

　加えて重要なことは、ここで問題となっている「不安や恐れ」の内容や質の問題である。リスクコミュニケーション論によれば、正しい情報を提供すれば「不安や恐れ」は解消すると考える「欠如モデル」に基づくリスクコミュニケーションは、本件では、その適用条件（専門家が「十分正しい答え」を知っており、専門家が「十分かつ正しい答え」を知っていると信じられており、かつ、問題となっているのは科学的・技術的なことだけである）が欠けている。また、前述の京都地裁判決が行ったような喫煙や肥満等のリスクと被ばくのリスクといった比較できない（ないしすべきでない）リスクを比較すべきではない（本件におけるリスク認知の特色については、平川秀幸「避難と不安の正当性」法律時報89・8・71以下参照）。

　今回の事故によって生じている「不安や恐れ」は決して住民の科学知識の欠如からくるものでも、単なる主観的な思い込みや危惧感ではなく、根拠のあるものである。加えて、その「不安や恐れ」が健康に直結したものであることも重要である。したがって、本件事故における「不安や恐れ」の要保護性や、「不安や恐れ」に基づく行動の「合理性・相当性」の判断にあたっては、（前述したように）予防ないし事前警戒原則（precautionary principle）にたった判断を行うべきである。

＊＊＊福島原発事故賠償集団訴訟の最近の判決　　2018年2、3月に、以下のように、4つの集団訴訟に関する判決が言い渡されている（いずれも、判例集未登載）。

【東京地判平30・2・7 LEX/DB 25549758】

　福島県南相馬市の小高区などに住んでいた321人が東電に損害賠償（慰謝料）を求めた訴訟である。東電のみを被告とするものであり、争点は、賠償額にあった。

　判決は、憲法13条に根拠を有する「包括生活基盤において継続的かつ安定的に生活する利益（包括生活基盤に関する利益）」が侵害されたとして、事故時に小高に生活の根拠がなかった者や出生していなかった者３人を除く318人に１人当たり300万円（＋弁護士費用30万円）の慰謝料を支払うよう命じた。判決は、避難指示解除後に帰還した者についても、「避難指示が長期化し、また対象者・対象地が広範であり、未だ放射性物質による汚染が残存していることもあって、従前属していた本件包括生活基盤が著しい変容を余儀なくされた」として、「包括生活基盤に関する利益」侵害による賠償を認めている。

【京都地判平30・3・15】

　原告は「自主（区域外）避難者」を中心に、57世帯174名であり、被告は東電と国である。原告は、被侵害利益として、「包括的生活利益としての平穏生活権」を主張した。

　判決は、東電や国は常に最新の知見に注意を払い、「万が一」でも事故が発生しない安全性があるのかについて再検討しなければならず、それを行っておれば津波の到来は予見でき、国が平成14年以後、遅くとも平成18年末頃において権限を行使して対応を命じなかったことは国賠法上違法にあたるとして、国の責任を認めた（国の責任は被害者との関係では全額連帯責任だとした）。そして、判決は、避難によって生じた損害も避難に「相当性」があれば原子力損害に含まれるとし、避難の相当性を認める独自の基準を提示した上で、143名の原告の避難の相当性を肯定した。

【東京地判平30・3・16】

　原告は首都圏への避難者48であるが、１名を除いて、「区域外（いわゆる自主）避難者」（ただし、原賠審が中間指針の追補で一定の賠償を認めた「自主避難等対象区域」からの避難者）である。被告は東電と国。

　判決は、東電には平成14年から予見義務があり、結果回避可能性もあったとし、国についても、予見可能性と規制権限不行使の違法性を肯定し、責任を認めた（本判決も、国にも全額の連帯責任を課している）。そして、判決は、「本件区域外原告らがその時点での放射性物質の汚染や本件事故の進展による将来的な放射性物質の汚染の拡大による健康への侵害の危険が一定程度あると判断した上で……避難開始をするとした判断は……合理的なものである」として、全原告の避難開始判断の合理性を肯定し、「居住地決定権」侵害を理由に賠償を認めた。ただし、避難の継続は、「原則として、平成23年12月……を超えては合理的であるとまでは認めることができない」とした。

【福島地いわき支判平30・3・22】

　原告はいずれも、福島原発事故当時、避難区域に居住していた住民（政府指示による避難者）であり、被告は東電のみである。請求内容は、①財物（居住用家屋や家財道具等）の賠償、②避難にともなう慰謝料、③ふるさとの喪失・変容に対する慰謝料である。

　これに対し、判決は、①については、原賠審の指針に基づいて東電が支払った賠償によって塡補されているとし、慰謝料のみを認めたが、それについては、「原告らの本件事故発生前の生活状況と本件事故発生後の生活状況とを比較し、地域社会の喪失・変容及び避難に伴う生活阻害の有無や程度を判断して、ふるさと喪失・変容慰謝料（③）と避難慰謝料（②）を併せた慰謝料額を認定すべきである」とした。

　この判決の特徴は、原賠審指針とそれに基づく東電の賠償を合理的なものとしていることである。政府指示等による避難者で、すでに東電から指針に基づく補償を一定受けている原告による本訴訟の最大の争点は、中間指針やそれに基づく賠償が十分なものであるかどうかだったが、判決には、その点についての踏み込んだ判断は見られない。

3　差止訴訟

（1）　福島第一原発事故前　　原子力発電所の設置や稼働の差止めを求める訴訟は、事故以前にも多数提起されていた。訴訟の形態としては、行政訴訟と民事訴訟（仮処分を含む）の2つがある。

（i）　行政訴訟（許可の取消訴訟や許可の無効確認訴訟）　　ここでは、まず、原告適格が問題となる。この点につき、取消訴訟（行訴法9条）、無効確認訴訟（同36条）は、いずれも、「法律上の利益を有する者」が原告適格を有するとされている。これにつき、法律上の利益を有するものは許可を受ける事業者だけであるとの主張や、近辺の住民にのみ認めるとした裁判例もあったが、最高裁は、原子炉等規制法の各規定の趣旨、それらが「考慮している被害の性質等にかんがみると、右各号は、単に公衆の生命、身体の安全、環境上の利益を一般的公益として保護しようとするにとどまらず、原子炉施設周辺に居住し、右事故等がもたらす災害により直接的かつ重大な被害を受けることが想定される範囲の住民の生命、身体の安全等を個々人の個別的利益としても保護すべきものとする趣旨を含むと解するのが相当である」「当該住民の居住する地域が、前

記の原子炉事故等による災害により直接的かつ重大な被害を受けるものと想定される地域であるか否かについては、当該原子炉の種類、構造、規模等の当該原子炉に関する具体的な諸条件を考慮に入れた上で、当該住民の居住する地域と原子炉の位置との距離関係を中心として、社会通念に照らし、合理的に判断すべきものである」として、広い範囲の住民に原告適格を認めた（最判平4・9・22民集46・6・571百選 NO. 92）。当該事件では、20km以内の住民に限って原告適格を認めた原審を破棄し58kmの住民にも原告適格を認めている。

　それでは、処分の違法性はどのように判断されるか。この点では、次の伊方原発訴訟最高裁判決（最判平4・10・29民集46・7・1174百選 NO. 90）が基本的な枠組みを明らかにしている。

　「原子炉施設の安全性に関する審査は、当該原子炉施設そのものの工学的安全性、平常運転時における従業員、周辺住民及び周辺環境への放射線の影響、事故時における周辺地域への影響等を、原子炉設置予定地の地形、地質、気象等の自然的条件、人口分布等の社会的条件及び当該原子炉設置者の右技術的能力との関連において、多角的、総合的見地から検討するものであり、しかも、右審査の対象には、将来の予測に係る事項も含まれているのであって、右審査においては、原子力工学はもとより、多方面にわたる極めて高度な最新の科学的、専門技術的知見に基づく総合的判断が必要とされるものであることが明らかである。そして、規制法24条2項が、内閣総理大臣は、原子炉設置の許可をする場合においては、同条1項3号及び4号所定の基準の適用について、あらかじめ原子力委員会の意見を聴き、これを尊重してしなければならないと定めているのは、右のような原子炉施設の安全性に関する審査の特質を考慮し、右各号所定の基準の適合性については、各専門分野の学識経験者等を擁する原子力委員会の科学的、専門技術的知見に基づく意見を尊重して行う内閣総理大臣の合理的な判断にゆだねる趣旨と解するのが相当である。」

　「原子炉施設の安全性に関する判断の適否が争われる原子炉設置許可処分の取消訴訟における裁判所の審理、判断は、原子力委員会若しくは原子炉安全専門審査会の専門技術的な調査審議及び判断を基にしてされた被告行政庁の判断に不合理な点があるか否かという観点から行われるべきであって、現在の科学技術水準に照らし、右調査審議において用いられた具体的審査基準に不合理な点があり、あるいは当該原子炉施設が右の具体的審査基準に適合するとした原子力委員会若しくは原子炉安全専門審査会の調査審議及び判断の過程に看過し難い過誤、欠落があり、被告行政庁の判断がこれに依拠してされたと認められる場合には、被告行政庁の右判断に不合理な点がある

ものとして、右判断に基づく原子炉設置許可処分は違法と解すべきである。」

　原子炉設置許可処分についての取消訴訟においては、「右処分が前記のような性質を有することにかんがみると、被告行政庁がした右判断に不合理な点があることの主張、立証責任は、本来、原告が負うべきものと解されるが、当該原子炉施設の安全審査に関する資料をすべて被告行政庁の側が保持していることなどの点を考慮すると、被告行政庁の側において、まず、その依拠した前記の具体的審査基準並びに調査審議及び判断の過程等、被告行政庁の判断に不合理な点のないことを相当の根拠、資料に基づき主張、立証する必要があり、被告行政庁が右主張、立証を尽くさない場合には、被告行政庁がした右判断に不合理な点があることが事実上推認されるものというべきである。」

　この判決は、設置許可の判断は、「各専門分野の学識経験者等を擁する原子力委員会の科学的、専門技術的知見に基づく意見を尊重して行う内閣総理大臣の合理的な判断にゆだねる」とした上で、裁判所の判断は、「原子力委員会若しくは原子炉安全専門審査会の専門技術的な調査審議及び判断を基にしてされた被告行政庁の判断に不合理な点があるか否かという観点から行われるべき」としている。このように裁判所の判断を、当該原発の危険性（安全性）ではなく、行政判断が基準等にしたがって適正に行われたかどうかに限定すると、許可等が違法と判断される可能性は小さなものとなってしまう（現に、事故前の大部分の行政訴訟では住民の訴えが斥けられている。唯一の例外は、もんじゅ事件差戻後控訴審判決（名古屋高金沢支判平15・1・27判時1818・3）だが、これも、上告審で破棄されている）。

　しかし、同時に、伊方最高裁判決は、主張立証責任に関して、資料の偏在を理由に、「被告行政庁の側において、まず、その依拠した前記の具体的審査基準並びに調査審議及び判断の過程等、被告行政庁の判断に不合理な点のないことを相当の根拠、資料に基づき主張、立証する必要があり、被告行政庁が右主張、立証を尽くさない場合には、被告行政庁がした右判断に不合理な点があることが事実上推認される」という注目すべき判断を示している。ただし、この点につき、高橋利文調査官は、次のような解説を行っている（最高裁判所判例解説民事篇平成4年度399頁）。それによれば、被告行政庁が主張立証しなければならないというのは、主張・立証の必要性を述べただけであり、立証責任を転換したものではなく、したがって、立証責任は依然として原告にあるので、被告

は、基準と基準適合性について「一応の合理性があること」を証明すればよい
とされる（「一応の合理性があること」を証明すれば、後は通常の立証責任の問題とな
り、原告の負担は軽減されない）。こう解すると、被告が、基準に則ってやったと
いう証明をすれば（この証明はそれほど難しいものではない）、原告に、なお、大
きな負担が課せられることになってしまう。

　(ii)　民事訴訟　　民事訴訟の場合、住民らは、人格権や環境権を根拠に差止
めを請求することになる。事故が起こった場合に重大な健康被害が生じうるこ
とから、人格権に基づく請求が可能であることに大きな異論はない。また、人
格権侵害のおそれから訴訟を提起しうる住民の範囲も裁判所は比較的広く認め
る。そうすると、最大の争点は、事故発生の危険性の有無とその立証責任であ
る。

　この点につき、事故前に、民事訴訟において差止を認めた唯一の判決であ
る、志賀原発運転差止事件第 1 審判決（金沢地判平18・3・24判時1930・25）は、
次のように述べている。

　　「人格権に対する侵害行為の差止めを求める訴訟においては、差止請求権の存在を
　主張する者において、人格権が現に侵害され、又は侵害される具体的危険があること
　を主張立証すべきであり、このことは、本件のような原子炉施設の運転の差止めの可
　否が問題となっている事案についても変わるところはないと解すべきである。他方、
　原子力発電所は大量の放射性物質を内蔵しており、電気事業者が何らの制御策も放射
　線防護も講じることなくこれを運転すれば、周辺公衆が大量の放射線を被ばくするお
　それがあるところ、被告は、高度かつ複雑な科学技術を用いて放射性物質の核分裂反
　応を制御しながら臨界を維持するよう本件原子炉施設を設計するとともに、多重防護
　の考え方に基づいて各種の安全保護設備を設計しており、本件原子炉施設におけるこ
　れらの安全設計及び安全管理の方法に関する資料は全て被告が保有している。」

　　「これらの事実にかんがみると、原告らにおいて、被告の安全設計や安全管理の方
　法に不備があり、本件原子炉の運転により原告らが許容限度を超える放射線を被ばく
　する具体的可能性があることを相当程度立証した場合には、公平の観点から、被告に
　おいて、原告らが指摘する『許容限度を超える放射線被ばくの具体的危険』が存在し
　ないことについて、具体的根拠を示し、かつ、必要な資料を提出して反証を尽くすべ
　きであり、これをしない場合には、上記『許容限度を超える放射線被ばくの具体的危
　険』の存在を推認すべきである。」

　　「安全審査を経て通商産業大臣による本件原子炉の設置変更許可がなされているか

　らといって当該原子炉施設の安全設計の妥当性に欠ける点がないと即断すべきもので
はなく、検討を要する問題点ごとに、安全審査においてどこまでの事項が審査された
のかを個別具体的に検討して判断すべきである。」

　「本訴において被告がした主張立証は、耐震設計審査指針に従って本件原子炉を設
計、建設したことに重点が置かれ、原告がした耐震設計審査指針自体に合理性がない
旨の主張立証に対しては、積極的な反論は乏しく、現在調査審議が継続中の耐震設計
審査指針の改訂が行われれば、新指針への適合性の確認を行うと述べるに止まった。」
「以上の被告の主張、立証を総合すると、原告らの立証に対する被告の反証は成功し
ていないといわざるを得ない。」

　この判決は、民事差止訴訟において主張立証すべきは「許容限度を超える放
射線被ばくの具体的危険」の存在であるが、証拠の偏在等から、原告が、その
具体的可能性があることを相当程度立証した場合には、被告において、それが
存在しないことについて反証を尽くすべきとしている。そこでは、裁判所の審
査対象は、基準に従って適正に審査したかどうかではなく、あくまで、「許容
限度を超える放射線被ばくの具体的危険」の存在、すなわち、人格権に対する
受忍限度を超える侵害のおそれの存否ということになる（「実体判断方式」）。

　行政処分の違法性を争う行政訴訟と異なり、民事差止訴訟の判断対象は、通
常は、この判決のように考えられているが、他の、請求を斥けた多くの訴訟で
は、これとは異なり、伊方最高裁訴訟における行政訴訟上の判断手法と類似し
た考え方がとられている（「行政判断審査方式」）。まず、女川原発訴訟の仙台地
裁判決（仙台地判平６・１・31判時1482・３）は次のように言う。

　「本件原子力発電所の安全性については、被告の側において、まず、その安全性に
欠ける点のないことについて、相当の根拠を示し、かつ、非公開の資料を含む必要な
資料を提出したうえで立証する必要があり、被告が右立証を尽くさない場合には、本
件原子力発電所に安全性に欠ける点があることが事実上推定（推認）されるものとい
うべきである。そして、被告において、本件原子力発電所の安全性について必要とさ
れる立証を尽くした場合には、安全性に欠ける点があることについての右の事実上の
推定は破れ、原告らにおいて、安全性に欠ける点があることについて更なる立証を行
わなければならないものと解すべきである。」

　さらに、浜岡原発訴訟の静岡地裁判決（静岡地判平19・10・26 LEX/DB25470802）
は、次のように述べる。

「被告において、まず本件原子炉施設が国の諸規制に基づいて安全に設置、運転されていることを主張立証すべきである」。「被告が……（以上を）立証したときは……原告らにおいて国の諸規制では原子炉の安全性が確保されないことを……主張立証すべきである」。

こうなってくると、被告の側が、規制基準に基づいて適正な審査が行われたこと、あるは、規制に基づいて安全に運転されていることを立証すれば、原告は「安全性に欠けること」（女川）や「国の諸規制では原子炉の安全性が確保されないこと」（浜岡）を主張立証しなければならず、原発の安全性神話がある中で、請求認容を勝ち取ることは極めて難しいことになり、前述の志賀原発1審判決を除き、ことごとく原告敗訴に終わっている（志賀原発訴訟も控訴審において第1審の判断が取り消されている）。

(2)　**事故後**　福島第1原発事故後、多くの差止訴訟（ないし仮処分）が提起され、事故前から係属中のものを含め、ほぼ全ての原発に対し、訴訟が提起されている（1つの原発に複数の訴訟が提起されている場合もある）。訴訟の形態は、民事差止訴訟、民事仮処分、行政訴訟、行政上の仮の差止申立等様々である。その中で、注目されるのが、大飯原発再稼働差止訴訟の福井地判平26・5・21（判時2228・72）である。

判決は、「原子力発電技術の危険性の本質及びそのもたらす被害の大きさは、福島原発事故を通じて十分に明らかになったといえる。本件訴訟においては、本件原発において、かような事態を招く具体的危険性が万が一でもあるのかが判断の対象とされるべきであり、福島原発事故の後において、この判断を避けることは裁判所に課された最も要な責務を放棄するに等しいものと考えられる」とした上で、大飯原発の危険性を認定した上で、再稼働の差止めを認めた。この判決は、福島第一原発事故の重大性を踏まえた上で、そのような具体的危険性の発生は万が一にも防がなければならないとして、立証命題を、福島のような事態の発生の具体的危険性が「万が一にも」あるかどうかとし、（志賀原発訴訟第1審判決のような原告の立証負担の軽減に触れることなく）請求を認容したのである。「万が一」の危険性も許容できないという考え方には批判もあるが、それが具体的な危険性であること、そして、その内容が、福島第一原発で現に生じたような重大かつ深刻なものであることを考え合わせるならば、あ

りうる判断である。

　これに対し、民事仮処分についても、伊方原発最高裁判決およびそれを民事訴訟にも援用した女川判決等と同様に、判断の対象を、規制基準（事故後設定された新基準）にのっとって適正になされたかどうかに事実上限定する決定も出ている。例えば、川内原発仮処分事件で、福岡高宮崎支決平28・4・6（判時2290・90）は、裁判所が「高度な科学技術的、専門技術的知見に基づく判断の当否」を、規制委員会における規制基準適合性と「同程度の水準に立って行うことは本来予定されて」いないとした上で、規制委員会の判断や審議過程に「看過し難い過誤、欠落」はないとして、申請を却下した。

　しかしながら、「原子炉施設の安全性に関する資料の多くを電力会社側が保持していることや、電力会社が、一般に、関係法規に従って行政機関の規制に基づき原子力発電所を運転していることに照らせば」、「債務者において、依拠した根拠、資料等を明らかにすべきであり、その主張及び疎明が尽くされない場合には、電力会社の判断に不合理な点があることが事実上推認されるものというべきである」とした上で、「債務者は、福島第一原子力発電所事故を踏まえ、原子力規制行政がどのように変化し、その結果、本件各原発の設計や運転のための規制が具体的にどのように強化され、債務者がこの要請にどのように応えたかについて、主張及び疎明を尽くすべきであ」り、原子力規制委員会が債務者に対して設置変更許可を与えた事実のみによって、債務者が上記要請に応える十分な検討をしたことについて、債務者において一応の主張及び疎明があったとすることはできないとした決定（大津地決平28・3・9判時2290・75）もある。

　裁判所の判断は分かれているが、判断の別れ道は、福島の事態をどう受けとめるかと、事故後に作られた規制委員会の基準の位置づけである。前者について言えば、問題となっている危険性（リスク）がどのようなものかに関わる。それが、福島第一原発事故によってあきらかとなった重大・深刻なものだという点に目を向ければ、そのようなリスクを防ぐためには、裁判所としては、その現実化を防止するという視点に立った判断（福井地裁の「万が一」論が、そのような視点からのものであることは前述した）が求められることになる。

　後者について言えば、差止めを認めなかった裁判所は、規制基準（新基準）

に従った判断に不合理や間違いはないかという判断を行い、そこに問題がなければ、基準そのものの合理性には踏み込んでいない。しかし、差止めを認めたものは、基準を絶対視せず、危険性の有無を全体として判断している。行政基準の民事訴訟における位置づけにつき、これまでの公害・環境侵害をめぐる民事訴訟では、過失における注意義務や差止めにおける受忍限度判断において、行政基準を絶対視することなく、それはいわば最低限の基準であり、行政基準が遵守されていなければ過失あり、あるいは、受忍限度を超えるという判断がなされるとしても、行性基準遵守がそれだけで民事上の適法性が保障されるとは限らないとされており、このことは、原発差止訴訟においても変わらないのではないか（同旨、大塚直「環境民事差止訴訟の現代的課題」淡路剛久先生古稀祝賀『社会の発展と権利の創造』552頁）。したがって、裁判官は、行政基準を無視することは適切ではないが、「行政基準……だけに拘束されるものではなく十分な理由があればそれを超える判断もできる」（大塚直「大飯原発運転差止訴訟第 1 審判決の意義と課題」法学教室410・92）と考えるべきであり、またそうすべきである（この問題については、大塚前掲のほか、同「高浜原発再稼働差止仮処分決定及び川内原発再稼働仮処分決定の意義と課題」環境法研究 3・51以下参照）。また、裁判官は原発の専門家ではないが、裁判で問題となっているのは、当該原発に危険性（リスク）が、生じうる被害との兼ね合いで、どこまで許容されるか（されないのか）という社会通念に基づく判断なのであるから、「法と良心」に基づいて裁判する裁判官の良くなしうるところである（差止訴訟については、「特集　原発規制と原発訴訟」大塚直責任編集『環境法研究』 5 号参照）。

　＊伊方原発差止め（仮処分）決定　2017年12月13日、広島高裁は、伊方原発の差止め（仮処分）を認めなかった広島地裁平成17年 3 月30日決定を覆し、差止めの仮処分決定を出した（判時2357・2358合併号300）。この決定では、原子力規制委員会の内規「火山影響評価ガイド」（そこでは、半径160km内の火山で今後起こる噴火の規模が推定できない場合は、過去最大の噴火を想定すべきとされている）を厳格に適用し（決定は、伊方原発から約130km離れた阿蘇山について、 9 万年前の最大噴火で火砕流が到達した可能性が十分小さいとは評価できないとした）、差止めを認めた。

補講　公害・環境問題における法律家（弁護士）の役割
～若い法律家へのメッセージ～

1　はじめに

　これまで述べてきた公害・環境訴訟において、弁護士は、単に、当事者の代理人として法廷活動を行うだけではなく、法廷の内外で積極的な役割を果たしてきている。公害・環境問題において、被害者らが提訴にいたる過程には共通のパターンがあることが指摘されている（長谷川公一『環境運動と新しい公共圏』108頁以下）。公害に反対する住民運動は、まず被害の救済を求め、陳情・抗議を繰り返すが、それらの行きづまりの中から提訴を決意するのである（この点は、第9講で検討した水俣病訴訟において最も顕著であった）。そして、提訴のもう一つの契機が弁護士との接触である。専門家としての弁護士との出会いの中で、裁判の見通し等々が明らかになることが、提訴にいたる決定的な契機となるのである。薬害スモン事件の経過の分析から、被害者が「法的要求行動を起こすためには、法や権利について種々の知識や情報を得ることが必要であ」り、「被害者の原初的な要求および行動が法的要求行動へと転化ないし収斂されるについて重要な要因となるのは、被害者が法律専門家–とくに弁護士–と接触し、後者から法ないし権利について様々な知識や情報を得ることである」として、被害者の要求を法的要求に高めて提訴にいたる上での専門家としての弁護士の役割が決定的に重要であったとする指摘がある（淡路剛久『スモン事件と法』185頁）が、全く同様のことが公害問題においても指摘できよう。

　さらに注目すべきは、公害裁判の場合、弁護士が果たした役割は、単に、専門家として被害者らに法的アドバイスを行うにとどまらないことである。多くの公害・環境訴訟では、地域社会の中で抑圧され隠蔽されている被害を明らかにし、様々な困難に直面している被害者やその家族を励まし、提訴にいたる道筋をつけていくといった役割を、弁護士が果たしているのである（提訴にいたるまでとりわけ複雑で困難な状況が存在した熊本水俣病事件において、弁護士がどのような役割を果たしたかについては、同訴訟の原告弁護団長であった千場茂勝の著書『沈

黙の海』第2章に詳しい）。

　公害・環境訴訟の場合、原告側の多数の弁護士が弁護団を組織し、訴訟活動にあたることが一般的である。原告弁護団の果たす役割は法廷の内外にわたり、多面的であり包括的である。まず、提訴の準備段階では、弁護士の組織化が必要であり、さらに、住民運動のリーダーと一緒に原告を募り組織化していくという活動が展開される。提訴後の法廷内では、原告の救済要求を実現するために必要な主張・立証活動が行われる。公害訴訟における弁護士の役割は、法廷の中にとどまらない。原告リーダーらとの訴訟・運動方針の協議、各種の集会や学習会等を通じた情宣活動、マスコミへの対応、原告側と被告側の直接交渉のサポート等、多様な役割を担うのである（長谷川前掲書110頁以下）。

　ここで注意すべきは、このような活動の中で、既存の理論に依拠した主張がなされるだけではなく、新たな理論や権利主張が行われることである。公害・環境訴訟の中で原告弁護団やそれと協力する研究者によって生み出された新しい理論の典型は、大阪空港訴訟の中で生成・発展してきた環境権論（第1、6講頁参照）であるが、それ以外にも、因果関係の証明における疫学的因果関係論（第4講参照）さらには、公害企業の責任を厳しく追及する責任論としての「汚悪水論」（第3講参照）等、様々である。以下では、水俣病裁判の中で登場した「汚悪水論」と、環境権を中心とする新しい権利論を取り上げて、それがどのようにして形成されてきたのか、そこに弁護士はどうかかわったか、その意義はどこにあるかを検討することによって、本書の読者である若い法律家やその卵（法科大学院生や法曹進路を希望する法学部生等）に対するメッセージとしたい（本講について、より詳しくは、挑戦の各章、とりわけ、第1章と第3章参照）。

2　運動を通じての理論形成——「汚悪水論」を中心に

　公害無過失責任規定が存在しなかった段階における公害責任が問題となった公害裁判では、被告企業の過失の存否が大きな争点になった。過失は一般に、結果の予見可能性を前提とした回避義務違反と考えられるが、世界で初めての大規模な慢性有機水銀中毒事件であった熊本水俣病において、予見可能性が大きな争点となった。第3講でも述べたように、この訴訟で被告側は、工場排水による生命・身体侵害についての予見が必要であるが本件ではそのような予見

は不可能であったと主張した。このような被告の主張に対し、原告側が主張したのが、「汚悪水論」であった。「汚悪水論」とは、「総体としての汚悪水を排出して、他人に被害を与えたことこそが、不法行為にほかならない」「このような危険な汚悪水を排出しながら操業を継続させたならば、この排出行為自体に責任がある」（原告最終準備書面『水俣病裁判』（法律時報臨時増刊）195頁以下）という主張であり、そこでは、工場が危険な廃液を未処理のまま排出すること自体に責任の根拠が求められている。

　裁判所は被告の責任を認めた（熊本地判昭48・3・20判時696・15百選 NO. 20）が、そこでは、「被告は、予見の対象を特定の原因物質の生成のみに限定し、その不可予見性の観点に立って被告には何ら注意義務がなかった、と主張するもののようであるが、このような考え方をおしすすめると、環境が汚染破壊され、住民の生命・健康に危害が及んだ段階で初めてその危険性が実証されるわけであり、それまでは危険性のある廃水の放流も許容されざるを得ず、その必然的結果として、住民の生命・健康を侵害することもやむを得ないこととされ、住民をいわば人体実験に供することにもなるから、明らかに不当といわなければならない」とのべている。「汚悪水論」が正面から認められているわけではないが、水俣病という特定された病気の発生を問題にせず人体に対する何らかの被害の発生することをもって予見の対象として判断すべきとしたこと、特定の原因物質という考え方を排したことにおいて、「汚悪水論」の狙いが十分に受け止められているのである。

　注目すべきは、このような「汚悪水論」は、決して学者の机の上での研究から生まれたものではなく、弁護団の「合宿学習会」の中から生まれたものであることである。原告弁護団長であった千場茂勝はその間の事情を以下のように述べている（千場前掲書68頁以下）。当初は、チッソの過失を突き詰めて行こうとすればどうしても原因物質にとらわれてしまい、袋小路に迷い込んでしまった。しかし、合宿学習会を続けているうちに、「何も原因物質にこだわらなくてもいいんじゃないか。そもそも、化学工場から排出される汚水には何が含まれているか分からないのだから、排出者側にはもともと十分な注意義務があると考えてみてはどうか」という発言が飛び出し、にわかに学習会の会場を覆っていた重苦しさが雲散霧消していった。そこから、水俣病の発生についても原

因物質の特定にこだわらずに、工場の汚悪水をたれ流し続けたこと自体を問題にする責任論が導出され、そのことにより、工場が排出していた無期水銀が有機化する機序を明らかにしなければならないという問題も一気にクリアできた。

3　新しい権利の主張——環境権・自然享有権・自然の権利

　わが国の環境問題は、当初、公害問題として（しかも人身被害をともなう）登場し、そこでは、生命・健康といった人格的利益に対する権利である人格権が問題となった。その後、より広い環境利益に関心が広がるとともに、人身被害を防ぐ上でも、それが顕在化する以前の環境汚染の段階で対処しなければならないことが明らかになっていった。第1講で述べたように、このような変化を背景に、良好な環境を享受する権利としての環境権論が1970年代に登場した。わが国における環境権論の始まりは、1970年に東京で開催された国際シンポジウムにおいて採択された「東京宣言」にあるとされるが、それらを発展させて、環境を享受する権利を憲法上の基本的人権から基礎づけ、その権利が侵害された場合、差止めを請求することができるとしたのは、環境問題に取り組む弁護士であった。1970年9月に新潟で開催された日本弁護士連合会の人権擁護大会で、環境権という新しい権利の確立を提唱され、この提唱はマスコミ等でも大きな反響を呼び、これに励まされた大阪弁護士会の有志が「大阪弁護士会環境権研究会」を組織して検討を深め、1973年に、『環境権』という書物で、われわれには環境を支配し良き環境を享受しうる権利（＝環境権）があり、みだりに環境を汚染し、われわれの快適な生活を妨げ、あるいは妨げようとする者に対しては、この権利に基づいて、その妨害の排除または予防を請求できると主張したのである。

　1980年代になって、自然保護に関わって、新しい権利が、やはり弁護士によって主張された。自然享有権である。自然享有権とは、国民が生命あるいは人間らしい生活を維持する為に不可欠な自然の恵沢を享受する権利であり、1986年の日弁連人権擁護大会で提唱されたものである。この権利が従来の環境権論と違う点は、自然を公共財とみて、環境共有法理のような環境利益に対する支配権を想定せず自然からの恵みを受ける権利として構成している点、人間

は自然の一員として自然の生態系のバランスの中で生活しているものとして、そのような自然を享受する権利を有するとともに、そのような自然を保全し次世代に引き継いでいく義務を負っているという考え方が表れていることである。

1990年代になって、従来のものとはまったく異なる権利論が、やはり、自然保護訴訟に携わる弁護士から主張された。**第14講**で述べた、いわゆる「自然の権利」論である。この時期、アメリカにおける、自然物を共同原告とした訴訟をめぐる議論がわが国に紹介され、それを手がかりに、いくつかの自然保護訴訟において、自然物を原告（権利の主体）とする主張が展開されたのである。その代表事例である奄美自然保護訴訟では、奄美大島のアマミノクロウサギ等の生息である森林の開発に関する知事の許可取消訴訟において、アマミノクロウサギほか4種の野生生物を原告として表示した請求が行われている。裁判所は、この主張を認めなかったが、判決理由の中で、「『自然の権利』という観念は、人、法人の個人的利益の救済を念頭に置いた現行法の枠組みのままでよいのかという、避けては通れない問題を提起した」と述べている（鹿児島地判平13・1・22 LEX/DB28001380百選 NO. 81）。

「自然の権利」の主張そのものについては、裁判所はもちろん、学説の側においても、これを正面から肯定するものは少ない。しかし、このような考え方に基づく訴訟が、環境法理論やさらには今日の環境保護のあり方に対して提起したものは少なくない。

4　おわりに

本講では、公害・環境法理論の発展に果たした実務家（特に、弁護士）の役割を見てきた。これまで述べたところから明らかなように、公害被害の救済、自然保護のいずれにおいても、その功績には誠に大きいものがある。そして、この間の経験が教えることは、弁護士の役割は、既存の法や理論を法廷の中で展開するだけではないこと、既存の理論の不十分さを打破する起動的役割をこれまで果たしてきたし、今後も期待されているということである。しかし、このように、実務家の役割を強調することは、公害・環境法理論の発展において学者（研究者）が役割を果たさなかったこと、あるいは、今後もその役割はそ

れほど大きなものではないということを意味しているのではない。むしろ、実務家が現実の訴訟活動や運動の中で必要に迫られて提示した大胆な問題提起を研究者が受け止め、あるいは、研究者の研究を手がかりに実務家が新たな主張を実践の中で行うといった、両者の、場合によれば一定の緊張関係をもはらんだ協働こそが、公害・環境法理論の発展をもたらしたのである（公害・環境法理論の発展において研究者が果たした役割については、拙稿「公害・環境法理論の発展に果たした学者（研究者）の役割」淡路古稀『社会の発展と権利の創造』参照）。

　司法制度改革によって作り出された法科大学院制度において、「理論と実務の架橋」が言われ、それはしばしば、学者の研究や、主として研究者教員が担ってきたこれまでの大学や大学院における法学教育は、実務を知らずにそれとかけ離れたものであったとの批判をともなって主張される。しかし、公害・環境法訴訟を見る限り、そこでは、これとは異なり、真の「理論と実務の架橋」が行われてきたとも言えるのである。今後の公害・環境訴訟においても、このようなプロダクティヴな協働関係が維持・発展されるべきである。そのためにも、実務法律家、特に若い弁護士諸氏には、現実にある被害を救済し紛争を解決するために、実態に根ざした大胆な理論を提起することを期待したい（第15講で取り上げた原発に関する訴訟では、すでに、そのような動きが見られる）。

判 例 索 引

大阪控訴院判大4・7・29法律新聞1047・25
　　……………………………………………20,70
大審院判大5・12・22民録22・2474百選
　　NO.1…………………………………………20
大審院判大14・11・28民集4・670………51
大連判昭15・12・14民集19・2325…………92
最判昭30・4・19民集9・5・534…………119
甲府地判昭33・12・23下民集9・12・2532
　　……………………………………………………70
最判昭36・3・7民集15・3・381…………144
最判昭39・10・29民集18・8・1809………133
最判昭41・2・23民集20・2・271…………134
前橋地判昭46・3・23判時628・25…………71
富山地判昭46・6・30判時635・17………29,73
新潟地判昭46・9・29判時642・96百選
　　NO.18……………………………………29,63,72
最判昭47・6・27民集26・5・1067百選
　　NO.71…………………………………………55
津地四日市支判昭47・7・24判時672・30
　　百選NO.3…………………………30,75,82,122
名古屋高金沢支判昭47・8・9判時674・25
　　百選NO.19………………………………29,74
熊本地判昭48・3・20判時696・15百選
　　NO.20……………………30,63,88,93,157,278
京都地判昭48・9・19判時720・81百選
　　NO.73………………………………………222
大阪地判昭49・2・27判時729・3…………32
最判昭50・10・24民集29・9・1417………68
大阪高判昭50・11・27判時797・36
　　………………………………32,103,128,172
東京高判昭52・9・5行集28・9・893……150
最判昭53・3・14民集32・2・211…………137
東京地決昭53・5・31判時888・71………223
最判昭53・7・4民集32・5・809…………120
東京地判昭53・8・3判時899・48…………90
東京高決昭53・9・18判タ370・50…………223
最判昭53・12・8民集32・9・1617………133
横浜地横須賀支判昭54・2・26判時917・23
　　百選NO.74………………………………223
熊本地判昭54・3・28判時927・15……158,160

最大判昭56・12・16民集35・10・1369百選
　　NO.33,34……………36,54,113,127,172,
前橋地判昭57・3・30判時1034・3百選
　　NO.6…………………………………………60
最判昭57・7・13民集36・6・970百選
　　NO.23………………………………………150
横浜地判昭57・10・20判時1056・26……174
最判昭59・10・26民集38・10・1169……142
名古屋高判昭60・4・12判時1150・30百選
　　NO.35………………………………………108
福岡高判昭60・8・16判時1163・11………160
最判昭61・3・25民集40・2・472…………129
東京高判昭61・4・9判時1192・1
　　………………………………………54,127,174
最大判昭61・6・11民集40・4・872………103
神戸地判昭61・7・17判時1203・1………114
熊本地判昭62・3・30判時1235・3……160,163
東京高判昭62・7・15判時1245・3……104,175
静岡地浜松支決昭62・10・9判時1254・45
　　………………………………………………59,103
東京高判昭62・12・24判タ668・140
　　………………………………………35,133,155
福井地判昭62・12・25行集38・12・1829
　　………………………………………………144
福岡高宮崎支判昭63・9・30判時1292・29
　　………………………………………………100
最判昭63・10・27刑集42・8・1109百選
　　NO.115………………………………………49
千葉地判昭63・11・17判時（平成元年8月
　　5日号）161頁………………………39,114
最判平元・2・17民集43・2・56百選NO.36
　　………………………………………………138
最判平元・6・20判時1334・201百選NO.88
　　………………………………………………138,238
最判平元・11・24民集43・10・1169……125
最判平元・12・21民集43・12・2209……92,93
最判平2・4・12民集44・3・431…………151
水戸地判平2・7・31判時1368・110………56
金沢地判平3・3・13判時1379・3………115
大阪地判平3・3・29判時1383・22百選

NO.13 ·························· *39,88,96,114*
最判平3・4・26民集45・4・653百選 NO.27
·························· *122*
高松高判平3・5・31判時1389・38········ *151*
最判平4・1・24民集46・1・54 ········· *142*
東京地判平4・2・7判時臨時増刊（平成4
年4月25日号）3頁百選 NO.24 ··*93,163*
大阪高判平4・2・20判時1415・3
·························· *54,108,111*
仙台地決平4・2・28判時1429・109百選
NO.53················· *104,207*
新潟地判平4・3・31判時1422・39百選
NO.28 ·························· *164*
京都地決平4・8・6判時1432・125百選
NO.76 ·························· *224*
最判平4・9・22民集46・6・571百選
NO.92 ················· *138,144,269*
最判平4・10・29民集46・7・1174百選
NO.90 ·························· *269*
最判平5・2・25判時1456・53百選
NO.38 ················· *114,182*
最判平5・2・25民集47・2・643百選
NO.37 ·········· *55,115,175,,127*
熊本地判平5・3・25判時1455・3·····*124,164*
最判平・5・9・7民集47・7・4755······· *151*
京都地判平5・11・26判時1476・3·····*93,164*
横浜地川崎支判平6・1・25判時1481・19··*39*
仙台地判平6・1・31判時1482・3······· *272*
高松高判平6・6・24判夕851・80····· *151*
大阪地判平6・7・11判時1506・5······· *164*
東京地判平6・9・9行集45・8＝9・1760
·························· *136*
最判平7・6・23民集49・6・1600·····*125,167*
大阪地判平7・7・5判時1538・17百選
NO.14 ·············· *40,78,84,97,111,*
最判平7・7・7民集49・7・2599百選
NO.39················· *108,127*
東京高判平7・12・26判時1555・9········ *175*
札幌地判平9・3・27判時1598・33百選
NO.89················· *143*
福岡高那覇支判平10・5・22判時1646・3
·························· *177*
横浜地川崎支判平10・8・5判時1658・3··*40*

最判平11・3・10刑集53・3・399百選
NO.46 ·························· *203*
最判平11・11・25判時1698・66··········· *138*
神戸地判平12・1・31判時1726・20····*40,107*
公害調整委員会平12・6・6調停百選
NO.112 ·························· *217*
名古屋地判平12・11・27判時1746・3百選
NO.15 ················· *40,107*
鹿児島地判平13・1・22 LEX/DB 28061380
百選 NO.81···············*242,280*
最判平13・3・13民集55・2・328·········*80*
大阪高判平13・4・27判時1761・3······· *164*
東京地判平13・12・4判時1791・3······· *145*
金沢地判平14・3・6判時1798・21····· *178*
福岡高宮崎支判平14・3・19 LEX/DB
25410243 ·························· *243*
最判平14・4・12民集56・4・729百選
NO.40 ·························· *182*
東京地判平14・10・29判時1885・23·····*40,41*
東京地判平14・12・18判時1829・36···*41,225*
名古屋高金沢支判平15・1・27判時1818・3
·························· *270*
京都地判平平16・3・25·························· *229*
最判平16・4・27民集58・4・1032
················· *93,125,168*
大阪高判平16・5・28判時1901・28百選
NO.56 ·························· *205*
最判平16・10・15民集58・7・1802百選
NO.29 ················· *93,94,123,157,166*
東京高判平16・10・27判時・1877・40
·························· *41,227*
長崎地判平17・3・15 LEX/DB 28102025
·························· *244*
大阪高判平17・3・16·························· *229*
最判平17・7・15民集59・6・1661········· *136*
最大判17・12・7民集59・10・2645百選
NO.42 ·························· *139*
金沢地判平18・3・24判時1930・25········ *271*
最判平18・3・30民集60・3・948百選
NO.75 ················· *41,56,228,247*
東京地判平18・9・5判時1973・84········ *214*
福岡地判平18・12・19判夕1241・66······· *136*
静岡地判平19・10・26 LEX/DB 25470802

東京高判平19・11・29 LEX/DB 25463972
　　百選 NO. 62 ················· *208*
東京高判平20・4・24判タ1294・307①事件
　　百選 NO. 64 ················· *203*
東京地判平20・7・8判時2025・54 ········ *212*
最大判平20・9・10民集62・8・2029百選
　　NO. 96 ····················· *134*
京都地判平20・9・16 LEX/DB 28142141 ···*56*
那覇地判平20・11・19判自328・43 ···*150,245*
東京高決平平21・2・6判自327・81百選
　　NO. 104 ···················· *143*
大阪高判平平21・6・30 LEX/DB 25483441
　　······························ *56*
広島地判平21・10・1判時2060・3百選
　　NO. 78 ············· *41,140,147,232,247,*
福岡高那覇支平21・10・15判時2066・3
　　百選 NO. 86 ·············· *150,245*
最判平21・10・15民集63・8・1711百選
　　NO. 98 ···················· *141*
大阪地判平22・5・19判時2093・3百選
　　NO. 16 ····················· *189*
最判平22・6・1民集64・4・953百選
　　NO. 45 ····················· *213*
最判平22・6・29判時2089・74 ············· *57*
大阪地判平22・7・16訟月59・2・119百選
　　NO. 30 ····················· *161*
京都地判平22・10・5判時2103・98 ······· *230*
福岡高判平23・2・7判時2122・45 ········· *206*
横浜地判平23・3・31判時2115・70 ······· *244*
大阪高判平23・8・25判時2135・60 ···*126,189*
東京地判平24・2・7判自361・74 ········· *211*
最判平24・2・9民集66・2・183 ············ *148*
福岡高判平24・2・27訴月59・2・209 ····· *161*
大阪地判平24・3・28判タ1386・117 ······ *190*
福島地判平24・4・24判時2148・45 ········ *206*
横浜地判平24・5・25訟月59・5・1157
　　·························· *191,193*
東京地判平24・12・5判時2183・194
　　·························· *191,193*
最判平25・4・16判時2188・42 ········ *159,161*
最判平25・4・16民集67・4・1115··· *159,161*
最判平25・7・12判時2200・63 ········ *129,188*

大阪高判平25・12・25民集68・8・900···· *190*
最判平26・1・28民集68・1・49········· *206*
大阪高判平26・3・6判時2257・31 ········ *188*
熊本地判平26・3・31判自2233・10 ···· *94,162*
大阪高判平26・4・25判自387・47········ *247*
横浜地判平26・5・21判時2277・38
　　······················ *146,177,179*
福井地判平26・5・21判時2228・72 ······· *273*
最判平26・7・29民集68・6・620······ *140,207*
福島地判平26・8・26判時2237・78 ······· *260*
最判平26・10・9民集68・8・799判時
　　2241・3 ··················· *190,126*
福岡地判平26・11・7 LEX/DB 25505277
　　·························· *194,191*
東京高判平27・7・30判時2277・13
　　······················ *147,178,180*
長野地伊那支判平27・10・28判時2291・84
　　···························· *49*
大阪地判平28・1・22判タ1426・49··· *191,194*
京都地判平28・1・29判時2305・22··· *191,195*
京都地判平28・2・18判時2337・49 ······ *265*
大津地決平28・3・9判時2290・75 ······ *274*
福岡高宮崎支決平28・4・6判時2290・90
　　···························· *274*
那覇地沖縄支判平28・11・17判時2341・3
　　·························· *54,177*
最判平28・12・8民集70・8・1833···· *147,178*
札幌地判平29・2・14判時2347・18··· *191,195*
那覇地沖縄支判平29・2・23判時2340・3
　　···························· *177*
前橋地判平29・3・17判時2339・4··· *252,256*
千葉地判地判平29・9・22 LEX/DB
　　25449077 ··············· *252,256*
福島地判平29・10・10判時2356・3··· *256,252*
横浜地判平29・10・24 LEX/DB 25549052
　　·························· *191,196*
東京高判平29・10・27（判タ1444・137）
　　······················ *191,192,196*
東京高判平29・11・29 LEX/DB 25549278
　　···························· *162*
広島高決平29・12・13判時2357・2358合併
　　号300 ······················ *275*
東京地判平30・2・7···················· *267*

東京高判平30・3・14…………………………199 東京地判平30・3・16…………………………267
京都地判平30・3・15…………………………267 福島地判いわき支判平30・3・22…………268

事 項 索 引

青写真論…………………………… *134*	規制権限…………………………… *123*
足尾鉱毒事件……………………… *19*	規制的手法………………………… *154*
アスベスト（石綿）……………… *185*	基地公害訴訟……………………… *173*
厚木基地公害訴訟………………… *174*	義務違反説………………………… *120*
圧迫感……………………………… *57*	義務づけ訴訟……………………… *145*
奄美自然保護訴訟………………… *240*	共同不法行為……………………… *79*
泡瀬干潟事件……………… *150,245*	供用関連瑕疵……………………… *126*
異常に巨大な天災地変…………… *254*	寄与危険割合……………………… *77*
イタイイタイ病事件……………… *95*	クボタショック…………………… *185*
一律請求…………………………… *87*	景観行政団体……………………… *220*
一括請求…………………………… *87*	景観法……………………………… *220*
違法段階説………………………… *112*	景観利益……………………… *41,221*
訴えの利益………………………… *141*	継続的不法行為…………………… *92*
疫学的因果関係論………………… *73*	原告適格…………………………… *136*
LNTモデル……………………… *265*	原子力損害賠償紛争審査会（原賠審）…… *252*
汚悪水論……………………… *63,278*	原子力損害賠償紛争解決センター
オイルショック…………………… *34*	（原発 ADR）……………… *252*
大阪アルカリ事件………………… *19*	原子力損害賠償法（原賠法）…… *252*
大阪空港公害訴訟………… *32,172*	建設アスベスト訴訟……………… *191*
オーフス条約……………………… *248*	建築基準法………………………… *219*
汚染者負担原則…………………… *12*	原発問題…………………………… *42*
蓋然性説…………………………… *70*	憲 法………………………………… *5*
拡大生産者責任（EPR）………… *13*	故 意………………………………… *60*
確認訴訟…………………………… *135*	公園管理団体……………………… *237*
過 失………………………………… *60*	公害健康被害補償法……………… *35*
稼働能力喪失説…………………… *86*	公害罪法…………………………… *48*
仮の義務づけ……………………… *146*	公害審査会………………………… *215*
環境アセスメント法……………… *39*	公害対策基本法…………………… *24*
環境影響評価法…………………… *113*	公害等調整委員会………………… *215*
環境基準…………………………… *154*	公害紛争処理制度………………… *215*
環境基本法…………………… *6,38*	公共性……………………………… *111*
環境共有の法理…………………… *9*	鉱業法……………………………… *66*
環境権………………………… *8,33*	高度経済成長……………………… *22*
環境権説…………………………… *104*	52年判断条件……………………… *160*
環境権論…………………………… *279*	国家賠償法1条の責任…………… *117*
環境損害…………………………… *57*	国家賠償法2条の責任…………… *119*
環境団体訴訟……………………… *248*	個別積み上げ方式………………… *86*
環境庁……………………………… *26*	個別的因果関係…………………… *76*
間接反証論………………………… *72*	裁 量………………………………… *124*
希少野生動植物種の保存法……… *239*	裁量権収縮の理論………………… *125*

裁量権消極的濫用説	*125*	抽象的不作為請求	*114*
差額説	*86*	重合的競合	*84*
差止め	*102*	鳥獣保護法	*238*
差止訴訟	*146*	眺望・景観侵害	*55*
差止めの要件	*110*	眺望利益	*221*
Suatainable Development	*11*	調和条項	*25*
事実的因果関係	*68*	強い関連共同性	*82*
自然環境保全法	*26,238*	豊島産業廃棄物公害事件	*217*
自然享有権	*10,279*	天然記念物	*239*
自然公園法	*236*	都市計画法	*219*
自然中心主義	*234*	土壌汚染	*210*
自然の権利論	*280*	土壌汚染対策法（土対法）	*210*
自然由来汚染	*3*	鞆の浦訴訟	*232*
自主避難者	*251*	取消訴訟	*132*
指定水域制	*23,156*	二酸化窒素の環境基準の緩和	*34*
自動車排気ガス	*40*	西淀川大気汚染事件	*95*
重大な損害	*147*	日照・通風妨害	*55*
集団的因果関係	*76*	人間中心主義	*234*
住民訴訟	*149,244*	廃棄物処分場	*201*
主観的関連共同説	*81*	廃棄物の処理及び清掃に関する法律	
受忍限度論	*9,106*	（廃掃法）	*39,202*
循環型社会形成推進基本法	*39*	排出基準	*154*
処分性	*133*	PPP	*12*
人格権説	*103*	一人親方	*192,199*
新受忍限度論	*61*	複合構造説	*106*
水質汚濁	*53*	福島第一原子力発電所事故	*249*
水質二法	*23*	複数汚染源の差止め	*115*
睡眠妨害	*176*	２つの壁	*113*
スラップ訴訟	*49*	船岡山景観訴訟	*230*
生態系	*235*	不要物	*202*
生物多様性	*235*	ふるさと喪失	*261*
責任集中規定	*255*	平穏生活権	*58,103,263*
石綿健康被害救済法	*186*	米軍機の騒音	*182*
泉南アスベスト訴訟	*188*	包括請求	*87*
騒音・振動	*171*	包括的・総体的損害把握	*89*
騒音被害	*53*	三島・沼津・清水二市一町の住民運動	*24*
葬儀場をめぐる紛争	*56*	未然防止原則（preventive principle）	*14*
相対危険度	*77*	水俣病事件	*156*
相当因果関係	*68*	ミニアセス	*204*
相当ナル設備	*20*	見舞金契約	*95*
大気汚染	*53*	無過失責任	*65*
田子ノ浦ヘドロ訴訟	*149*	無効確認訴訟	*144*
チッソ分社化	*169*	門前説	*73*

薬害スモン事件……………………………………90
予見可能性中心の過失論…………………………62
予防原則（precautionary principle）………15
弱い関連共同性……………………………………82

四大公害訴訟………………………………………28
リスクコミュニケーション……………………266
類型説………………………………………………81

■ 著者紹介

吉村　良一（よしむら　りょういち）

1950年　生まれ
1974年　京都大学法学部卒業
現　在　立命館大学名誉教授、博士（法学）（立命館大学）
主　著　人身損害賠償の研究（1990年、日本評論社）
　　　　公害・環境私法の展開と今日的課題（2002年、法律文化社）
　　　　環境法の現代的課題（2011年、有斐閣）
　　　　環境法入門（第4版）（共編著）（2013年、法律文化社）
　　　　福島原発事故賠償の研究（共編著）（2015年、日本評論社）
　　　　政策形成訴訟における理論と実務（2021年、日本評論社）
　　　　不法行為法（第6版）（2022年、有斐閣）

Horitsu Bunka Sha

公害・環境訴訟講義

2018年6月10日　初版第1刷発行
2022年10月10日　初版第2刷発行

著　者　吉村良一

発行者　畑　　光

発行所　株式会社　法律文化社

〒603-8053
京都市北区上賀茂岩ヶ垣内町71
電話 075(791)7131　FAX 075(721)8400
https://www.hou-bun.com/

印刷：㈱冨山房インターナショナル／製本：㈱藤沢製本
装幀：仁井谷伴子

ISBN978-4-589-03944-6

吉村良一・水野武夫・藤原猛爾編 **環 境 法 入 門**〔第 4 版〕 —公害から地球環境問題まで— A 5 判・296頁・3080円	環境法の全体像と概要を市民（住民）の立場で学ぶ入門書。Ⅰ部は公害・環境問題の展開と環境法の基本概念を概説。Ⅱ部は原発事故も含め最新の事例から法的争点と課題を探る。旧版（07年）以降の動向をふまえ、各章とも大幅に見直し、補訂した。
富井利安編〔αブックス〕 **レクチャー環境法**〔第 3 版〕 A 5 判・298頁・2970円	日本の公害・環境問題の展開を整理のうえ、環境法の基礎と全体像を学べるよう工夫した概説書。好評を博した旧版刊行以降の動向をふまえて加筆・修正。さらに原発事故災害をうけて、新たな章「原発被害の救済と法」を設ける。
大塚 直編〔〈18歳から〉シリーズ〕 **18歳からはじめる環境法**〔第 2 版〕 B 5 判・98頁・2530円	環境法の機能と役割を学ぶための入門書。公害・環境問題の展開と現状を整理し、環境保護にかかわる法制度の全体像を概観する。初版刊行（2013年）以降の関連動向や判例法理の展開をふまえ、全面的に改訂。
日本弁護士連合会　公害対策・環境保全委員会編 **公害・環境訴訟と弁護士の挑戦** A 5 判・284頁・3300円	日本の典型的な公害環境訴訟において弁護士が挑んできた軌跡とその到達点を俯瞰し、環境法の発展に果たした役割を考察する。訴訟に実際に取り組んだ弁護士がその経緯や争点・課題を詳述。ロースクール生の格好の教材。
鶴田 順・島村 健・久保はるか・清家 裕編 **環 境 問 題 と 法** —身近な問題から地球規模の課題まで— A 5 判・200頁・2640円	人権によって私たちはどのように守られているのか？ ヘイトスピーチ、生活保護、ブラック企業……人権問題を具体例から読み解く入門書。SDGs、フェイクニュース、コロナ禍の解雇・雇止めなど、人権に関わる最新テーマにも言及。

—法律文化社—

表示価格は消費税10%を含んだ価格です